高等职业教育“十三五”精品规划教材（机械制造类专业群）

注塑成型工艺及模具设计

主　编　袁小会　潘　军

副主编　李小庆　余德志　刘桂花

主　审　陈小平

中国水利水电出版社
www.waterpub.com.cn

内 容 提 要

本书系统地介绍了塑料注塑成型工艺、注塑模具结构及模具设计的基本原理和基本方法。全书共有五个项目，内容包括概述、注塑成型基础、注塑模设计、利用软件设计注塑模程序、注塑模设计案例。

本书的编写融入了编者多年的教学经验和企业实践经验，包含了大量的案例，内容实用性强，按照模具设计的流程进行编排，让学生在学校学习的同时，了解工作的流程。

本书可供职业技术院校和成人教育院校模具设计与制造专业使用，也可供机械设计、机电技术、数控技术等机械类相关专业选用，还可供从事模具设计和制造的工程技术人员参考。

本书配有电子教案，读者可以从中国水利水电出版社网站以及万水书苑免费下载，网址为：http://www.waterpub.com.cn/softdown/和 http://www.wsbookshow.com。

图书在版编目（CIP）数据

注塑成型工艺及模具设计 / 袁小会，潘军主编. -- 北京：中国水利水电出版社，2016.12

高等职业教育“十三五”精品规划教材：机械制造类专业群

ISBN 978-7-5170-4038-5

Ⅰ. ①注… Ⅱ. ①袁… ②潘… Ⅲ. ①塑料成型—高等职业教育—教材②注塑—塑料模具—设计—高等职业教育—教材 Ⅳ. ①TQ320.66

中国版本图书馆CIP数据核字(2016)第017726号

策划编辑：祝智敏　责任编辑：张玉玲　加工编辑：孙　丹　封面设计：李　佳

书　　名	高等职业教育“十三五”精品规划教材（机械制造类专业群） **注塑成型工艺及模具设计**
作　　者	主　编　袁小会　潘　军 副主编　李小庆　余德志　刘桂花 主　审　陈小平
出版发行	中国水利水电出版社 （北京市海淀区玉渊潭南路 1 号 D 座　100038） 网址：www.waterpub.com.cn E-mail：mchannel@263.net（万水） sales@waterpub.com.cn 电话：（010）68367658（发行部）、82562819（万水）
经　　售	北京科水图书销售中心（零售） 电话：（010）88383994、63202643、68545874 全国各地新华书店和相关出版物销售网点
排　　版	北京万水电子信息有限公司
印　　刷	三河市铭浩彩色印装有限公司
规　　格	184mm×240mm　16 开本　15 印张　319 千字
版　　次	2016 年 12 月第 1 版　2016 年 12 月第 1 次印刷
印　　数	0001—3000 册
定　　价	35.00 元

I

前言

本书是根据教育部关于职业教育教学改革的意见、职业教育的特点和模具技术的发展，以及对职业院校学生的培养要求，在总结了近几年各院校模具设计与制造专业教学改革经验的基础上编写的，是“基于工作过程项目式”教学模式的教改成果之一。

本书以培养学生从事模具设计与制造的基本技能为目标，以通俗易懂的文字和丰富的图表，将塑料性能、注塑成型工艺及设备、注塑模具结构、注塑模设计方法及设计要点、如何利用相关软件进行模具设计有机融合。本书按照模具设计的流程编排教学内容，并辅以丰富的案例，将注塑模设计的基础知识与软件的应用有机结合在一起，让学生边学习注塑模设计的理论知识，边应用相关软件进行设计，在学中做，做中学，真正实现教、学、做一体化。

本书由武汉软件工程职业学院袁小会、潘军任主编，武汉交通职业学院李小庆、武汉工程职业技术学院余德志和武汉软件工程职业学院刘桂花任副主编，由武汉工程大学陈小平担任主审，武汉工程职业技术学院段明忠及武汉软件工程职业学院刘岑、刘继芳、程婧璠参编。全书由袁小会负责统稿和修改。

本书可供职业技术院校和成人教育院校模具设计与制造专业使用，也可供机械设计、机电技术、数控技术等机械类相关专业选用，还可供从事模具设计和制造的工程技术人员参考。

由于时间仓促和编者水平有限，书中错误之处在所难免，恳请广大读者批评指正。

编　者

2015 年 10 月

II

目录

概　述

知识目标

塑料成型的地位、塑料模具的现状与发展趋势、塑料成型方法、塑料模具相关职业岗位、学好本课程的基本要求和方法。

能力目标

熟悉塑料成型方法，特别是注射成型的方法。

素质目标

引导学生了解塑料成型工艺和塑料模具现状及发展趋势，增强学生对模具专业的认识。

一、塑料成型在工业生产中的重要性

塑料是以树脂为主要成分的高分子有机化合物，简称高聚物，它主要有以下性能：

（1）塑料密度小、质量轻，大多数塑料密度在 1.0～1.49g/cm^3 之间，相当于钢材密度的20%左右、铝材密度的 50%左右，即在同样的体积下，塑件要比金属制件轻得多，所以现在工业生产中“以塑代钢”的现象非常普遍。

（2）塑料的比强度高，钢的拉伸比强度约为 160MPa，而玻璃纤维增强的塑料拉伸比强度可高达 170～400MPa。

（3）塑料的绝缘性能好，介电损耗低，是电子工业不可缺少的原材料。

（4）塑料的化学稳定性高，对酸、碱和许多化学药品都有良好的耐腐蚀能力。

（5）塑料减摩、耐磨及减振、隔音性能也较好。

（6）很多塑料的着色性能、电镀性能与装饰性能十分优良。

正因为塑料有如此众多的优良性能，因而，塑料已从代替部分金属、木材、皮革及无机材料发展成为各个部门不可缺少的一种化学材料，并跻身于金属、纤维材料和硅酸盐三大传统材料之列，被广泛应用于汽车、机电、仪表、航天航空等国家支柱产业及与日常生活相关的各个领域。如由塑料制成的轴瓦、凸轮、滑轮、密封环、增压机叶片以及在各种腐蚀介质中工作的零部件，可以节省大量铬、铜等贵重金属；塑料制造的飞机外壳、内饰件及仪器仪表传动零部件，既可减轻质量，又可延长使用寿命。

二、塑料模具的现状

改革开放以来，我国模具行业取得了充分的发展。1984 年成立了中国模具工业协会（由原机械工业部主管），并在“六五”“七五”计划中专项支持，“八五”科技开发计划中，先进制造技术列在第一位，而模具设计制造技术又列在先进制造技术的第一位。在此期间，国家投入数千万元的研发费用（加上地方和企业自筹，研发经费超过 1 亿元），形成近百项技术成果，大大缩短了我国与世界发达国家的技术差距。

三、塑料模具的发展趋势

近年来，模具增长十分迅速，高效率、自动化、大型、微型、精密、高寿命的模具在整个模具产量中所占的比重越来越大。模具的发展趋势可以分为以下几个方面：

（1）CAD/CAE/CAM 技术在模具设计与制造中的广泛应用

CAD/CAM 技术已发展成为一项比较成熟的共性技术，近年来模具 CAD/CAM 技术的硬件与软件价格已降低到中小企业普遍可以接受的范围，为其进一步普及创造了良好的条件。CAD/CAM 软件的智能化程度将逐步提高；塑料制件及模具的 3D 设计与成型过程的 3D 分析将在我国塑料模具工业中发挥越来越重要的作用。

（2）大力发展快速原型制造

快速原型制造技术的一个重要特点就是其快速性，非常适合新产品的开发与管理及多品种、少批量的生产。

（3）发展优质模具材料和采用先进的热处理和表面处理技术

模具材料是模具制造业的物质基础和技术基础，其品种、规格、质量对模具的性能、使用寿命起着决定性的作用。因此模具制造企业和科技人员愈来愈重视各种模具材料的性能、质量及其选择和应用。

正确和先进的热处理技术可以充分发挥模具材料的潜力，可以延长模具的使用寿命，保证模具和机械设备的高精度。

（4）提高模具标准化水平和模具标准件的使用率

在设计环节，缩短了设计时间。模具标准件的使用可以大幅度减少设计人员的绘图工作量，从而使其可以将时间与精力集中在具有高附加值的模具型腔设计中。

在采购环节，简化了交易流程。通过使用产品型号管理取代传统的图纸管理模式，避免了过去交货期确认及图纸商洽等繁琐的交易手续，提高了采购效率；模具标准件形成了完善的价格体系，给模具企业的成本管理带来了便利。

在制造环节，缩短了加工时间，减少了库存，避免了材料浪费。质量稳定的模具标准件可大幅度减少品质检验时间，精简加工装备，使用标准化零件可使机加工的工作量降到最低。

在维护环节，标准件为大批量生产，工艺成熟、品质无差异，具有极高的互换性且交货期短，能够满足成型生产中零件发生故障，及时快速更换的要求。

四、塑料成型方法

1. 注射成型

注射成型是在一定的温度和压力作用下，将物料由加热料筒经过主流道、分流道、浇口，注入闭合模具型腔的模塑方法。该方法适用于全部热塑性塑料和部分热固性塑料。注射成型具有成型周期短、生产率高；能一次成型外形复杂、尺寸精确，带有金属或非金属嵌件的塑件；易于实现自动化生产，生产适应性强，广泛用于各种塑件的生产，其产量约占塑料制品总量的30%；注射成型所需设备昂贵；模具结构也比较复杂，且制造成本高。因此注射成型特别适合大批量生产。

注射成型过程包括加料预塑、合模注射、保压冷却、开模取件等几个过程，其工作过程如图1所示。

（1）加料。每次加料量应尽量保持一定，以保证塑化均匀一致，减少注射成型压力传递的波动。

（2）塑化。塑料在进入模腔之前要达到规定的成型温度，提供足够数量的熔融塑料，以保证生产连续进行。熔融料各处温度应均匀一致，热分解产物的含量应最小。可见，塑料塑化的快慢即塑化速度直接影响注塑机的生产率，而塑化的均匀性则影响制品的质量。

（3）注射。指注塑机用柱塞或螺杆对熔融塑料施加推压力，使料筒内的熔融料经喷嘴、浇道、浇口进入模腔的工序。在注射阶段，主要控制注射压力、注射时间和注射速度来实现充模并得到制件。熔融塑料充模时间一般在几秒或几十秒内完成。它包括充模、压实、补料等过程。

（4）保压。指注射结束到注射柱塞或螺杆开始后移的这段时间。保压不仅可防止注射压力卸除后模腔内的熔融料倒流入浇道，还可向模腔内补充少量塑料，以补偿体积收缩。

（5）冷却。为使塑料制品具有一定强度、刚性和形状，在模腔内必须要冷却一定时间。制品冷却时间是保压开始至卸压开模取件为止。

（6）开模取件。模具打开，手动或自动顶出制品。

2. 挤出成型

挤出成型是指固态塑料在一定温度和一定压力条件下进行塑化和熔融，利用挤出机螺杆加压，使其通过特定形状的口模而成为所需截面与口模形状相仿的连续型材成型的工艺过程。常见的产品有水管、电线、薄膜及各种型材等，如图2所示。

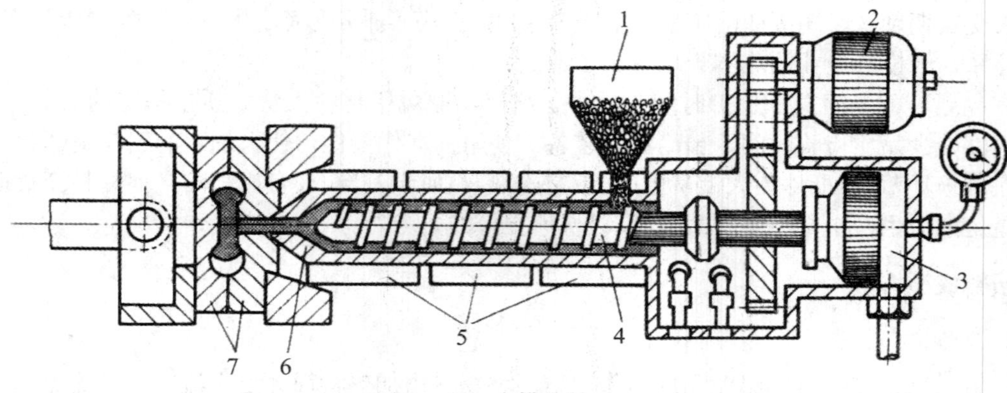

（a）合模注射

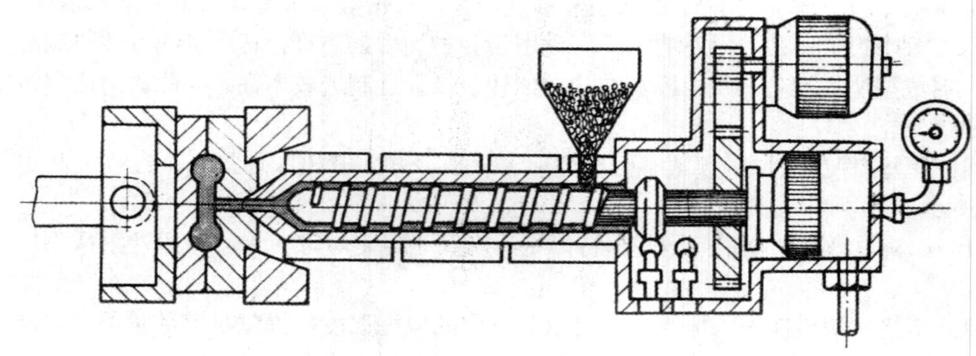

（b）保压、冷却定型

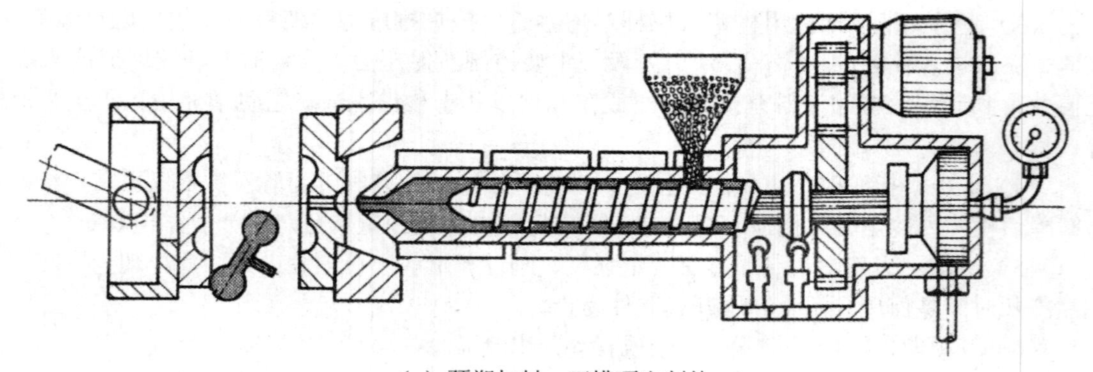

（c）预塑加料、开模顶出制件

1—料斗；2—螺杆转动传动装置；3—注射液压缸；4—螺杆；5—加热器；6—喷嘴；7—模具

图 1　注射成型工艺过程

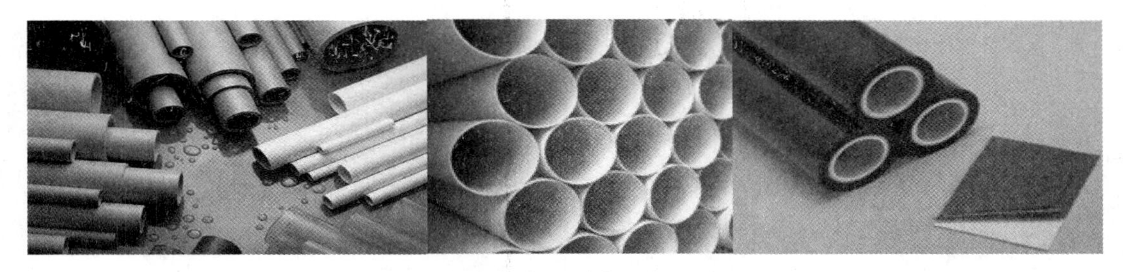

图 2　挤出成型常见产品

挤出成型可加工绝大多数热塑性塑料和少数热固性塑料，其工艺过程如图 3 所示，可分为四个阶段。

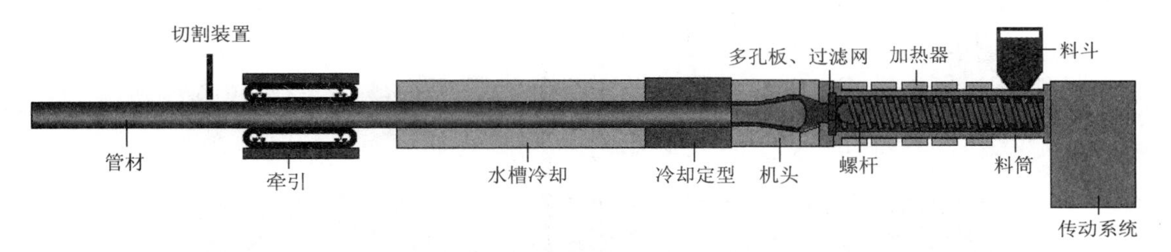

图 3　挤出成型工艺过程

（1）塑料塑化。经过干燥处理的塑料原料由挤出机料斗加入料筒后，在料筒温度和螺杆旋转、压实及混合作用下，由固态的粉料或粒料转变为具有一定流动性的均匀熔体，这一过程称为塑化。

（2）挤出成型。均匀塑化的塑料熔体随螺杆的旋转向料筒前端移动，在螺杆的旋转挤压作用下，通过一定形状的口模而得到截面与口模形状一致的连续型材。

（3）冷却定型。通过冷却定型，使已挤出的塑料连续型材冷却凝固为塑料制件。

（4）塑件的牵引、卷取和切割。通过牵引装置将挤出的型材连续均匀地引出，然后根据需要将成型的产品定尺切断或卷取成卷。

3. 吹塑成型

吹塑成型又分为注射吹塑成型和挤出吹塑成型。

（1）注射吹塑成型

注射吹塑成型的工艺过程如图 4 所示。先由注射机将熔融物料注入注塑模内形成型坯，开模后型坯留在型芯上，并趁热将型坯移入吹塑模内，再从型芯原设的通道引入压缩空气，使型坯吹胀紧贴型腔，并在压缩空气压力下进行冷却，脱模后即可取得制品。常见的容量在 1 升以下，瓶颈尺寸精度要求较高的医药瓶、食品瓶、化妆品瓶和工业用品瓶，通常用注射吹塑成型，如图 5 所示。

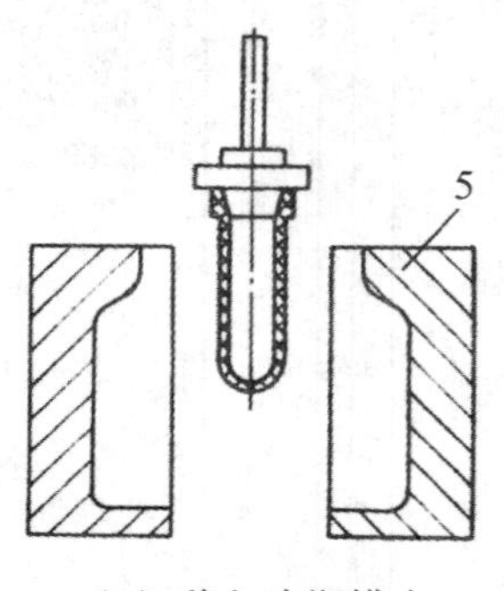

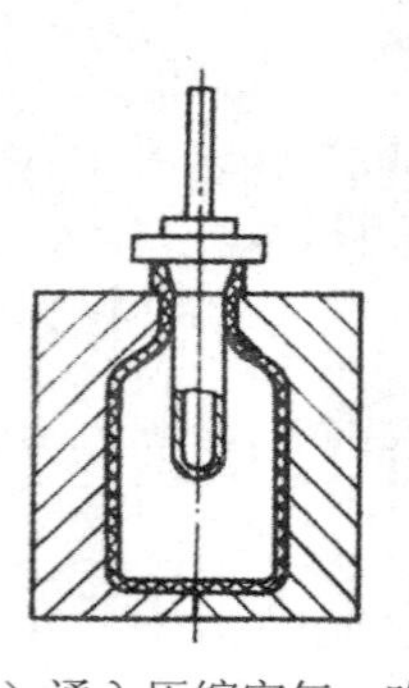
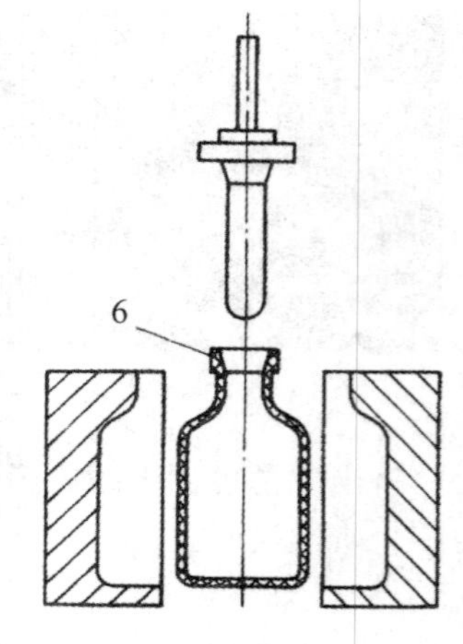

（a）注射型坯　（b）移入吹塑模内　（c）通入压缩空气、吹胀　（d）取出塑件

1—注射机喷嘴；2—注射型坯；3—空心凸模（型芯）；4—加热器；5—吹塑模；6—塑件

图 4　注射吹塑成型

图 5　常见注射吹塑成型产品

（2）挤出吹塑成型

挤出吹塑成型工艺过程如图 6 所示。首先利用挤出机挤出管状型坯；然后截取一段管坯并将其趁热放入模具中，闭合模具并夹紧型坯上下两端；最后向型腔内通入压缩空气，吹胀型坯并使其贴附于模腔表壁上，经保压、冷却定型，便可排除压缩空气并开模取出塑件。常见的挤出吹塑成型产品如图 7 所示。

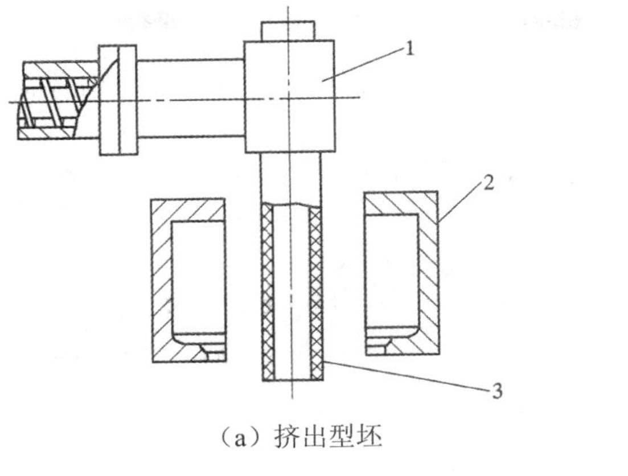

(a) 挤出型坯

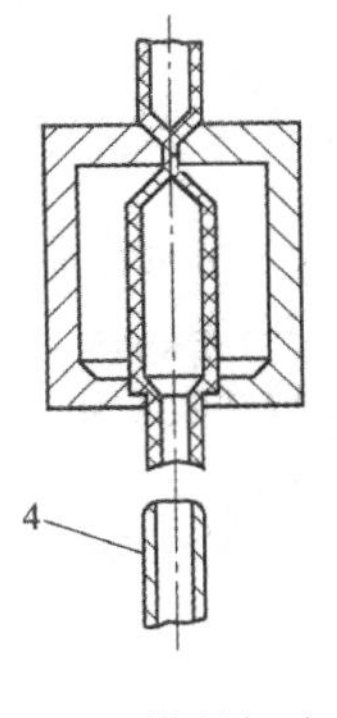

(b) 模具闭合

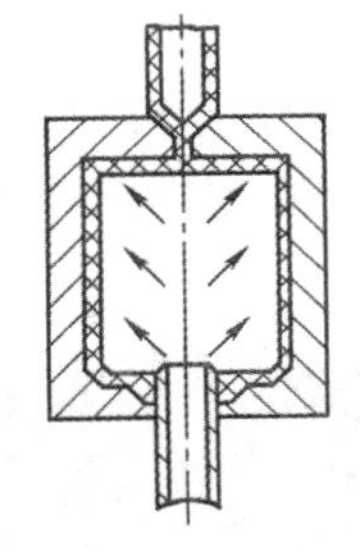

(c) 通入压缩空气、保压

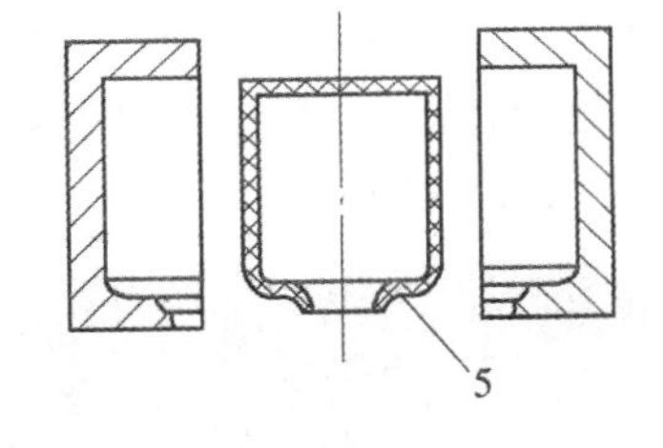

(d) 取出塑件

1—挤出机头；2—吹塑模；3—管状型坯；4—压缩空气吹管；5—塑件

图 6　挤出吹塑成型

图 7　常见挤出吹塑成型产品

4. 压缩成型

压缩成型又称模压成型或压制成型，这种方法是将粉状、粒状、碎屑状或纤维状的塑料放入加热的阴模中，合上阳模后加热使其熔化，并在压力的作用下使物料充满模腔，形成与模腔形状一样的模制品，再经加热或冷却，脱模后即得制品。

从工艺角度看，上述过程可分为三个阶段：流动阶段、胶凝阶段、硬化阶段。压缩成型工艺过程如图 8 所示。

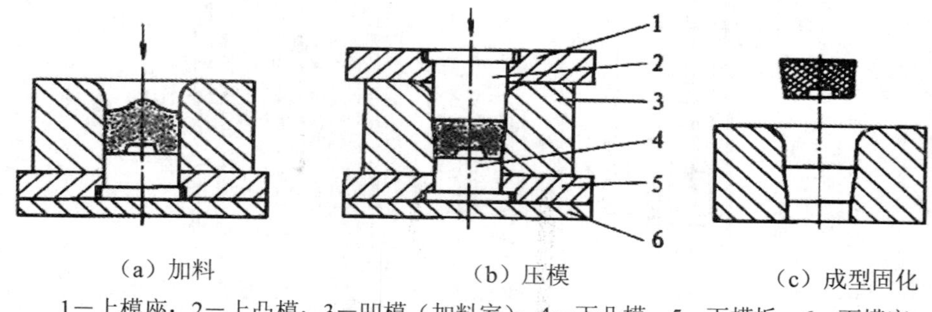

（a）加料　（b）压模　（c）成型固化

1—上模座；2—上凸模；3—凹模（加料室）；4—下凸模；5—下模板；6—下模座

图 8　压缩成型

压缩成型主要用于热固性塑料的成型，如酚醛、脲醛、环氧塑料、不饱和聚酯、氨基塑料、聚 酰亚胺、有机硅等，也可用于部分热塑性塑料的成型，但由于生产效率低，很少采用。

常见压缩成型产品如图 9 所示。

图 9　常见压缩成型产品

5. 压注成型

压注成型是在压缩成型基础上发展起来的一种热固性塑料的成型方法，又称传递成型、挤胶成型。压注成型的一般过程是，先闭合模具，然后将塑料加入模具加料室内，使其受热成熔融状态，在与加料室配合的压料柱塞的作用下，使熔料通过设在加料室底部的浇注系统高速挤入型腔。塑料在型腔内继续受热受压而发生交联反应并固化成型。然后打开模具，取出塑件，清理加料室和浇注系统后进行下一次成型。压注成型和压缩成型都是热固性塑料常用的成型方法。压注模与压缩模的最大区别在于前者设有单独的加料室。压注成型原理如图 10 所示。

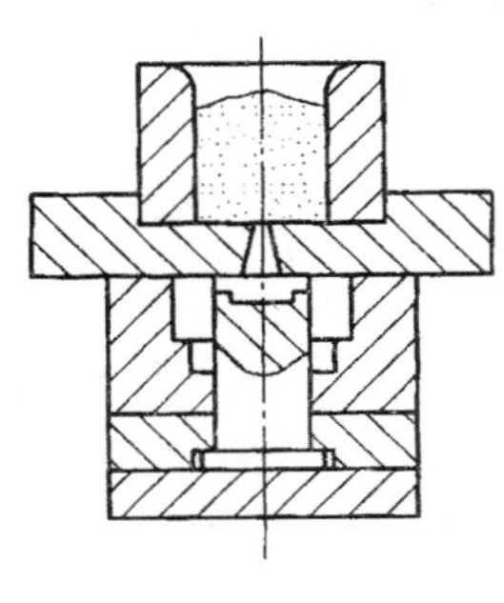

(a) 模具闭合

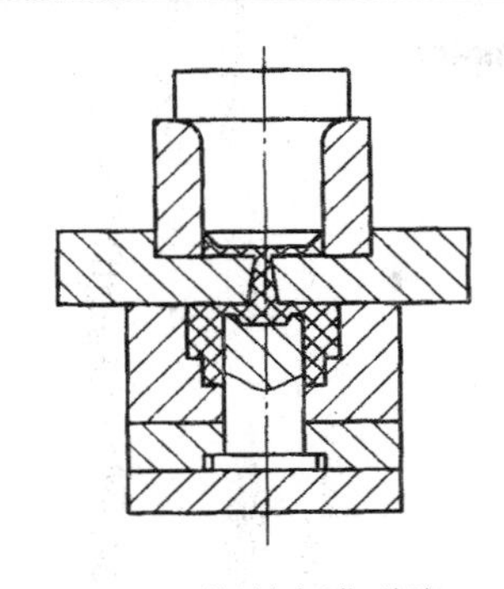

(b) 塑料充满型腔

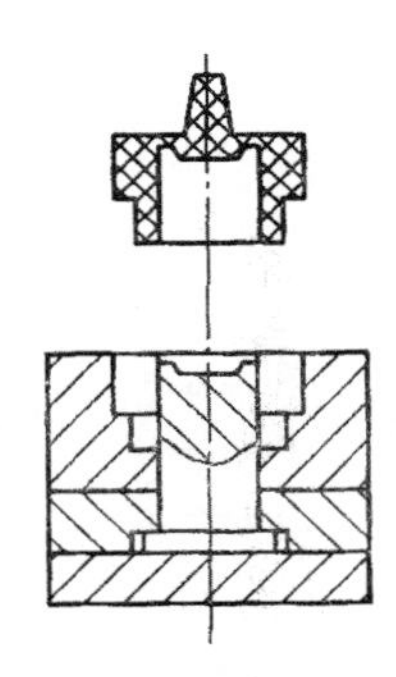

(c) 固化成型、开模取件模具闭合

图 10 压注成型原理

压注成型加料前模具处于闭合状态，可以成型深孔、形状复杂、带有精细或易碎嵌件的塑件；成型的产品飞边很薄，尺寸准确，性能均匀，质量较高；模具结构相对复杂，制造成本较高，成型压力较大，操作复杂，耗料比压缩模多；气体难排除，一定要在模具上开设排气槽。

常见压注成型产品如图 11 所示。

图 11 常见压注成型产品

思考题和习题

1. 模具的发展趋势可以分为哪几种？
2. 塑料成型方法有哪几种？各有什么特点？
3. 什么叫注射成型？

项目一

注塑成型基础

模块一　塑料

知识目标

熟悉塑料成分、分类、塑料产品的性能用途及特点、常用塑料的代号、性能及用途。

能力目标

根据产品需求，能够选择合适的塑料种类。

素质目标

培养学生认识原材料以及如何根据产品类型选择合适塑料的能力。

一、塑料基本性能

1. 塑料的组成及分类

（1）塑料的组成

塑料是以合成树脂为主要成分，再加入改善其性能的各种各样的添加剂（也称助剂）制成。在塑料中，树脂起决定性的作用，但也不能忽略添加剂的作用。

1）树脂（40%～100%）

树脂是塑料中最重要的成分，它决定了塑料的类型和基本性能（如热性能、物理性能、化学性能、力学性能等）。在塑料中，它联系或胶黏着其他成分，并使塑料具有可塑性和流动性，从而具有成型性能。

树脂包括天然树脂和合成树脂。在塑料生产中，一般都采用合成树脂。

2）添加剂

常用塑料添加剂如表 1-1-1 所示。

表 1-1-1 常用塑料添加剂

添加剂名称与种类		作用、特点及举例
填充剂（10%～50%）	有机填料、无机填料如木粉、纸浆、云母、石棉、玻璃纤维	减少树脂用量，降低塑料成本；改善塑料某些性能，扩大塑料的应用范围
增塑剂	甲酸酯类、磷酸酯类和氯化石蜡	降低树脂的硬度、抗拉强度性能，使塑料在较低的温度下具有良好的可塑性和柔软性
稳定剂	热稳定剂、光稳定剂、抗氧化剂如硬脂酸盐类、铅的化合物、环氧化合物	防止“老化”，即塑料在成型、储存和使用过程中，因受外界因素（如热、光、氧、射线等）作用所引起的性能变化
固化剂	乙二胺、三乙醇胺等	热固性塑料成型用，促进交联反应
着色剂	有机颜料、无机颜料和染料	颜色鲜艳，着色力强，塑件长期使用颜色能够保持稳定，与树脂有很好的相溶性；不与塑料中其他成分起化学反应

（2）塑料的分类

塑料的品种较多，分类的方式也很多，常用的分类方法有以下两种：

1）根据塑料中树脂的分子结构和热性能分类

可将塑料分成两大类：热塑性塑料和热固性塑料。

① 热塑性塑料

这种塑料中树脂的分子结构是线型或支链型结构。它在加热时可塑制成一定形状的塑件，冷却后保持已定型的形状。如再次加热，又可软化熔融，可再次制成一定形状的塑件，如此反复多次。在上述过程中一般只有物理变化而无化学变化。由于这一过程是可逆的，在塑料加工中产生的边角料及废品可以回收粉碎成颗粒后重新利用。

如：聚乙烯、聚丙烯、聚氯乙烯、聚苯乙烯、ABS、聚酰胺、聚甲醛、聚碳酸脂、有机玻璃、聚砜、氟塑料等都属热塑性塑料。

② 热固性塑料

这种塑料在受热之初分子为线型结构，具有可塑性和可熔性，可塑制成为一定形状的塑件。当继续加热时，线型高聚物分子主链间形成化学键结合（即交联），分子呈网状结构，分子最终变为体型结构，变得既不熔融也不溶解，塑件形状固定下来不再变化。在成型过程中，既有物理变化又有化学变化。由于热固性塑料的上述特性，故加工中的边角料和废品不可回收再利用。

如：酚醛塑料、氨基塑料、环氧塑料、有机硅塑料、硅酮塑料等属于热固性塑料。

2）根据塑料性能及用途分类

① 通用塑料

这类塑料是指产量大、用途广、价格低的塑料。主要包括：聚乙烯、聚氯乙烯、聚苯乙烯、聚丙烯、酚醛塑料和氨基塑料六大品种，它们的产量占塑料总产量的一半以上，构成了塑料工业的主体。

② 工程塑料

这类塑料常指在工程技术中用作结构材料的塑料。除具有较高的机械强度外，这类塑料还具有很好的耐磨性、耐腐蚀性、自润滑性及尺寸稳定性等。它们具有某些金属特性，因而现在越来越多地代替金属做某些机械零件。

目前常用的工程塑料包括聚酰胺、聚甲醛、聚碳酸酯、ABS、聚砜、聚苯醚、聚四氟乙烯等。

③ 增强塑料

在塑料中加入玻璃纤维等填料作为增强材料，以进一步改善材料的力学性能和电性能，这种新型的复合材料通常称为增强塑料。它具有优良的力学性能，比强度和比刚度高。增强塑料分为热塑性增强塑料和热固性增强塑料。

④ 特殊塑料

特殊塑料指具有某些特殊性能的塑料。如氟塑料、聚酰亚胺塑料、有机硅树脂、环氧树脂、导电塑料、导磁塑料、导热塑料以及为某些专门用途而改性得到的塑料。

2. 塑料的分子结构和特性

塑料的主要组成部分是合成树脂。合成树脂是由一种或几种简单化合物通过聚合反应而生成的一种高分子化合物，也叫聚合物，这些简单的化合物也叫单体。塑料的主要成分是树脂，而树脂又是一种聚合物，所以分析塑料的分子结构实质上是分析聚合物的分子结构。

（1）聚合物的高分子结构特点

1）低分子所含原子数都很少，而一个高分子中含有几千个、几万个甚至几百万个原子。

2）从相对分子质量来看，如水的相对分子质量为18，石灰石为100，酒精为46，蔗糖为324，这些低分子化合物的相对分子质量只有几十或几百，而高分子化合物的分子量比低分子高得多，一般可自几万至几十万、几百万甚至上千万。例如尼龙分子的分子量为二万三千左右，天然橡胶的为四十万。

3）从分子长度来看，例如低分子乙烯的长度约为0.0005μm，而高分子聚乙烯的长度则为6.8μm，后者是前者的13600倍。

（2）聚合物分子链结构示意图

如果聚合物的分子链呈不规则的线状（或者团状），聚合物是由一根根的分子链组成的，则称为线型聚合物，如图1-1-1（a）所示。如果在大分子的链之间还有一些短链把它们连接起来，成为立体结构，则称为体型聚合物，如图1-1-1（c）所示。此外，还有一些聚合物的大分子主链上带有一些或长或短的小支链，整个分子链呈枝状，如图1-1-1（b）所示，称为带有支链的线型聚合物。

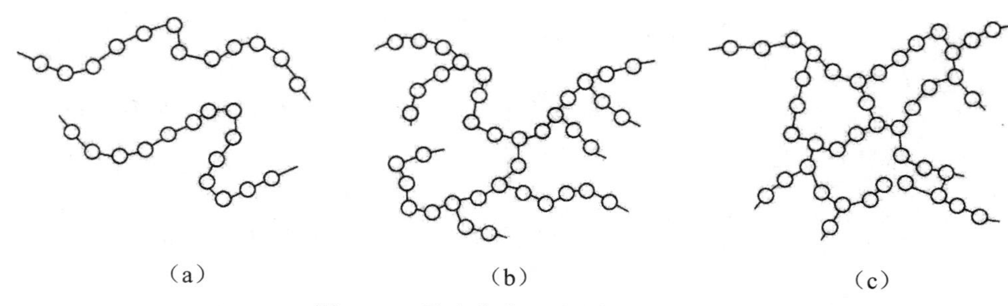

图 1-1-1 聚合物分子链结构示意图

（3）聚合物的性质也不同

1）线性聚合物的物理特性为具有弹性和塑性，在适当的溶剂中可溶解，当温度升高时，则软化至熔化状态而流动，可以反复成型，这样的聚合物具有热塑性。

2）体型聚合物的物理特性是脆性大、弹性较高和塑性很低，成型前是可溶和可熔的，而一经硬化成型（发生交联反应）后，就成为不溶不熔的固体，即便在更高的温度下（甚至被烧焦碳化）也不会软化，因此，又称这种材料具有热固性。

3. 塑料的热力学性能

塑料的物理、力学性能与温度密切相关，温度变化时，塑料的受力行为发生变化，呈现出不同的物理状态，表现出分阶段的力学性能特点。塑料在受热时的物理状态和力学性能对塑料的成型加工有着非常重要的意义。

（1）塑料的热力学性能

1）热塑性塑料受热时的物理状态

热塑性塑料在受热时常存在的物理状态为：玻璃态（结晶聚合物亦称结晶态）、高弹态和黏流态。

① 玻璃态

塑料处于温度 θ_g 以下的状态，为坚硬的固体，是大多数塑件的使用状态。θ_g 称为玻璃化温度，是多数塑料使用温度的上限。θ_b 是聚合物的脆化温度，是塑料使用的下限温度。

② 高弹态

当塑料受热温度超过 θ_g 时，由于聚合物的链段运动，塑料进入高弹态。处于这一状态的塑料类似橡胶状态的弹性体，仍具有可逆的形变性质。

从图 1-1-2 中曲线 1 可以看到，线型无定形聚合物有明显的高弹态，而从曲线 2 可看到，线型结晶聚合物无明显的高弹态，这是因为完全结晶的聚合物无高弹态，或者说在高弹态温度下也不会有明显的弹性变形，但结晶型聚合物一般不可能完全结晶，都含有非结晶的部分，所以它们在高弹态温度阶段仍能产生一定程度的变形，只不过比较小而已。

③ 黏流态

当塑料受热温度超过 θ_f 时，由于分子链的整体运动，塑料开始有明显的流动，开始进入黏流态变成黏流液体，通常我们也称之为熔体。塑料在这种状态下的变形不具可逆性质，一经成型和冷却后，其形状永远保持下来。

如图 1-1-2 所示为线型无定形聚合物和线型结晶型聚合物受恒定压力时变形程度与温度关系的曲线，也称热力学曲线。

其中：

θ_f 称为粘流温度，是聚合物从高弹态转变为粘流态（或从粘流态转变为高弹态）的临界温度。

θ_d 称为热分解温度，当塑料继续加热至温度 θ_d 时，聚合物开始分解变色。θ_d 是聚合物在高温下开始分解的临界温度，聚合物的分解会降低产品的物理性能、力学性能或产生外观不良等缺陷。

θ_f 是塑料成型加工的重要的参考温度，$\theta_f \sim \theta_d$ 的范围越宽，塑料成型加工就越容易进行。

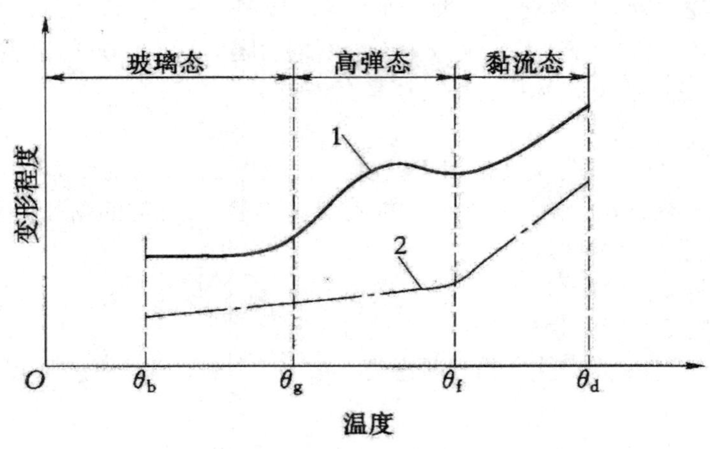

1—线型无定形聚合物；2—线型结晶聚合物

图 1-1-2　线型聚合物的热力学曲线

2）热固性塑料在受热时的物理状态

热固性塑料在受热时，由于伴随着化学反应，它的物理状态变化与热塑性塑料明显不同。开始加热时，由于树脂是线型结构，和热塑性塑料相似，加热到一定温度后，树脂分子链运动使之很快由固态变成黏流态，这使它具有成型的性能。但这种流动状态存在的时间很短，由于化学反应的作用，分子结构很快变成网状，分子运动停止了，塑料硬化变成坚硬的固体。再加热后仍不能恢复，化学反应继续进行，分子结构变成体型，塑料还是坚硬的固体。当温度升到一定值时，塑料开始分解。

（2）塑料的加工工艺性

塑料在受热时的物理状态决定了塑料的成型加工性能。

当温度高于 θ_f 时，塑料由固体状的玻璃态转变为液体状的黏流态，即熔体。从 θ_f 开始，分子热运动大大激化，材料的弹性模量降低到最低值。这时塑料熔体形变特点是，在不太大的外力作用下就能引起宏观流动，此时形变中主要是不可逆的黏性形变，冷却聚合物就能将形变永久保持下来。因此，这一温度范围常用来进行注射、挤出、吹塑和贴合等加工。

过高的温度将使塑料的粘度大大降低，不适当的增大流动性容易引起诸如注射成型中的溢料、挤出塑件的形状扭曲、收缩和纺丝过程中纤维的毛细断裂等现象。温度高到分解温度 θ_d 附近还会引起聚合物分解，以致降低产品物理力学性能或引起外观不良等。

4. 热塑性塑料的工艺性能

（1）收缩性

塑件自模具中取出冷却到室温后，各部分尺寸都比原来在模具中的尺寸有所缩小，这种性能称为收缩性。由于这种收缩不仅是由树脂本身的热胀冷缩造成的，还与各种成型因素有关，因此成型后塑件的收缩称为成型收缩。

塑件成型收缩值可用收缩率来表示，计算公式如下：

$$S_s = \frac{L_c - L_s}{L_s} \times 100\% \tag{1-1}$$

$$S_j = \frac{L_m - L_s}{L_s} \times 100\% \tag{1-2}$$

式中：S_s——实际收缩率；

S_j——计算收缩率；

L_c——塑件或模具在成型温度时的尺寸；

L_s——塑件在室温时的尺寸；

L_m——模具在室温时的尺寸。

因实际收缩率与计算收缩率数值相差很小，所以模具设计时常以计算收缩率为设计参数，来计算型腔及型芯等的尺寸。

实际成型时，不仅因塑料品种不同而收缩率不同，而且同一品种塑料的不同批号，或同一塑件的不同部位的收缩值也常不同。影响收缩率的主要因素包括以下几方面。

1）塑料品种

各种塑料都有其各自的收缩率范围，同一种塑料由于相对分子质量、填料及配比等不同，则其收缩率及各向异性也不同。

2）塑件结构

塑件的形状、尺寸、壁厚、有无嵌件、嵌件数量及布局等，对收缩率值有很大影响，如塑件壁厚则收缩率大，有嵌件则收缩率小。

3）模具结构

模具的分型面、加压方向、浇注系统形式、布局及尺寸等对收缩率及方向性影响也很大，尤其是挤出成型和注射成型更为明显。

4）成型工艺

挤出成型和注射成型一般收缩率较大，方向性也很明显。塑料的装料形式、预热情况、成型温度、成型压力、保压时间等对收缩率及方向性都有较大影响。例如采用压锭加料；进行预热；采用较低的成型温度、较高的成型压力，延长保压时间等均是减小收缩率及方向性的有效措施。

收缩率不是一个固定值，而是在一定范围内变化，收缩率的波动将引起塑件尺寸波动，因此模具设计时应根据以上因素综合考虑选择塑料的收缩率，对精度高的塑件应选取收缩率波动范围小的塑料，并留有试模后修正的余地。

（2）流动性

在成型过程中，塑料熔体在一定的温度、压力下填充模具型腔的能力称为塑料的流动性。塑料流动性差，就不容易充满型腔，易产生缺料或熔接痕等缺陷，因此需要较大的成型压力才能成型。相反，塑料的流动性好，可以用较小的成型压力充满型腔。但流动性太好，会在成型时产生严重的溢边。

1）流动性的大小与塑料的分子结构有关

具有线型分子而没有或很少有交联结构的树脂流动性大。塑料中加入填料，会降低树脂的流动性，而加入增塑剂或润滑剂，则可增加塑料的流动性。

塑件合理的结构设计也可以改善流动性，例如在流道和塑件的拐角处采用圆角结构时改善了熔体的流动性。

2）热塑性塑料流动性指标

热塑性塑料流动性可用相对分子质量大小、熔体指数、螺旋线长度、表观粘度及流动比（流程长/塑件壁厚）等一系列指数进行分析，相对分子质量小、熔体指数高、螺旋线长度长、表观粘度小、流动比大的，则流动性好。

3）影响流动性的主要因素

①温度：料温高，则流动性大，但不同塑料各有差异。聚苯乙烯、聚丙烯、聚酰胺、聚甲基丙烯酸甲酯、ABS、AS、聚碳酸酯、醋酸纤维素等塑料流动性随温度变化的影响较大；而聚乙烯、聚甲醛的流动性受温度变化的影响较小。

②压力：注射压力增大，则熔料受剪切作用大，流动性也增大，尤其是聚乙烯、聚甲醛较为敏感。

③模具结构：浇注系统的形式、尺寸、布置（如型腔表面粗糙度、浇道截面厚度、型腔形式、排气系统）、冷却系统设计、熔料流动阻力等因素都直接影响熔料的流动性。

凡促使熔料温度降低、流动阻力增大的因素（如塑件壁厚太薄，转角处采用尖角等），流动性就会降低。

（3）相容性

相容性是指两种或两种以上不同品种的塑料，在熔融状态下不产生相分离现象的能力。如果两种塑料不相容，则混熔时制件会出现分层、脱皮等表面缺陷。不同塑料的相容性与其分子结构有一定关系，分子结构相似者较易相容，例如高压聚乙烯、低压聚乙烯、聚丙烯彼此之间的混熔等；分子结构不同时较难相容，例如聚乙烯和聚苯乙烯之间的混熔。塑料的相容性又俗称为共混性。

通过塑料的这一性质，可以得到类似共聚物的综合性能，是改进塑料性能的重要途径之一。

（4）吸湿性

吸湿性是指塑料对水分的亲疏程度。据此塑料大致可分为两类：一类是具有吸湿或粘附水分倾向的塑料，如聚酰胺、聚碳酸酯、聚砜、ABS 等；另一类是既不吸湿也不易粘附水分的塑料，如聚乙烯、聚丙烯、聚甲醛等。

凡是具有吸湿或粘附水分倾向的塑料，如成型前水分未去除，则在成型过程中由于水分在成型设备的高温料筒中变为气体并促使塑料发生水解，成型后塑料出现气泡、银丝等缺陷。这样，不仅增加了成型难度，而且降低了塑件表面质量和力学性能。因此，为保证成型的顺利进行和塑件质量，对吸湿性和粘附水分倾向大的塑料，在成型之前应进行干燥，使水分控制在0.2%～0.5%以下，ABS 的含水量应控制在 0.2%以下。

（5）热敏性

热敏性是指某些热稳定性差的塑料，在料温高和受热时间长的情况下就会产生降解、分解、变色的特性，热敏性很强的塑料称为热敏性塑料，如硬聚氯乙烯、聚三氟氯乙烯、聚甲醛等。

热敏性塑料产生分解、变色实际上是高分子材料的变质、破坏，不但影响塑料的性能，而且分解出气体或固体，尤其是有的气体对人体、设备和模具都有损害，有的分解产物往往又是该塑料分解的催化剂，如聚氯乙烯分解产物氯化氢，能促使高分子分解作用进一步加剧。因此在模具设计、选择注射机及成型时都应注意。可选用螺杆式注射机，增大浇注系统截面尺寸，模具和料筒镀铬，不允许有死角滞料，严格控制成型温度、模温、加热时间、螺杆转速及背压等措施。还可在热敏性塑料中加入稳定剂，可以减弱热敏性能。

5. 热固性塑料的工艺性能

热固性塑料的工艺性能明显不同于热塑性塑料，其主要性能指标有收缩率、流动性、水分及挥发物含量与固化速度等。

（1）收缩率

同热塑性塑料一样，热固性塑料经成型冷却也会发生尺寸收缩，其收缩率的计算方法与热塑性塑料相同。产生收缩的主要原因有：

1）热收缩

热收缩是由于热胀冷缩而使塑件成型冷却后所产生的收缩。热收缩与模具的温度成正比，是成型收缩中主要的收缩因素之一。

2）结构变化引起的收缩

热固性塑料在成型过程中进行了交联反应，分子由线型结构变为网状结构，由于分子链间距的缩小，结构变得紧密，故产生了体积变化。

3）弹性恢复

塑件从模具中取出后，作用在塑件上的压力消失，由于弹性恢复，会造成塑件体积的负收缩（膨胀）。在成型以玻璃纤维和布质为填料的热固性塑料时，这种情况尤为明显。

4）塑性变形

塑件脱模时，成型压力迅速降低，但模壁紧压在塑件的周围，使其产生塑性变形。发生变形部分的收缩率比没有变形部分的大，因此塑件往往在平行加压方向收缩较小，在垂直加压方向收缩较大。为防止两个方向的收缩率相差过大，可采用迅速脱模的方法补救。

影响收缩率的因素与热塑性塑料也相同，有原材料、模具结构、成型方法及成型工艺条件等。塑料中树脂和填料的种类及含量，也将直接影响收缩率的大小。当所用树脂在固化反应中放出的低分子挥发物较多时，收缩率较大；放出的低分子挥发物较少时，收缩率较塑料中填料含量较多或填料中无机填料增多时，收缩率较小。

凡有利于提高成型压力，增大塑料充模流动性，使塑件密实的模具结构，均能减少塑件的收缩率，例如用压缩或压注成型的塑件比注射成型的塑件收缩率小。凡能使塑件密实，成型前使低分子挥发物溢出的工艺因素，都能使塑件收缩率减小，例如成型前对酚醛塑料的预热、加压等。

（2）流动性

流动性的意义与热塑性塑料流动性类似，但热固性塑料通常以拉西格流动性来表示。

将一定质量的欲测塑料预压成圆锭，将圆锭放入压模中，在一定温度和压力下，测定它从模孔中挤出的长度（毛糙部分不计在内），此即拉西格流动性，其数值越大则流动性越好。

每一品种塑料的流动性可分为三个不同等级：

拉西格流动值为100～13lmm，用于压制无嵌件、形状简单、厚度一般的塑件；

拉西格流动值为131～150mm，用于压制中等复杂程度的塑件；

拉西格流动值为150～180mm，用于压制结构复杂、型腔很深、嵌件较多的薄壁塑件或用于压注成型。

（3）比体积（比容）与压缩率

比体积是单位质量的松散塑料所占的体积；压缩率为塑料与塑件两者体积或比体积之比值，其值恒大于1。

比体积与压缩率均表示粉状或短纤维塑料的松散程度，可用来确定压缩模加料腔容积的大小。

比体积和压缩率较大时，则要求加料腔体积大，同时也说明塑料内充气多，排气困难，成型周期长，生产率低；比体积和压缩率较小时，有利于压锭和压缩、压注。但比体积太小，则以容积法装料会造成加料量不准确。各种塑料的比体积和压缩率是不同的，同一种塑料，其比体积和压缩率又与塑料形状、颗粒度及其均匀性不同而异。

（4）水分和挥发物含量

热固性塑料中的水分和挥发物来自两方面，一是塑料生产过程遗留下来及成型前在运输、储存时吸收的；二是成型过程中化学反应产生的副产物。若成型时塑料中的水分和挥发物过多又处理不及时，则会产生如下问题：流动性增大、易产生溢料，成型周期长，收缩率大，塑件易产生气泡、组织疏松、翘曲变形、波纹等缺陷。

此外，有的气体对模具有腐蚀作用，对人体有刺激作用，因此必须采取相应措施，消除或抑制有害气体的产生，包括采取成型前对物料进行预热干燥处理、在模具中开设排气槽或压制操作时设排气工步、模具表面镀铬等措施。

（5）固化特性

固化特性是热固性塑料特有的性能，是指热固性塑料成型时完成交联反应的过程。固化速度不仅与塑料品种有关，而且与塑件形状、壁厚、模具温度和成形工艺条件有关，采用预压的锭料、预热、提高成型温度，增加加压时间都能加快固化速度。此外，固化速度还应适应成型方法的要求。例如压注或注射成型时，应要求在塑化、填充时交联反应慢，以保持长时间的流动状态。但当充满型腔后，在高温、高压下应快速固化。固化速度慢的塑料，会使成型周期变长，生产率降低；固化速度快的塑料，则不易成型大型复杂的塑件。

二、常用塑料

1. 聚乙烯（PE）

（1）基本特性

聚乙烯塑料的产量为塑料工业之冠，其中以高压聚乙烯的产量最大。聚乙烯树脂为无毒、无味，呈白色或乳白色，柔软、半透明的大理石状粒料，密度为 0.91～0.969g/cm^3，为结晶型塑料。

聚乙烯按聚合时所采用压力的不同，可分为高压、中压和低压聚乙烯。高压聚乙烯的分子结构不是单纯的线型，而是带有许多支链的树枝状分子。因此它的结晶度不高（结晶度仅60%～70%），密度较低，相对分子质量较小，常称为低密度聚乙烯。它的耐热性、硬度、机械强度等都较低。但是它的介电性能好，具有较好的柔软性、耐冲击性及透明性，成形加工性能也较好。中、低压聚乙烯的分子结构是支链很少的线型分子，其相对分子质量、结晶度较高（高达 87%～95%），密度大，相对分子质量大，常称为高密度聚乙烯。它的耐热性、硬度、机械强度等均较高，但柔软性、耐冲击性及透明性、成形加工性能都较差。

聚乙烯的吸水性极小，且介电性能与温度、湿度无关。因此，聚乙烯是最理想的高频电绝缘材料，在介电性能上只有聚苯乙烯、聚异丁烯及聚四氟乙烯可与之相比。

（2）主要用途

低压聚乙烯可用于制造塑料管、塑料板、塑料绳以及承载不高的零件，如齿轮、轴承等；中压聚乙烯最适宜的成型方法有高速吹塑成型，可制造瓶类、包装用的薄膜以及各种注射成型制品和旋转成形制品，也可用在电线电缆上面；高压聚乙烯常用于制作塑料薄膜（理想的包装材料）、软管、塑料瓶以及电气工业的绝缘零件和电缆外皮等。

（3）成型特点

成型收缩率范围及收缩值大，方向性明显，容易变形、翘曲。应控制模温，保持冷却均匀、稳定；流动性好且对压力变化敏感；宜用高压注射，料温均匀，填充速度应快，保压充分；冷却速度慢，因此必须充分冷却，模具应设有冷却系统；质软易脱模，塑件有浅的侧凹槽时可强行脱模。

2. 聚丙烯（PP）

（1）基本特性

聚丙烯无色、无味、无毒。外观似聚乙烯，但比聚乙烯更透明、更轻。密度仅为 0.90～0.91g/cm³。它不吸水，光泽好，易着色。

聚丙烯具有聚乙烯所有的优良性能，如卓越的介电性能、耐水性、化学稳定性，宜于成型加工等；还具有聚乙烯所没有的许多性能，如屈服强度、抗拉强度、抗压强度和硬度及弹性比聚乙烯好。定向拉伸后聚丙烯可制作铰链，有特别高的抗弯曲疲劳强度。如用聚丙烯注射成形一体铰链（盖和本体合一的各种容器），经过 70,000,000 次开闭弯折未产生损坏和断裂现象。聚丙烯熔点为 164℃～170℃，耐热性好，能在 100℃以上的温度下进行消毒灭菌。其低温使用温度达-15℃，低于-35℃时会脆裂。聚丙烯的高频绝缘性能好，而且由于其不吸水，绝缘性能不受湿度的影响，但在氧、热、光的作用下极易解聚、老化，所以必须加入防老化剂。

（2）主要用途

聚丙烯可用作各种机械零件，如法兰、接头、泵叶轮、汽车零件和自行车零件；可作为水、蒸汽、各种酸碱等的输送管道，化工容器和其他设备的衬里、表面涂层；可制造盖和本体合一的箱壳，各种绝缘零件，并用于医药工业中。

（3）成型特点

成型收缩范围及收缩率大，易发生缩孔、凹痕、变形，方向性强；流动性极好，易于成型，热容量大，注射成形模具必须设计能充分进行冷却的冷却回路，注意控制成形温度。料温低时方向性明显，尤其是低温、高压时更明显。聚丙烯成形的适宜模温为 80℃左右，不可低于 50℃，否则会造成成形塑件表面光泽差或产生熔接痕等缺陷。温度过高会产生翘曲和变形。

3. 聚氯乙烯（PVC）

（1）基本特性

聚氯乙烯是世界上产量最高的塑料品种之一。其原料来源丰富，价格低廉，性能优良，应用广泛。其树脂为白色或浅黄色粉末，形同面粉，造粒后为透明块状，类似明矾。

根据不同的用途加入不同的添加剂，聚氯乙烯塑件可呈现不同的物理性能和力学性能。在聚氯乙烯树脂中加入适量的增塑剂，可制成多种硬质、软质制品。纯聚氯乙烯的密度为 1.4g/cm³，加入了增塑剂和填料等的聚氯乙烯塑件的密度范围一般为 1.15～2.00 g/cm³。

硬聚氯乙烯不含或含有少量增塑剂。它的机械强度颇高，有较好的抗拉、抗弯、抗压和抗冲击性能，可单独用作结构材料；其介电性能好，对酸碱的抵抗能力极强，化学稳定性好；但成形比较困难，耐热性不高。

软聚氯乙烯含有较多的增塑剂，柔软且富有弹性，类似橡胶，但比橡胶更耐光、更持久。在常温下其弹性不及橡胶，但耐蚀性优于橡胶，不怕浓酸、浓碱的破坏，不受氧气及臭氧的影响，能耐寒冷。成形性好，但耐热性低，机械强度、耐磨性及介电性能等都不及硬聚氯乙烯，且易老化。

总地来说，聚氯乙烯有较好的电气绝缘性能，可以用作低频绝缘材料，其化学稳定性也较好。由于聚氯乙烯的热稳定性较差，长时间加热会导致分解，放出氯化氢气体，使聚氯乙烯变色，所以其应用范围较窄，使用温度一般在-15℃～55℃之间。

（2）主要用途

由于聚氯乙烯的化学稳定性高，所以可用于制作防腐管道、管件、输油管、离心泵和鼓风机等。聚氯乙烯的硬板广泛用于化学工业上制作各种贮槽的衬里、建筑物的瓦楞板、门窗结构、墙壁装饰物等建筑用材；由于电绝缘性能良好，可在电气、电子工业中用于制造插座、插头、开关和电缆。在日常生活中，用于制造凉鞋、雨衣、玩具和人造革等。

（3）成型特点

它的流动性差，过热时极易分解，所以必须加大稳定剂和润滑剂，并严格控制成型温度及熔料的滞留时间。成型温度范围小，必须严格控制料温，模具应有冷却装置；采用带预塑化装置的螺杆式注射机。模具浇注系统应粗短，浇口截面宜大，不得有死角滞料。模具应冷却，其表面应镀铬。

4. 聚苯乙烯（PS）

（1）基本特性

聚苯乙烯是仅次于聚氯乙烯和聚乙烯的第三大塑料品种。聚苯乙烯无色、透明、有光泽、无毒无味，落地时发出清脆的金属声，密度为 1.054g/cm³ 。聚苯乙烯是目前最理想的高频绝缘材料，可以与熔融的石英相媲美。

它的化学稳定性良好，能耐碱、硫酸、磷酸、10%～30%的盐酸、稀醋酸及其他有机酸，但不耐硝酸及氧化剂的作用，对水、乙醇、汽油、植物油及各种盐溶液也有足够的抗腐蚀能力。它的耐热性低，只能在不高的温度下使用，质地硬而脆，塑件由于内应力而易开裂。聚苯乙烯的透明性很好，透光率很高，光学性能仅次于有机玻璃。它的着色能力优良，能染成各种鲜艳的色彩。

为了提高聚苯乙烯的耐热性和降低其脆性，常用改性聚苯乙烯和以聚苯乙烯为基体的共聚物，从而大大扩大了聚苯乙烯的用途。

（2）主要用途

聚苯乙烯在工业上可用作仪表外壳、灯罩、化学仪器零件、透明模型等；在电气方面用作良好的绝缘材料、接线盒、电池盒等；在日用品方面广泛用于包装材料、各种容器、玩具等。

（3）成型特点

聚苯乙烯性脆易裂，易出现裂纹，所以成型塑件脱模斜度不宜过小，顶出要受力均匀；热胀系数大，塑件中不宜有嵌件，否则会因两者热胀系数相差太大而导致开裂；由于流动性好，应注意模具间隙，防止成型飞边，且模具设计中大多采用点浇口形式；宜用高料温、高模温、低注射压力成型并延长注射时间，以防止缩孔及变形，降低内应力，但料温过高容易出现银丝；

料温低或脱模剂多，则塑件透明性差。

5. 丙烯腈－丁二烯－苯乙烯共聚物（ABS）

（1）基本特性

ABS 是丙烯腈、丁二烯、苯乙烯三种单体的共聚物，价格便宜，原料易得，是目前产量最大、应用最广的工程塑料之一。ABS 无毒、无味，为呈微黄色或白色不透明粒料，成型的塑件有较好的光泽，密度为 1.02～1.05 g/cm³。

ABS 是由三种组分组成的，故它有三种组分的综合力学性能，而每一组分又在其中起着固有的作用。丙烯腈使 ABS 具有良好的表面硬度、耐热性及耐化学腐蚀性，丁二烯使 ABS 坚韧，苯乙烯使它有优良的成形加工性和着色性能。

ABS 的热变形温度比聚苯乙烯、聚氯乙烯、尼龙等都高，尺寸稳定性较好，具有一定的化学稳定性和良好的介电性能，经过调色可配成任何颜色。其缺点是耐热性不高，连续工作温度为 70℃左右，热变形温度约为 93℃左右。不透明，耐气候性差，在紫外线作用下易变硬发脆。

根据 ABS 三种组分之间的比例不同，其性能也略有差异，从而适应各种不同的应用。

（2）主要用途

ABS 在机械工业上用来制造齿轮、泵叶轮、轴承、把手、管道、电机外壳、仪表壳、仪表盘、水箱外壳、蓄电池槽、冷藏库和冰箱衬里等；汽车工业上用 ABS 制造汽车挡泥板、扶手、热空气调节导管、加热器等，还可用 ABS 夹层板制作小轿车车身；ABS 还可用来制作水表壳、纺织器材、电器零件、文教体育用品、玩具、电子琴及收录机壳体、食品包装餐器、农药喷雾器及家具等。

（3）成型特点

ABS 易吸水，使成形塑件表面出现斑痕、云纹等缺陷。为此，成型加工前应进行干燥处理，在正常的成形条件下，壁厚、熔料温度对收缩率影响极小；要求塑件精度高时，模具温度可控制在 50℃～60℃，要求塑件光泽和耐热时，应控制在 60℃～80℃；ABS 比热容低，塑化效率高，凝固也快，故成型周期短；ABS 的表观黏度对剪切速率的依赖性很强，因此模具设计中大都采用点浇口形式。

6. 聚酰胺（PA）

（1）基本特性

聚酰胺通称尼龙（Nylon）。尼龙是含有酰胺基的线型热塑性树脂，尼龙是这一类塑料的总称。根据所用原料的不同，常见的尼龙品种有尼龙 1010、尼龙 610、尼龙 66、尼龙 6、尼龙 9、尼龙 11 等。

（2）使用特性及用途

尼龙有优良的力学性能，抗拉、抗压、耐磨。经过拉伸定向处理的尼龙，其抗拉强度很高，接近于钢的水平。因尼龙的结晶性很高，表面硬度大，摩擦系数小，故具有十分突出的耐磨性和自润滑性。它的耐磨性高于一般用作轴承材料的铜、铜合金、普通钢等。尼龙耐碱、弱酸，但强酸和氧化剂能侵蚀尼龙。尼龙的缺点是吸水性强、收缩率大，常常因吸水而引起尺寸变化。其稳定性较差，一般只能在80℃～100℃之间使用。

为了进一步改善尼龙的性能，常在尼龙中加大减摩剂、稳定剂、润滑剂、玻璃纤维填料等，以克服尼龙存在的一些缺点，提高机械强度。

尼龙广泛用于工业上制作各种机械、化学和电器零件，如轴承、齿轮、滚子、辊轴、滑轮、泵叶轮、风扇叶片、蜗轮、高压密封扣圈、垫片、阀座、输油管、储油容器、绳索、传动带、电池箱、电器线圈等零件，还可将粉状尼龙热喷到金属零件表面上，以提高耐磨性或作为修复磨损零件之用。

（3）成型特点

尼龙原料较易吸湿，因此在成型加工前必须进行干燥处理。尼龙的热稳定性差，干燥时为避免材料在高温时氧化，最好采用真空干燥法；尼龙的熔融黏度低，流动性好，有利于制成强度特别高的薄壁塑件，但容易产生飞边，故模具必须选用最小间隙；熔融状态的尼龙热稳定性较差，易发生降解便塑件性能下降，因此不允许尼龙在高温料筒内停留过长时间；尼龙成形收缩率范围及收缩率大，方向性明显，易产生缩孔、凹痕、变形等缺陷，因此应严格控制成型工艺条件。

7. 聚甲醛（POM）

（1）基本特性

POM是耐热性和耐溶剂性良好的强韧材料。聚甲醛的特性类似尼龙和PC，非常强韧，而且热变形温度很高，耐磨性优越，长时间负载也不易变形，而且反复弯曲后，其性质几乎不变，所以也称为塑料弹簧。对钢的摩擦因数之低并不亚于尼龙，吸水所导致的尺寸变化也远比尼龙小。

聚甲醛的缺点是成型收缩率大，在成型温度下的热稳定性较差。

（2）主要用途

聚甲醛特别适合于制作轴承、凸轮、滚轮、辊子、齿轮等耐磨传动零件，还可用于制造汽车仪表板、汽化器、各种仪器外壳、罩盖、箱体、化工容器、泵叶轮、鼓风机叶片、配电盘、线圈座、各种输油管、塑料弹簧等。

（3）成型特点

聚甲醛的收缩率大；它的熔融温度范围小，熟稳定性差，因此过热或在允许温度下长时间受热，均会引起分解，分解产物甲醛对人体和设备都有害。聚甲醛的熔融或凝固十分迅速，熔融速度快，有利于成型，缩短成型周期，但凝固速度快会使熔料结晶化速度快，塑件容易产生熔接痕等表面缺陷。所以，注射速度要快，注射压力不宜过高。其摩擦系数低、弹性高，浅侧凹槽可采用强制脱出，塑件表面可带有皱纹花样。

8. 聚碳酸酯（PC）

（1）基本特性

PC为无色或淡黄色的材料，抗拉强度、弯曲强度、弹性、耐冲击性都大，这些物理性质可与金属材料匹敌。且这些性质不会因温度而有太大变化，在 140℃ 仍可保持强度。脆化温度低到-100℃～-140℃，耐冲击性很大，高居塑料的首位，可制成胶盔、安全帽。对紫外线的抵抗性很强，曝露屋外十年间的耐候性试验，力学性能仍毫无变化，电气性质也优良，耐药品性是耐酸而不耐碱。PC 到 220℃～230℃ 才开始软化。熔融粘度也大，故成型加工时，需用大于聚苯乙烯或丙烯树脂的高温、高压。

其缺点是耐疲劳强度较差，成型后塑件的内应力较大，容易开裂。用玻璃纤维增强聚碳酸酯则可克服上述缺点，使聚碳酸酯具有更好的力学性能、更好的尺寸稳定性、更小的成型收缩率，并可提高耐热性和耐药性，降低成本。

（2）主要用途

在机械上主要用作各种齿轮、蜗轮、蜗杆、齿条、凸轮、轴承、各种外壳、盖板、容器、冷冻和冷却装置零件等。在电气方面，用作电机零件、风扇部件、拨号盘、仪表壳、接线板等。聚碳酸酯还可制作照明灯、高温透镜、视孔镜、防护玻璃等光学零件。

（3）成型特点

虽然吸水性小，但高温时对水分比较敏感，会出现银丝、气泡及强度下降现象，所以加工前必须干燥处理，而且最好采用真空干燥法；熔融温度高，熔体黏度大，流动性差，所以成形时要求有较高的温度和压力；熔体黏度对温度十分敏感，一般用提高温度的方法来增加熔融塑料的流动性。

9. 聚甲基丙烯酸甲酯（PMMA）

（1）基本特性

聚甲基丙烯酸甲酯俗称“有机玻璃”，是一种透光塑料，具有高度的透明性和优异的透光性，透光率达 92%，优于普通硅玻璃。与聚苯乙烯（PS）同是塑料中透明度最佳者可作为板状的有机玻璃，可加热弯曲成曲面，相对密度也轻。可着色成华丽的色调，且比聚苯乙烯树脂更难割伤，在建筑材料或家具方面也有很多应用

有机玻璃密度为 1.18g/cm³，比普通硅玻璃轻一半。机械强度为普通硅玻璃的 10 倍以上；它轻而坚韧，容易着色，有较好的电气绝缘性能；化学性能稳定，能耐一般的化学腐蚀，但能溶于芳烃、氯代烃等有机溶剂；在一般条件下尺寸较稳定。有机玻璃可制成棒、管、板等型材，供二次加工成塑件；也可制成粉状物，供成型加工。其最大缺点是表面硬度低，容易被硬物擦伤拉毛。

（2）主要用途

有机玻璃主要用于制造要求具有一定透明度和强度的防震、防爆和观察等方面的零件，如飞机和汽车的窗玻璃、飞机罩盖、油杯、光学镜片、透明模型、透明管道、车灯灯罩、油标及各种仪器零件，也可用做绝缘材料、广告铭牌等。

（3）成型特点

为了防止塑件产生气泡、混浊、银丝和发黄等缺陷，影响塑件质量，原料在成型前要很好地干燥；为了得到良好的外观质量，防止塑件表面出现流动痕迹、熔接线痕和气泡等不良现象，一般采用尽可能低的注射速度；模具浇注系统对料流的阻力应尽可能小，并应制出足够的

脱模斜度。

10. 酚醛塑料（PF）

（1）基本特性

酚醛塑料是一种产量较大的热固性塑料，它是以酚醛树脂为基础而制得的。酚醛树脂本身很脆，呈琥珀玻璃态，必须加入各种纤维或粉末状填料后才能获得具有一定性能要求的酚醛塑料。酚醛塑料大致可分为四类：层压塑料、压塑料、纤维状压塑料、碎屑状压塑料。

酚醛塑料与一般热塑性塑料相比，刚性好，变形小，耐热耐磨，能在 150℃～200℃的温度范围内长期使用；在水润滑条件下，有极低的摩擦系数；其电绝缘性能优良。酚醛塑料的缺点是质脆，抗冲击强度差。

（2）主要用途

酚醛层压塑料用浸渍过酚醛树脂溶液的片状填料制成，可制成各种型材和板材。根据所用填料不同，有纸质、布质、木质、石棉和玻璃布等各种层压塑料。布质及玻璃布酚醛层压塑料有优良的力学性能、耐油性能和一定的介电性能，可用于制造齿轮、轴瓦、导向轮、无声齿轮、轴承及用于电工结构材料和电气绝缘材料；木质层压塑料适用于制作水润滑冷却下的轴承及齿轮等；石棉布层压塑料主要用于高温下工作的零件。

酚醛纤维状压塑料可以加热模压成各种复杂的机械零件和电器零件，具有优良的电气绝缘性能，耐热、耐水、耐磨，可制作各种线圈架、接线板、电动工具外壳、风扇叶子、耐酸泵叶轮、齿轮和凸轮等。

（3）成型特点

成型性能好，特别适用于压缩成型。模温对流动性影响较大，一般当温度超过 160℃时流动性迅速下降；硬化时放出大量热，厚壁大型塑件内部温度易过高，发生硬化不均及过热现象。

11. 环氧树脂（EP）

（1）基本特性

环氧树脂是含有环氧基的高分子化合物。末固化之前，它是线型的热塑性树脂，只有在加入固化剂（如胺类和酸酐等化合物）交联成不熔的体型结构的高聚物之后，才有作为塑料的实用价值。

环氧树脂种类繁多，应用广泛，有许多优良的性能，其最突出的特点是黏结能力很强，是人们熟悉的“万能胶”的主要成分。此外，环氧树脂还耐化学药品、耐热，电气绝缘性能良好，收缩率小，比酚醛树脂有较好的力学性能。其缺点是耐气候性差，耐冲击性低，质地脆。

（2）主要用途

环氧树脂可用做金属和非金属材料的黏合剂，用于封装各种电子元件，配以石英粉等能浇铸各种模具，还可以作为各种产品的防腐涂料。

（3）成型特点

流动性好，硬化速度快；环氧树脂热刚性差，硬化收缩小，难于脱模，浇注前应加脱模剂;固化时不析出任何副产物，成型时不需排气。

思考题和习题

1．简述塑料的组成及分类。
2．塑料的加工工艺性受到什么方面的影响？
3．热塑性塑料的工艺性能和热固性塑料的工艺性能各有什么特点？
4．塑料材料 ABS 的特点？

模块二　塑件制品

知识目标

掌握塑件制品结构工艺性。

能力目标

掌握塑件制品设计时，塑件尺寸、尺寸精度、表面粗糙度、塑件结构等知识。

素质目标

培养学生分析塑料制品结构工艺性的能力。

一、塑料件尺寸及精度

1．塑件尺寸

塑件尺寸应根据使用要求进行设计，但受到塑料的流动性制约。在一定的设备和工艺条件下，流动性好的塑料可以成型较大尺寸的塑件，反之能成型的塑件尺寸就较小。塑件尺寸还受成型设备的限制，注射成型的塑件尺寸要受到注射机的注射量、锁模力和模板尺寸的限制；压缩和压注成型的塑件尺寸要受到压机最大压力和压机工作台面最大尺寸的限制。

因此，从原材料性能、模具制造成本和成型工艺性等条件出发，只要能满足塑件的使用要求，应尽量将塑件设计得紧凑、合理一些。

2．塑件尺寸精度

（1）塑件尺寸精度和影响因素

塑件尺寸精度即塑件尺寸的准确度，是指所获得塑件尺寸与产品图中尺寸的符合程度，即所获得塑件尺寸的准确度。以下为影响塑件尺寸精度的因素：

模具的制造误差（占 1/3，尤其是小尺寸模具，影响更大）；

塑料材料的成型收缩率波动（占 1/3，尤其是大尺寸模具，影响更大）；

模具在使用过程中的磨损；

型腔的变形；

模具零件相互之间的安装定位误差；

模具的结构（浇口尺寸和位置、分型面位置、模具的拼合方式）；

成型后的条件（测量误差、存放条件）；

在满足塑件使用要求的前提下，应尽量把塑件尺寸精度设计得低一些。

（2）塑件尺寸公差与精度确定

关于塑件尺寸公差的国家标准有 GB/T14486-2008《工程塑料模塑塑料件尺寸公差标准》，该标准中塑件尺寸公差的代号为 MT，公差等级分为 7 级。

塑件尺寸公差与精度，要先确定精度（查精度等级选用表，如表 1-2-2 所示），然后再查公差（查塑件公差数值表，如表 1-2-1 所示）。一般情况下：

对于塑件上孔的公差采用单向正偏差，即取表中数值冠以（+）号；

对于塑件上轴的公差采用单向负偏差，即取表中数值冠以（-）号；

对于中心距尺寸及其他位置尺寸公差采用双向等值偏差，即取表中数值之半再冠以（±）号。

该标准中还规定有 a、b 类尺寸划分，a：不受模具活动部分影响的尺寸；b：受模具活动部分影响的尺寸。

表 1-2-1　模塑件尺寸公差表（GB/T14486-2008）

mm

公差等级	公差种类	基本尺寸													
		>0 ~3	>3 ~6	>6 ~10	>10 ~14	>14 ~18	>18 ~24	>24 ~30	>30 ~40	>40 ~50	>50 ~65	>65 ~80	>80 ~100	>100 ~120	>120 ~140
标注公差的尺寸公差值															
MT1	a	0.07	0.08	0.09	0.10	0.11	0.12	0.14	0.16	0.18	0.20	0.23	0.26	0.29	0.32
	b	0.14	0.16	0.18	0.20	0.21	0.22	0.24	0.26	0.28	0.30	0.33	0.36	0.39	0.42
MT2	a	0.10	0.12	0.14	0.16	0.18	0.20	0.22	0.24	0.26	0.30	0.34	0.38	0.42	0.46
	b	0.20	0.22	0.24	0.26	0.28	0.30	0.32	0.34	0.36	0.40	0.44	0.48	0.52	0.56
MT3	a	0.12	0.14	0.16	0.18	0.20	0.22	0.26	0.30	0.34	0.40	0.46	0.52	0.58	0.64
	b	0.32	0.34	0.36	0.38	0.40	0.42	0.46	0.50	0.54	0.60	0.66	0.72	0.78	0.84
MT4	a	0.16	0.18	0.20	0.24	0.28	0.32	0.36	0.42	0.48	0.56	0.64	0.72	0.82	0.92
	b	0.36	0.38	0.40	0.44	0.48	0.52	0.56	0.62	0.68	0.76	0.84	0.92	1.02	1.12
MT5	a	0.20	0.24	0.28	0.32	0.38	0.44	0.50	0.56	0.64	0.74	0.86	1.00	1.14	1.28
	b	0.40	0.44	0.48	0.52	0.58	0.64	0.70	0.76	0.84	0.94	1.06	1.20	1.34	1.48
MT6	a	0.26	0.32	0.38	0.46	0.52	0.60	0.70	0.80	0.94	1.10	1.28	1.48	1.72	2.00
	b	0.45	0.52	0.58	0.66	0.72	0.80	0.90	1.00	1.14	1.30	1.48	1.68	1.92	2.20
MT7	a	0.38	0.46	0.56	0.66	0.76	0.86	0.98	1.12	1.32	1.54	1.80	2.10	2.40	2.70
	b	0.58	0.66	0.76	0.86	0.96	1.06	1.18	1.32	1.52	1.74	2.00	2.30	2.60	2.90

续表

未注公差的尺寸允许偏差															
MT5	a	±0.10	±0.12	±0.14	±0.16	±0.19	±0.22	±0.25	±0.28	±0.32	±0.37	±0.43	±0.50	±0.57	±0.64
	b	±0.20	±0.22	±0.24	±0.26	±0.29	±0.32	±0.35	±0.38	±0.42	±0.47	±0.53	±0.60	±0.67	±0.74
MT6	a	±0.13	±0.16	±0.19	±0.23	±0.26	±0.30	±0.35	±0.40	±0.47	±0.55	±0.64	±0.74	±0.86	±1.00
	b	±0.23	±0.26	±0.29	±0.33	±0.36	±0.40	±0.45	±0.50	±0.57	±0.65	±0.74	±0.84	±0.96	±1.10
MT7	a	±0.19	±0.23	±0.28	±0.33	±0.38	±0.43	±0.49	±0.56	±0.66	±0.77	±0.90	±1.05	±1.20	±1.35
	b	±0.29	±0.33	±0.38	±0.43	±0.48	±0.53	±0.59	±0.66	±0.76	±0.87	±1.00	±1.15	±1.30	±1.45

公差等级	公差种类	基本尺寸													
		>140~160	>160~180	>180~200	>200~225	>225~250	>250~280	>280~315	>315~355	>355~400	>400~450	>450~500	>500~630	>630~800	>800~1000
标注公差的尺寸公差值															
MT1	a	0.36	0.40	0.44	0.48	0.52	0.56	0.60	0.64	0.70	0.78	0.86	0.97	1.16	1.39
	b	0.46	0.50	0.54	0.58	0.62	0.66	0.70	0.74	0.80	0.88	0.96	1.07	1.26	1.49
MT2	a	0.50	0.54	0.60	0.66	0.72	0.76	0.84	0.92	1.00	1.10	1.20	1.40	1.70	2.10
	b	0.60	0.64	0.70	0.76	0.82	0.86	0.94	1.02	1.10	1.20	1.30	1.50	1.80	2.20
MT3	a	0.70	0.78	0.86	0.92	1.00	1.10	1.20	1.30	1.44	1.60	1.74	2.00	2.40	3.00
	b	0.90	0.98	1.06	1.12	1.20	1.30	1.40	1.50	1.64	1.80	1.94	2.20	2.60	3.20
MT4	a	1.02	1.12	1.24	1.36	1.48	1.62	1.80	2.00	2.20	2.40	2.60	3.10	3.80	4.60
	b	1.22	1.32	1.44	1.56	1.68	1.82	2.00	2.20	2.40	2.60	2.80	3.30	4.00	4.80
MT5	a	1.44	1.60	1.76	1.92	2.10	2.30	2.50	2.80	3.10	3.50	3.90	4.50	5.60	6.90
	b	1.64	1.80	1.96	2.12	2.30	2.50	2.70	3.00	3.30	3.70	4.10	4.70	5.80	7.10
MT6	a	2.20	2.40	2.60	2.90	3.20	3.50	3.90	4.30	4.80	5.30	5.90	6.90	8.50	10.60
	b	2.40	2.60	2.80	3.10	3.40	3.70	4.10	4.50	5.00	5.50	6.10	7.10	8.70	10.80
MT7	a	3.00	3.30	3.70	4.10	4.50	4.90	5.40	6.00	6.70	7.40	8.20	9.60	11.90	14.80
	b	3.20	3.50	3.90	4.30	4.70	5.10	5.60	6.20	6.90	7.60	8.40	9.80	12.10	15.00
未注公差的尺寸允许偏差															
MT5	a	±0.72	±0.80	±0.88	±0.96	±1.05	±1.15	±1.25	±1.40	±1.55	±1.75	±1.95	±2.25	±2.80	±3.45
	b	±0.82	±0.90	±0.98	±1.06	±1.15	±1.25	±1.35	±1.50	±1.65	±1.85	±2.05	±2.35	±2.90	±3.55
MT6	a	±1.10	±1.20	±1.30	±1.45	±1.60	±1.75	±1.95	±2.15	±2.40	±2.65	±2.95	±3.45	±4.25	±5.30
	b	±1.20	±1.30	±1.40	±1.55	±1.70	±1.85	±2.05	±2.25	±2.50	±2.75	±3.05	±3.55	±4.35	±5.40
MT7	a	±1.50	±1.65	±1.85	±2.05	±2.25	±2.45	±2.70	±3.00	±3.35	±3.70	±4.10	±4.80	±5.95	±7.40
	b	±1.60	±1.75	±1.95	±2.15	±2.35	±2.55	±2.80	±3.10	±3.45	±3.80	±4.20	±4.90	±6.05	±7.50

注：1. a 为不受模具活动部分影响的尺寸公差值；b 为受模具活动部分影响的尺寸公差值。

2. MT1 级为精密级，具有采用严密的工艺控制措施和高精度的模具、设备、原料时才有可能选用。

表 1-2-2 常用材料模塑件公差等级的选用（GB/T14486-2008）

材料代号	塑件材料		公差等级		
			标注公差尺寸		未注公差尺寸
			高精度	一般精度	
ABS	（丙烯腈一丁二烯一苯乙烯）共聚物		MT2	MT3	MT5
CA	乙酸纤维素		MT3	MT4	MT6
EP	环氧树脂		MT2	MT3	MT5
PA	聚酰胺	无填料填充	MT3	MT4	MT6
		30%玻璃纤维填充	MT2	MT3	MT5
PBT	聚对苯二甲酸丁二酯	无填料填充	MT3	MT4	MT6
		30%玻璃纤维填充	MT2	MT3	MT5
PC	聚碳酸酯		MT2	MT3	MT5
PDAP	聚邻苯二甲酸二烯丙酯		MT2	MT3	MT5
PEEK	聚醚醚酮		MT2	MT3	MT5
PE-HD	高密度聚乙烯		MT4	MT5	MT7
PE-LD	低密度聚乙烯		MT5	MT6	MT7
PESU	聚醚砜		MT2	MT3	MT5
PET	聚对苯二甲酸乙二酯	无填料填充	MT3	MT4	MT6
		30%玻璃纤维填充	MT2	MT3	MT5
PF	苯酚-甲醛树脂	无机填料填充	MT2	MT3	MT5
		有机填料填充	MT3	MT4	MT6
PMMA	聚甲基丙烯酸甲酯		MT2	MT3	MT5
POM	聚甲醛	≤150 mm	MT3	MT4	MT6
		>150 mm	MT4	MT5	MT7
PP	聚丙烯	无填料填充	MT4	MT5	MT7
		30%无机填料填充	MT2	MT3	MT5
PPE	聚苯醚；聚亚苯醚		MT2	MT3	MT5
PPS	聚苯硫醚		MT2	MT3	MT5
PS	聚苯乙烯		MT2	MT3	MT5
PSU	聚砜		MT2	MT3	MT5
PUR-P	热塑性聚氨酯		MT4	MT5	MT7
PVC-P	软质聚氯乙烯		MT5	MT6	MT7

续表

材料代号	塑件材料		公差等级		
			标注公差尺寸		未注公差尺寸
			高精度	一般精度	
PVC-U	未增塑聚氯乙烯		MT2	MT3	MT5
SAN	（丙烯腈－苯乙烯）共聚物		MT2	MT3	MT5
UF	脲－甲醛树脂	无机填料填充	MT2	MT3	MT6
		有机填料填充	MT3	MT4	MT6
UP	不饱和聚酯	30%玻璃纤维填充	MT2	MT3	MT5

3. 塑件表面质量

塑件表面质量包括表面粗糙度和表观质量等。

（1）塑件表面粗糙度

塑件的外观要求越高，表面粗糙度值应越小。塑件表面粗糙度的高低，主要与模具型腔表面的表面粗糙度有关。一般说来，模具表面的表面粗糙度值要比塑件小1～2级。模具在使用过程中，由于型腔磨损而使表面粗糙度值不断加大，所以应随时给予抛光复原。透明塑件要求型腔和型芯的表面粗糙度相同，而不透明塑件则根据使用情况来决定它们的表面粗糙度。

从塑件的外观和塑件的充模流动角度考虑，塑件的表面粗糙度要求：通常为 Ra 0.8～0.2μm，有时需小于 Ra 0.1μm。模腔表壁的表面粗糙度常为 Ra 0.2～0.05μm。

（2）塑件表观质量

塑件的表观质量指的是塑件成型后的表观缺陷状态，如常见的缺料、溢料、飞边、凹陷、气孔、熔接痕、银纹、翘曲与收缩、尺寸不稳定等。它们是由塑件成型工艺条件、塑件成型原材料、模具总体设计等多种因素造成的。

二、塑件结构设计

塑件结构设计的主要内容包括塑件形状、壁厚、脱模斜度、加强肋、支承面、圆角、孔、螺纹、齿轮、嵌件、文字符号及表面装饰等。

1. 形状

塑件的内外表面形状应在满足使用要求的情况下尽可能易于成型。由于侧抽芯和瓣合模不但使模具结构复杂，制造成本提高，还会在分型面上留下飞边，增加塑件的修整量。因此，塑件设计时可适当改变塑件的结构，尽可能避免侧向凸凹与侧孔，以简化模具结构，表1-2-3为改变塑件形状以利于成型的典型实例。

塑件内侧有较浅的凸凹并允许带有圆角时，则可以用整体凸模采取强制脱模的方法使塑件从凸模上脱下，如图1-2-1（a）所示；塑件外侧凸凹也可以强制脱模，如图1-2-1（b）所示。

但此时塑件在脱模温度下应具有足够的弹性，以使塑件在强制脱下时不会变形，例如聚乙烯、聚丙烯、聚甲醛等能适应这种情况。但是，大多数情况下塑件侧向凸凹不能强制脱模，此时应采用侧向分型与抽芯结构的模具。

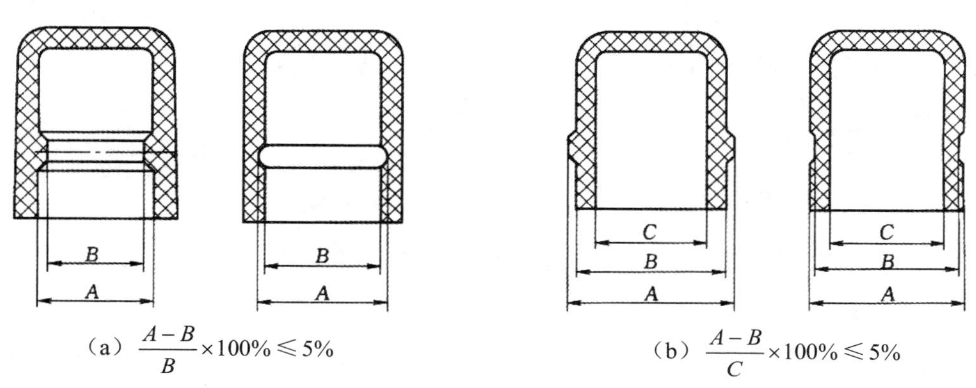

（a）$\frac{A-B}{B}\times 100\% \leqslant 5\%$　　（b）$\frac{A-B}{C}\times 100\% \leqslant 5\%$

图 1-2-1　可强制脱模的侧向凸、凹结构

表 1-2-3　改变塑件形状以利于塑件成型的典型实例

序号	改变前	改变后	说明
1			改变塑件形状后，则不需要采用侧抽芯或瓣合分型的模具
2			改变制件形状避免侧孔抽侧型芯
3			应避免塑件表面横向凸台，以便于脱模

续表

序号	改变前	改变后	说明
4			塑件内侧凹，抽芯困难
5			将横向侧孔改为垂直向孔，可免去侧抽芯机构

2. 脱模斜度

塑料在模腔中冷却收缩，便包紧型芯或型腔中的凸起部分，为了便于脱模和抽拔，避免脱模和抽拔时塑件产生划痕、拉毛、变形等缺陷，设计塑件时，沿脱模和抽拔方向的内外表面均需有一定的斜度，称为脱模斜度。一般斜度取 40′～1° 20′，如图 1-2-2 所示。

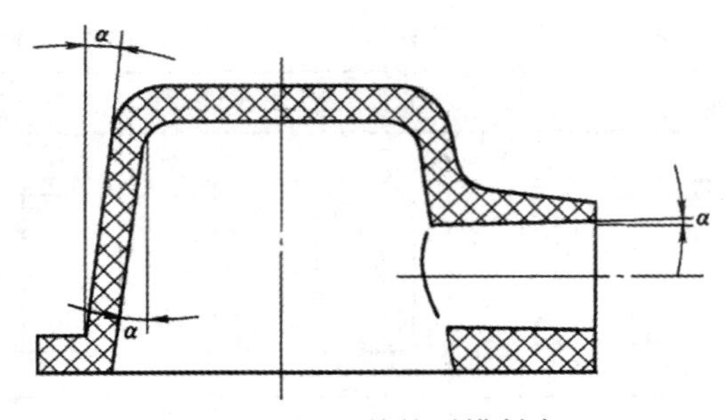

图 1-2-2　塑件的脱模斜度

设计脱模斜度遵循原则：

（1）塑料的收缩率大，壁厚，斜度应取偏大值；

（2）塑件结构复杂，斜度应取偏大值；

（3）型芯长或深型腔为了便于脱模，在满足制件的使用和尺寸公差要求的前提下，斜度值取大值；

（4）一般外表面的斜度小于内表面的；

（5）热固性塑料小于热塑性塑料。

脱模斜度的标注根据塑件的内外尺寸而定：对于塑件内孔，以型芯小端为基准，尺寸符合图样要求，斜度沿扩大的方向取得；对于塑件外形，以型腔（凹模）大端为基准，尺寸符合图样要求，斜度沿缩小方向取得。一般情况下，脱模斜度不包括在塑件的公差范围内。

脱模斜度的标注方法分为角度标注法、比例标注法、线性尺寸标注法，如图 1-2-3 所示。

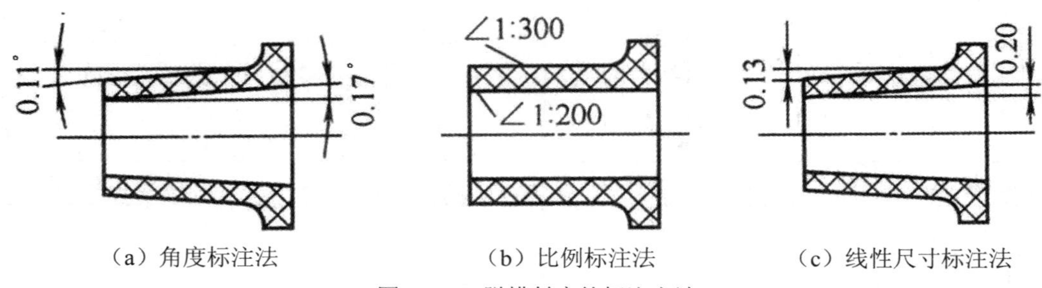

（a）角度标注法　（b）比例标注法　（c）线性尺寸标注法

图 1-2-3　脱模斜度的标注方法

表 1-2-4 列出了常见塑料的脱模斜度。

表 1-2-4　塑料常用的脱模斜度

塑料名称	脱模斜度	
	型腔	型芯
聚乙烯、聚丙烯、软聚氯乙烯、聚酰胺、氯化聚醚	25′～45′	20′～45′
硬聚氯乙烯、聚碳酸酯、聚砜	35′～40′	30′～50′
聚苯乙烯、有机玻璃、ABS、聚甲醛	35′～1°30′	30′～40′
热固性塑料	25′～40′	20′～50′

注：本表所列脱模斜度适于开模后塑件留在型芯上的情形。

当要求开模后塑件留在型腔内时，塑件内表面的脱模斜度应大于塑件外表面的脱模斜度，此时应将表中型腔型芯所对应的数值对调。

3. 壁厚

塑件的壁厚对塑件质量有很大影响。壁厚过小，成型时流动阻力大，大型复杂塑件就难以充满型腔。塑件壁厚的最小尺寸应满足以下方面要求：具有足够的强度和刚度；脱模时能经受推出机构的推出力而不变形，能承受装配时的紧固力。塑件最小壁厚值随塑料品种和塑件大小的不同而异。设计原则为塑件的壁厚应根据塑件的使用要求来确定，尽量做到壁厚均匀，一般为 1～4mm。

表 1-2-5　塑料壁厚过厚或者过薄缺陷

壁厚	产生问题
壁厚过厚	材料消耗增大，成型效率降低，使塑件成本提高。而且还容易产生气泡、缩孔、翘曲等缺陷
壁厚过薄	易脱模变形或破裂，不能满足使用要求，且难以充满，成型困难——最小壁厚（见经验表格）

热塑性塑料易于成型薄壁塑件，其最小壁厚能达到 0.25mm，但一般不宜小于 0.6～0.9mm，

常取 2～4mm。热固性塑料的小型塑件，壁厚取 0.6～2.5mm，大型塑件取 3.2～8mm。表 1-2-6 为热塑性塑件最小壁厚及推荐壁厚参考值，表 1-2-7 为根据外形尺寸推荐的热固性塑件壁厚值。

表 1-2-6　热塑性塑件最小壁厚及推荐壁厚　　mm

塑料种类	制件流程 50mm 的最小壁厚	一般制件壁厚	大型制件壁厚
聚酰胺（PA）	0.45	1.75～2.60	>2.4～3.2
聚苯乙烯（PS）	0.75	2.25～2.60	>3.2～5.4
改性聚苯乙烯	0.75	2.29～2.60	>3.2～5.4
有机玻璃（PMMA）	0.80	2.50～2.80	>4.0～6.5
聚甲醛（POM）	0.80	2.40～2.60	>3.2～5.4
软聚氯乙烯（LPVC）	0.85	2.25～2.50	>2.4～3.2
聚丙烯（PP）	0.85	2.45～2.75	>2.4～3.2
氯化聚醚（CPT）	0.85	2.35～2.80	>2.5～3.4
聚碳酸酯（PC）	0.95	2.60～2.80	>3.0～4.5
硬聚氯乙烯（HPVC）	1.15	2.60～2.80	>3.2～5.8
聚苯醚（PPO）	1.20	2.75～3.10	>3.5～6.4
聚乙烯（PE）	0.60	2.25～2.60	>2.4～3.2

表 1-2-7　热固性塑件壁厚　　mm

塑料名称	塑件外形高度		
	～50	>50～100	>100
粉状填料的酚醛塑料	0.7～2.0	2.0～3.0	5.0～6.5
纤维状填料的酚醛塑料	1.5～2.0	2.5～3.5	6.0～8.0
氨基塑料	1.0	1.3～2.0	3.0～4.0
聚酯玻璃纤维填料的塑料	1.0～2.0	2.4～3.2	>4.8
聚酯无机物填料的塑料	1.0～2.0	3.2～4.8	>4.8

同一塑件的壁厚应尽可能一致，否则会因冷却或固化速度不同而产生内应力，使塑件产生翘曲、缩孔、裂纹甚至开裂。当然，要求塑件各处壁厚完全一致也是不可能的。因此，为了使壁厚尽量一致，在可能的情况下常常将壁厚的部分挖空。当在结构上要求具有不同的壁厚时，壁厚之比不应超过 3:1，且不同壁厚应采用适当的修饰半径使壁厚部分缓慢过渡。表 1-2-8 为改变壁厚的典型实例。

表 1-2-8　改善塑件壁厚的典型实例

序号	不合理	合理	说明
1	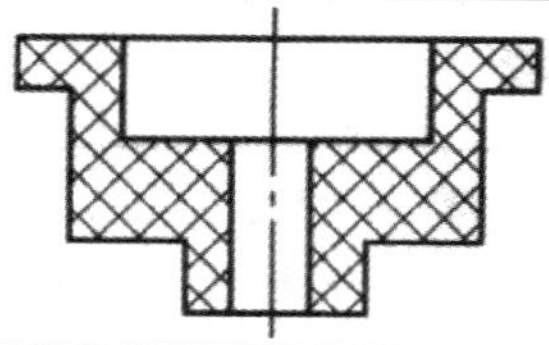	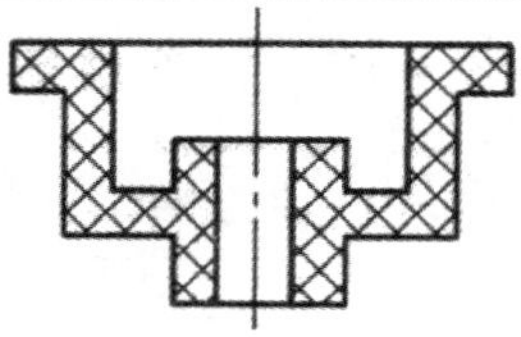	左图壁厚不均匀，易产生气泡、缩孔、凹陷等缺陷，使塑件变形；右图壁厚均匀，能保证质量
2	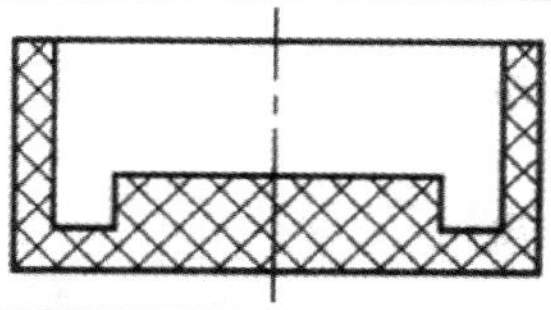	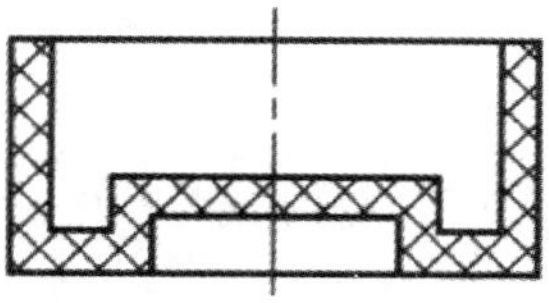	
3	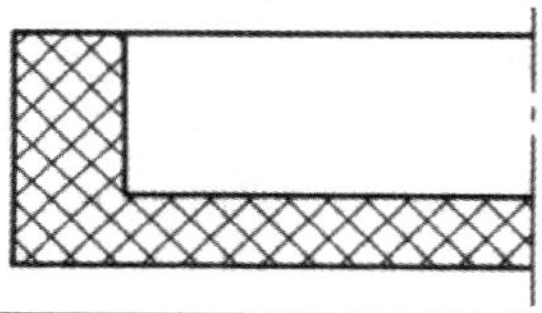	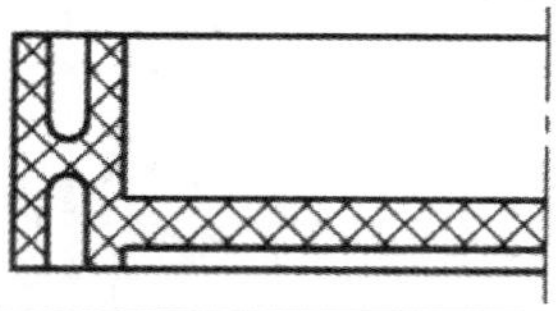	
4	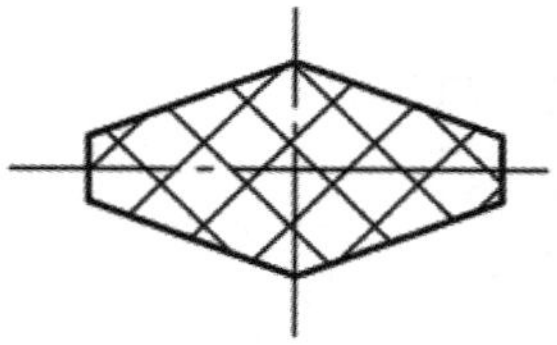	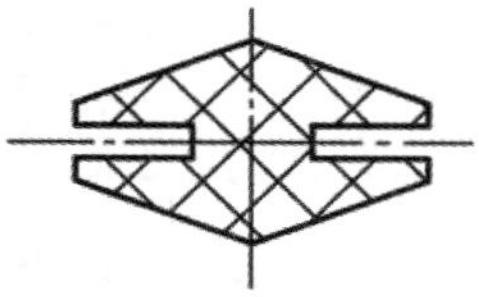	
5	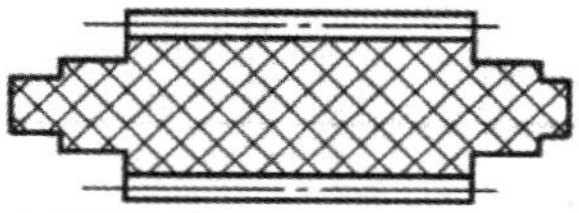	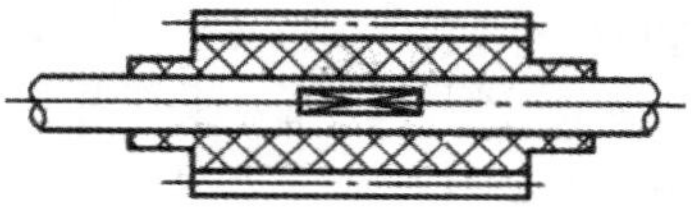	全塑齿轮轴应在中心设置钢芯
6	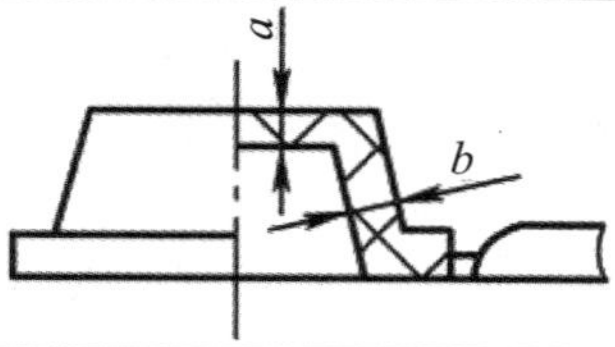	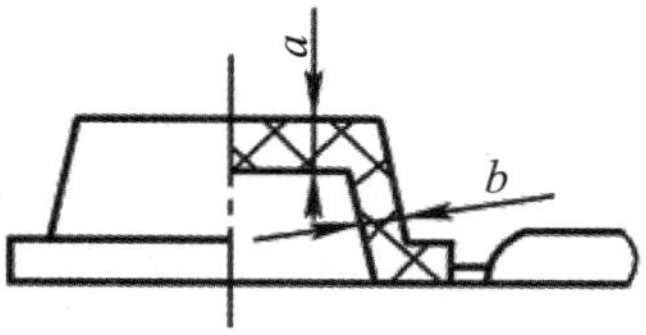	平顶塑件，采用侧浇口进料时，为避免平面上留有熔接痕，必须保证平面进料通畅，故 a>b
7	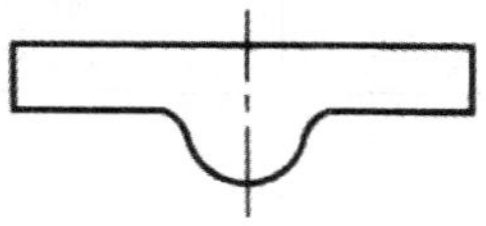	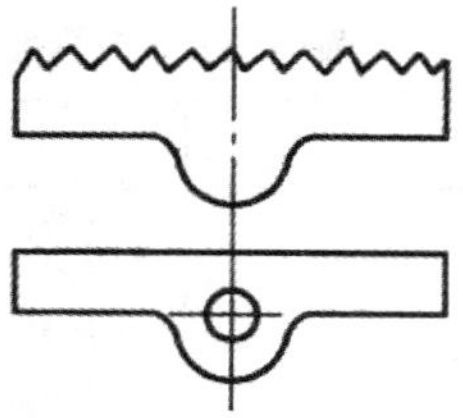	壁厚不均塑件，可在易产生凹痕的表面设计成波纹形式或在厚壁处开设工艺孔，以掩盖或消除凹痕

4. 加强肋

加强肋的主要作用是在不增加壁厚的情况下，加强塑件的强度和刚度，避免塑件翘曲变形。此外，合理布置加强肋还可以提高塑料熔体的充模能力，减少塑件内应力，避免气孔、缩孔和凹陷等缺陷。

加强肋的形状尺寸如图 1-2-4 所示。各参数取值如下：

高度 $L=(1\sim3)\delta\leqslant3\delta$

肋条宽 $A=(1/4\sim1)\delta\leqslant\delta$

当$\delta\leqslant$2mm 时取 $A=\delta$

斜度$\alpha=2°\sim5°$

根部圆角 $R=(1/8\sim1/4)\delta$

顶部圆角 $r=\delta/8$

加强肋之间的中心距应大于 3δ

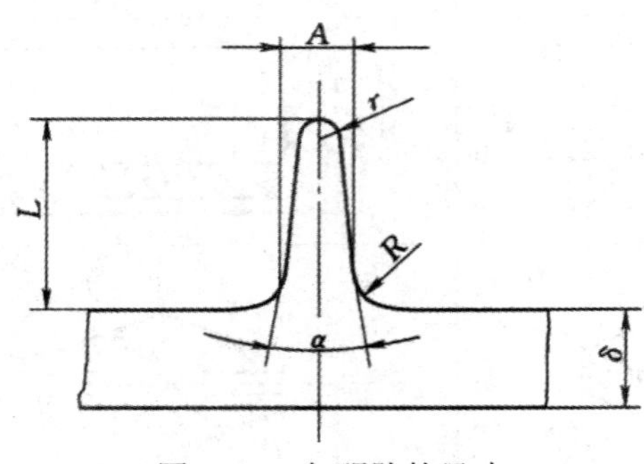

图 1-2-4　加强肋的尺寸

在塑件上设置加强肋有以下要求：

（1）加强肋的厚度应小于塑件厚度，并与壁用圆弧过渡；

（2）加强肋端面高度不应超过塑件高度，宜低于 0.5mm 以上；

（3）尽量采用几个高度较矮的肋代替孤立的高肋，肋与肋间距离应大于肋宽的两倍。

（4）加强肋的设置方向除应与受力方向一致外，还应尽可能与熔体流动方向一致，以免料流受到搅乱，使塑件的韧性降低。

表 1-2-9 所示为加强肋设计的典型实例。

表 1-2-9　加强肋设计的典型实例

序号	不合理	合理	说明
1			过厚处应减薄并设置加强肋以保持原有强度

续表

序号	不合理	合理	说明
2			过高的塑件应设置加强肋，以减小塑件壁厚
3			平板状塑件，加强肋应与料流方向平行，以免造成充模阻力过大和降低塑件韧性
4			非平板状塑件，加强肋应交错排列，以免塑件产生翘曲变形
5			加强肋应设计得矮一些，与支承面的间隙应大于0.5mm

加强肋常常引起塑件局部凹陷，可用一些方法来修饰和隐藏这种凹陷，如图 1-2-5 所示。

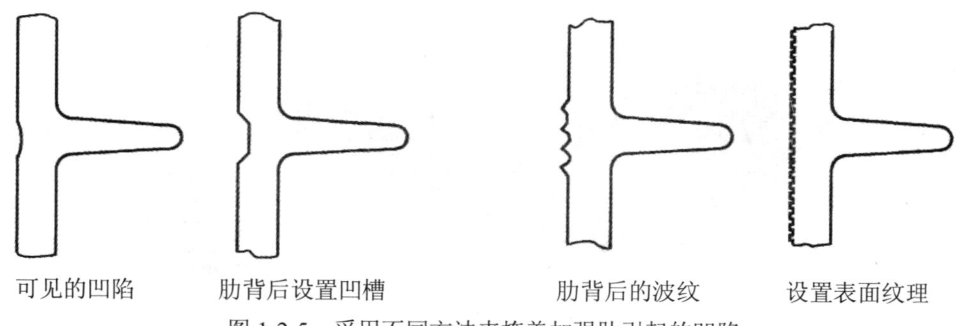

图 1-2-5　采用不同方法来掩盖加强肋引起的凹陷

除了采用加强肋外，薄壳状的塑件可制成球面或拱曲面，这样可以有效地增加刚性和减少变形，如图 1-2-6 所示。

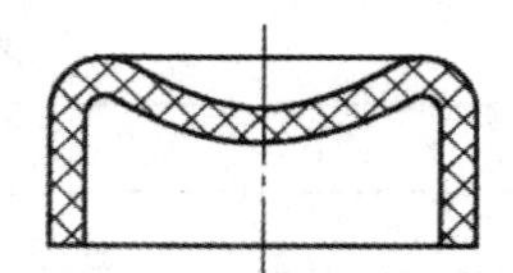
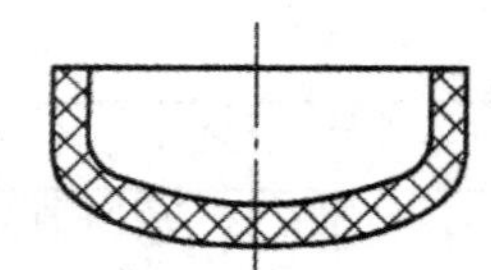

图 1-2-6　容器底与盖的加强

对于薄壁容器的边缘，可按图 1-2-7 所示设计来增加刚性和减少变形。

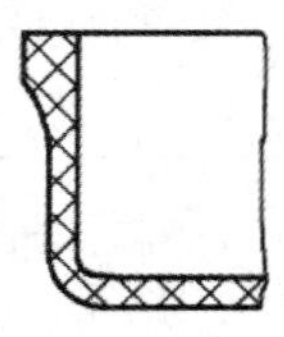
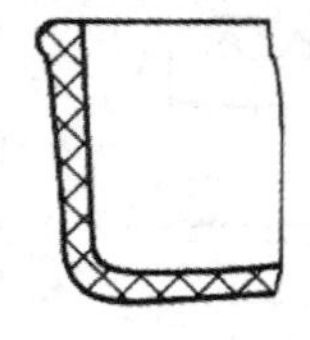
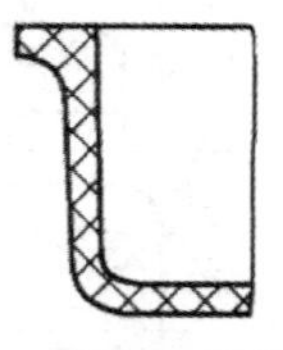
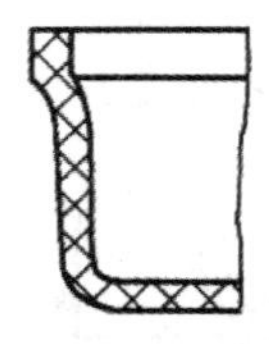
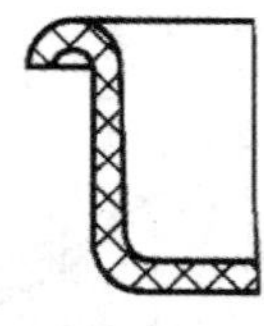

图 1-2-7　容器边缘的增强

矩形薄壁容器采用软塑料时，侧壁易出现内凹变形，因此在不影响使用的情况下，可将塑件各边均设计成向外凸的弧状，使变形不易看出，如图 1-2-8 所示。

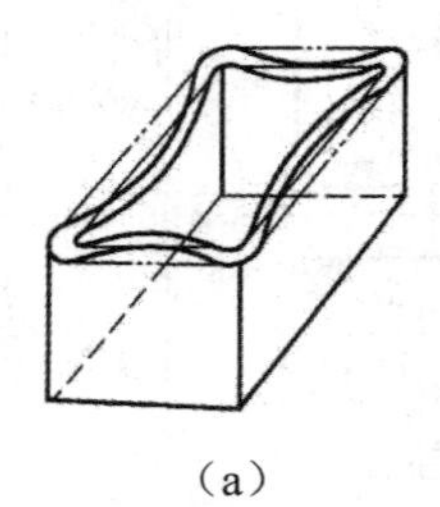
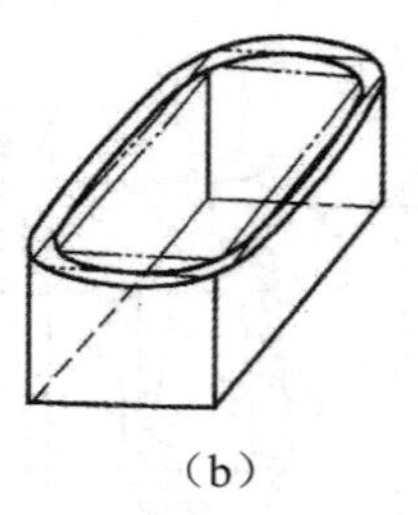
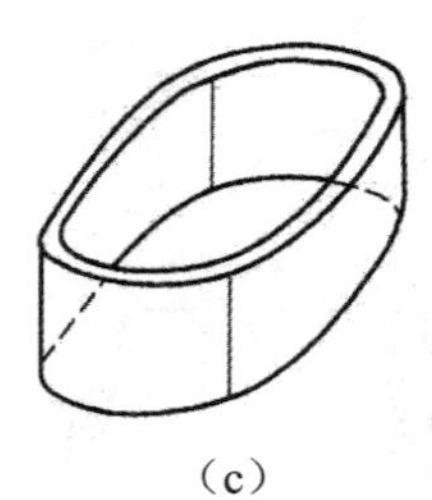

（a）　（b）　（c）

图 1-2-8　防止矩形薄壁容器侧壁内凹变形

当塑件较大、较高时，可在其内壁及外壁设计纵向圆柱、沟槽或波纹状形式的增强结构，如图 1-2-9 所示。

图 1-2-9　大容器增强

5.　支承面与凸台

塑件的支承面应保证其稳定性，不宜以塑件的整个底面作为支承面，因为塑件稍许翘曲或变形将会使底面不平。通常采用的是几个凸起的脚底或凸边支承，如图 1-2-10 所示。图 1-2-10

（a）以整个底面作支承面是不合理的，图 1-2-10（b）和图 1-2-10（c）分别以边框凸起和脚底作为支承面，这样设计较合理。

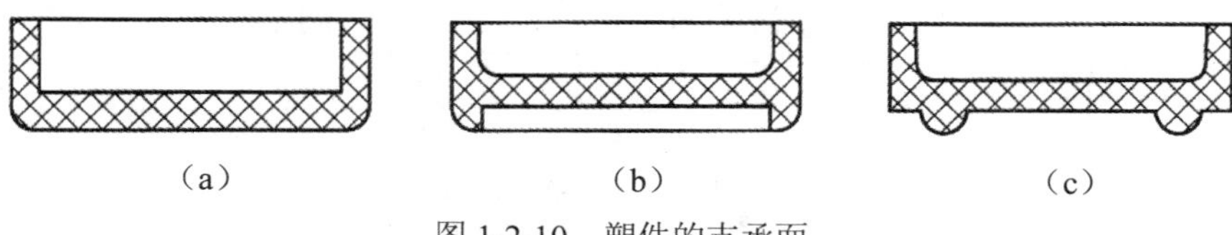
（a）　（b）　（c）

图 1-2-10　塑件的支承面

凸台是塑件上突出的锥台或支承块，为诸如自攻螺钉或螺杆拧入件之类的紧固件提供坐落部位，或加强塑件上的孔的强度。凸台设计应遵循以下原则：

（1）凸台应尽可能设在塑件转角处。

（2）应有足够的脱模斜度。

（3）侧面应设有角撑，以分散负荷压应力。

（4）凸台与基面接合处应有足量的圆弧过渡。

（5）凸台直径至少应为孔径的两倍。

（6）凸台高度一般不应超过凸台外径的两倍。

（7）凸台壁厚不应超过基面壁厚的 3/4，以 1/2 为好。

表 1-2-10 为凸台设计实例。

表 1-2-10　凸台设计实例

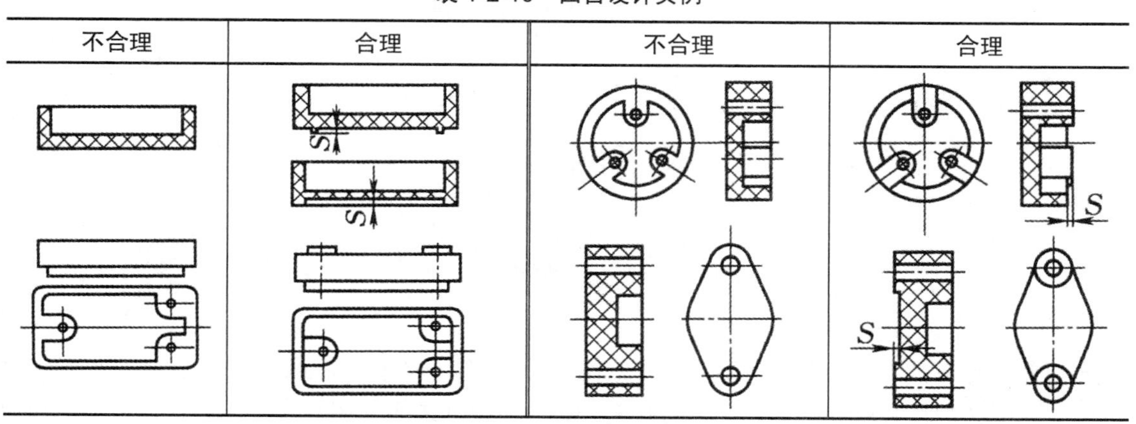

6. 圆角

塑件的面与面之间一般均采用圆弧过渡，这样不仅可以避免塑件尖角处的应力集中，提高塑件强度，而且可改善物料的流动状态，降低充模阻力，便于充模、脱模。另外可便于模具的加工制造及模具强度的提高，避免模具在淬火或使用时应力开裂，如图 1-2-11 所示。

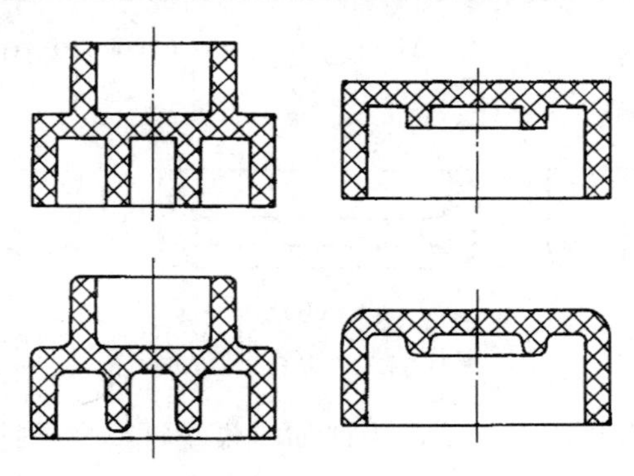

图 1-2-11　塑件上的圆角图

图 1-2-12 表示圆角设计尺寸：
内壁圆角半径可为壁厚的一半；
外壁圆角半径可为壁厚的 1.5 倍；
一般圆角半径不应小于 0.5mm；
壁厚不等的两壁转角可按平均壁厚确定内、外圆角半径；
理想的内圆角半径应为壁厚的 1/3 以上。

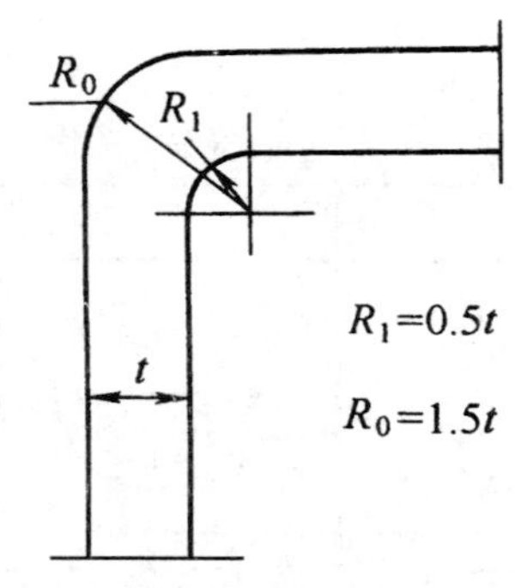

图 1-2-12　表示圆角设计尺寸

7. 孔的设计

塑件上常见的孔有通孔、不通孔、异形孔（形状复杂的孔）和螺纹孔等。这些孔均应设置在不易削弱塑件强度的地方，在孔与孔之间、孔与边壁之间应留有足够的距离。热固性塑件两孔之间及孔与边壁之间的间距与孔径的关系见表 1-2-11。当两孔直径不一样时，按小的孔径取值。热塑性塑件两孔之间及孔与边壁之间的关系可按表 1-2-11 中所列数值的 75%确定。

表 1-2-11　热固性塑件孔间距、孔边距与孔径关系　mm

孔径	～1.5	>1.5～3	>3～6	>6～10	>10～18	>18～30
孔间距、孔边距	1～1.5	>1.5～2	>2～3	>3～4	>4～5	>5～7

（1）通孔

成型通孔用的型芯一般有以下几种安装方法，如图 1-2-13 所示。

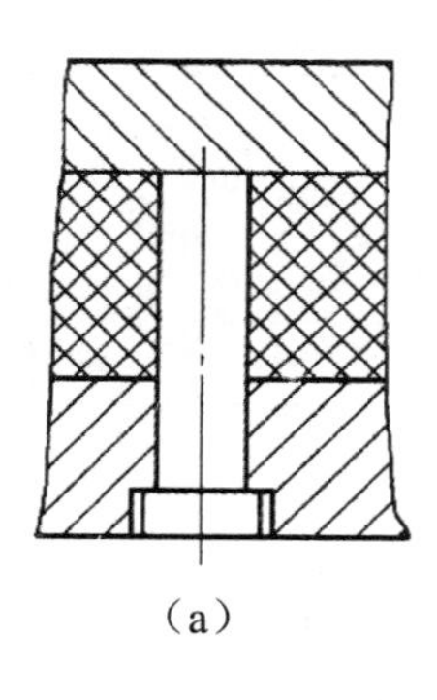

（a）

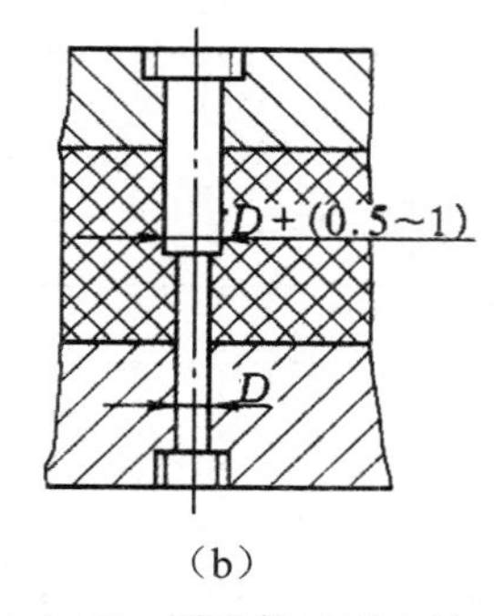

（b）

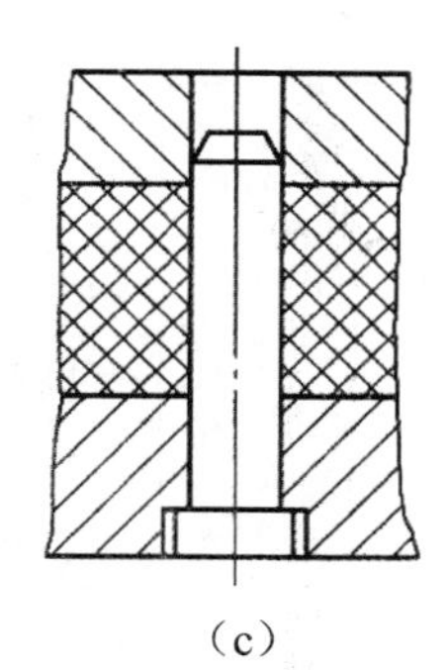

（c）

图 1-2-13　通孔的成型方法

在图 1-2-13（a）中型芯一端固定，这种方法简单，但会出现不易修整的横向飞边，且当孔较深或孔径较小时型芯易受熔体的冲击而弯曲。

在图 1-2-13（b）中用一端固定的两个型芯来成型，并使一个型芯径向尺寸比另一个大 0.5～1mm，这样即使稍有不同心，也不致引起安装和使用上的困难，其特点是型芯长度缩短一半，稳定性增加。这样成型方式适用于孔较深且孔径要求不是很高的场合。

在图 1-2-13（c）中型芯一端固定，另一端导向支承，这种方法使型芯有较好的强度和刚度，又能保证同心度，较为常用，但其导向部分因导向误差发生磨损，会产生圆周纵向溢料。型芯不论用什么方法固定，孔深均不能太大，否则型芯会弯曲。压缩成型时尤应注意，通孔深度应不超过孔径的 3.75 倍。

（2）不通孔

不通孔只能用一端固定的型芯来成型，因此其深度应浅于通孔。根据经验，注射成型或压注成型时，孔深应不超过直径的 4 倍。压缩成型时，孔深应浅些，平行于压制方向的孔一般不超过直径的 2.5 倍。垂直于压制方向的孔一般不超过直径的 2 倍。直径小于 1.5mm 的孔或深度太大（大于以上值）的孔最好用成型后再机械加工的方法获得。如能在成型时于钻孔位置压出定位浅孔，则将给后加工带来很大方便。各种塑料适宜成型的最小孔径和最大孔深如表 1-2-12 所示。

表 1-2-12　塑料适宜成型的最小孔径和最大孔深

成型方法	塑料名称	最小孔径 d/mm	最大孔深	
			不通孔	通孔
压缩成型与压注成型	压塑粉	1.0	压缩：$2d$ 压注：$4d$	压缩：$4d$ 压注：$8d$
	纤维塑料	1.5		
	碎布塑料	1.5		

续表

成型方法	塑料名称	最小孔径 d/mm	最大孔深	
			不通孔	通孔
注射成型	聚酰胺（PA）	0.2	$4d$	$10d$
	聚乙烯（PE）			
	软聚氯乙烯（LPVC）			
	有机玻璃	0.25	$3d$	$8d$
	氯化聚醚（CPT）	0.3	$3d$	$8d$
	聚甲醛（POM）			
	聚苯醚（PPO）			
	硬聚氯乙烯（HPVC）	0.25		
	改性聚苯乙烯	0.3		
	聚碳酸酯（PC）	0.35	$2d$	$6d$
	聚苯乙烯（PS）			

（3）异形孔

当塑件孔为异形孔（斜度孔或复杂形状孔）时，常常采用拼合方法来成型，这样可避免侧向抽芯。图 1-2-14 所示为几个典型的例子。

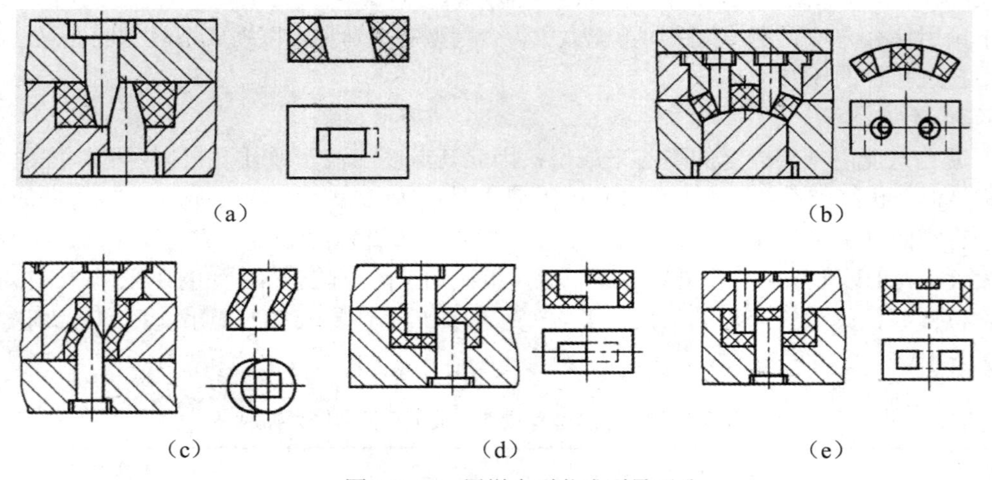

图 1-2-14　用拼合型芯成型异形孔

8. 螺纹设计

塑件上的螺纹既可直接用模具成型，也可在成型后用机械加工成型。对于需要经常装拆和受力较大的螺纹，应采用金属螺纹嵌件。塑件上的螺纹应选用较大的螺距尺寸，直径较小时也不宜选用细牙螺纹，否则会影响使用强度。表 1-2-13 列出塑件螺纹的使用范围。

表 1-2-13　塑件螺纹的选用范围

螺纹公称直径/mm	螺纹种类				
	公称标准螺纹	1 级细牙螺纹	2 级细牙螺纹	3 级细牙螺纹	4 级细牙螺纹
≤3	+	—	—	—	—
>3～6	+	—	—	—	—
>6～10	+	+	—	—	—
>10～18	+	+	+	—	—
>18～30	+	+	+	+	—
>30～50	+	+	+	+	+

注：表中“+”为建议采用的范围。

塑件上螺纹的直径不宜过小，螺纹的外径不应小于 4mm，内径不应小于 2mm，精度不超过 3 级。如果模具上螺纹的螺距未考虑收缩值，那么塑件螺纹与金属螺纹的配合长度则不能太长，一般不大于螺纹直径的 1.5～2 倍，否则会因干涉造成附加内应力，使螺纹连接强度降低。

为了防止螺纹最外圈崩裂或变形，应使螺纹最外圈和最里圈留有台阶，如图 1-2-15 和图 1-2-16 所示。螺纹的始端或终端应逐渐开始和结束，有一段过渡长度 l。

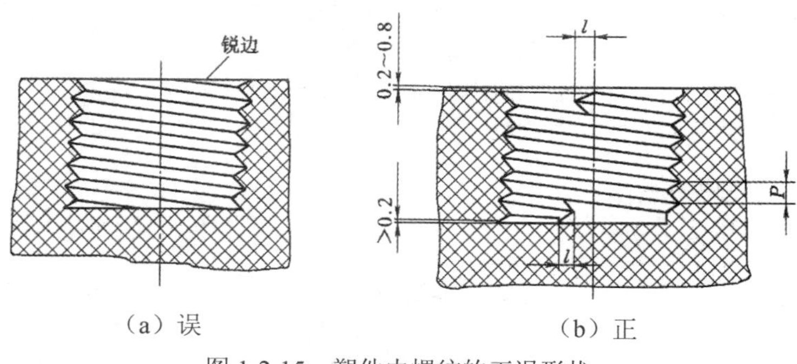

（a）误　（b）正

图 1-2-15　塑件内螺纹的正误形状

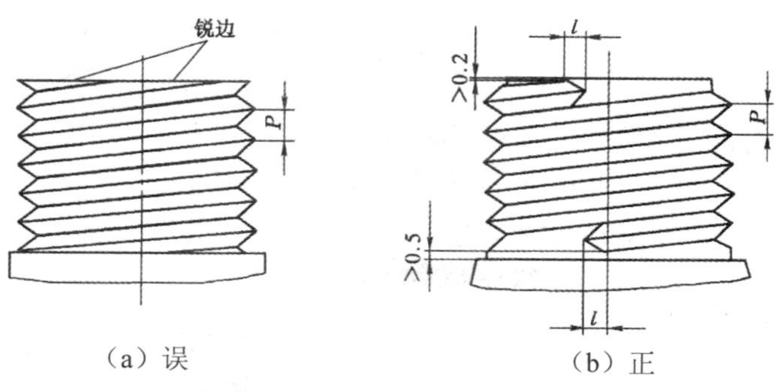

（a）误　（b）正

图 1-2-16　塑件外螺纹的正误形状

表 1-2-14　塑件上螺纹始末端的过渡长度

螺纹公称直径/mm	螺距 *P*/mm		
	<0.5	0.5～1	>1
	始末端过渡长度 *l*/mm		
≤10	1	2	3
>10～20	2	3	4
>20～34	2	4	6
>34～52	3	6	8
>52	3	8	10

9. 嵌件设计

塑件中镶入嵌件的目的是提高塑件局部的强度、硬度、耐磨性、导电性、导磁性等，或者是增加塑件的尺寸和形状的稳定性，或者是降低塑料的消耗。嵌件的材料有金属、玻璃、木材和已成型的塑件等，其中金属嵌件的使用最为广泛，其结构如图 1-2-17 所示。

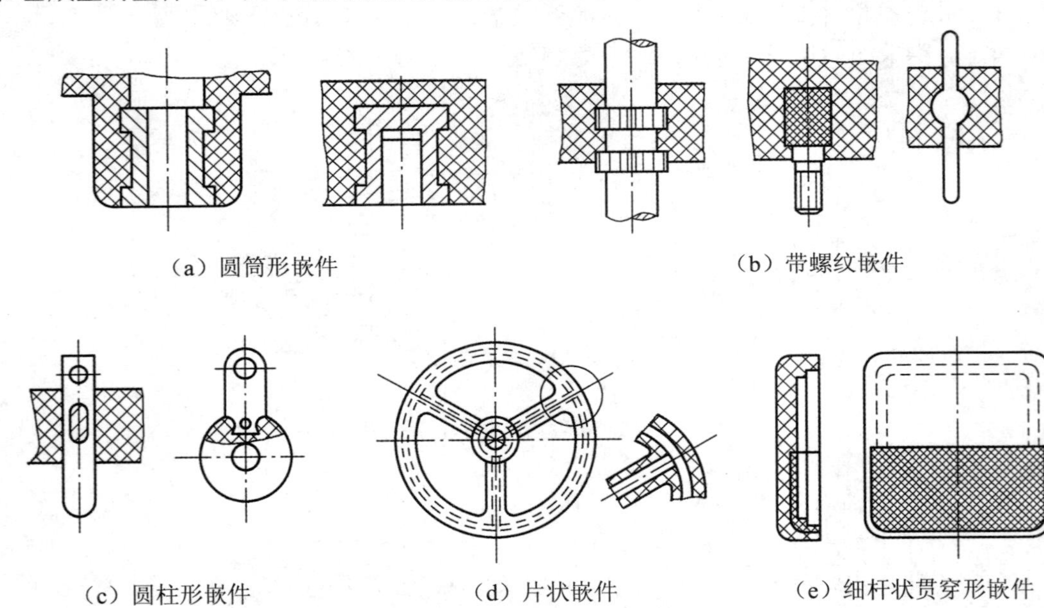

（a）圆筒形嵌件　（b）带螺纹嵌件

（c）圆柱形嵌件　（d）片状嵌件　（e）细杆状贯穿形嵌件

图 1-2-17　几种常见的金属嵌件

金属嵌件的设计原则如下：

（1）嵌件应牢固地固定在塑件中

为了防止嵌件受力时在塑件内转动或脱出，嵌件表面必须设计适当的凸凹形状。

图 1-2-18（a）所示为最常用的菱形滚花，其抗拉和抗扭强度都较大；

图 1-2-18（b）所示为直纹滚花，这种滚花在嵌件较长时允许塑件沿轴向少许伸长，以降低这一方向的内应力，但在这种嵌件上必须开有环形沟槽，以免在受力时被拔出；

图 1-2-18（c）所示为六角形嵌件，因其尖角处易产生应力集中，故较少采用；

图 1-2-18（d）所示为用孔眼、切口或局部折弯来固定的片状嵌件；

薄壁管状嵌件也可用边缘折弯法固定，如图 1-2-18（e）所示；

针状嵌件可采用将其中一段轧扁或折弯的办法固定，如图 1-2-18（f）所示。

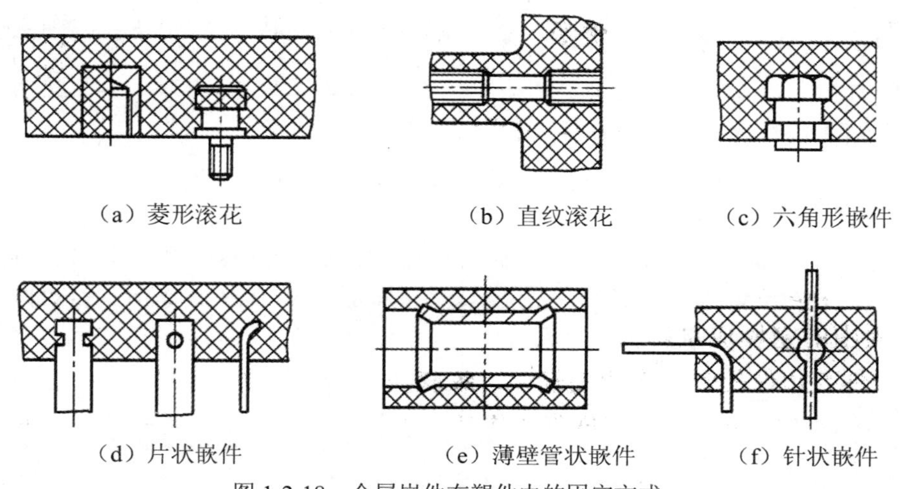

图 1-2-18　金属嵌件在塑件内的固定方式

（2）模具内的嵌件应定位可靠

模具中的嵌件在成型时要受到高压熔体流的冲击，可能发生位移和变形，同时熔体还可能挤入嵌件上预制的孔或螺纹线中，影响嵌件使用，因此嵌件必须可靠定位，并要求嵌件的高度不超过其定位部分直径的 2 倍。图 1-2-19 为外螺纹嵌件在模内的固定方法。图 1-2-19（a）利用嵌件上的光杆部分和模具配合；图 1-2-19（b）采用一凸肩配合的形式，既可增加嵌件插入后的稳定性，又可阻止塑料流入螺纹中；图 1-2-19（c）为嵌件上有一凸出的圆环，在成型时圆环被压紧在模具上而形成密封环，以阻止塑料的流入。

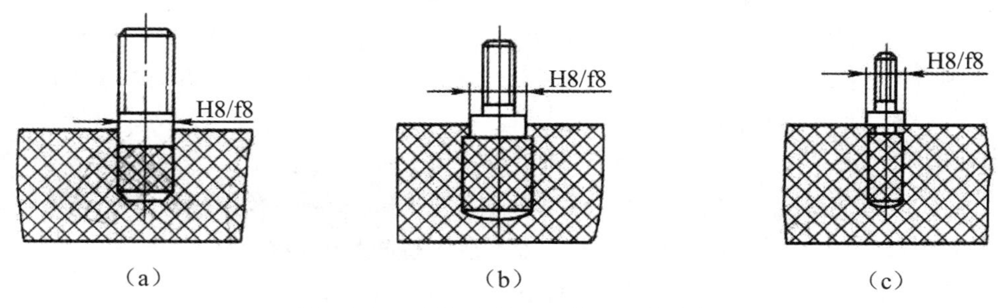

图 1-2-19　外螺纹嵌件在模具内的固定

图 1-2-20 为内螺纹嵌件在模内固定的形式：图 1-2-20（a）为嵌件直接插在模内的圆形光杆上的形式；图 1-2-20（b）和图 1-2-20（c）为用一凸出的台阶与模具上的孔相配合的形式，以增加定位的稳定性和密封性；图 1-2-20（d）采用内部台阶与模具上的插入杆配合。

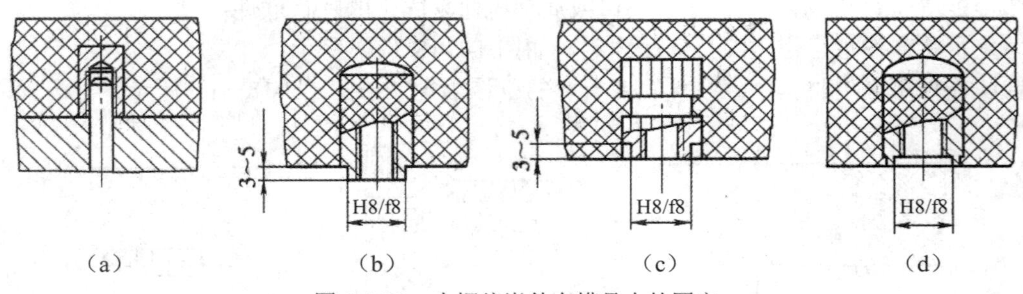

图 1-2-20　内螺纹嵌件在模具内的固定

一般情况下，注射成型时，嵌件与模板安装孔的配合为 H8/f8；压缩成型时，嵌件与模板安装孔的配合为 H9/f9。当嵌件过长或呈细长杆状时，应在模具内设支承以免嵌件弯曲，但这时在塑件上会留下孔，如图 1-2-21 所示。

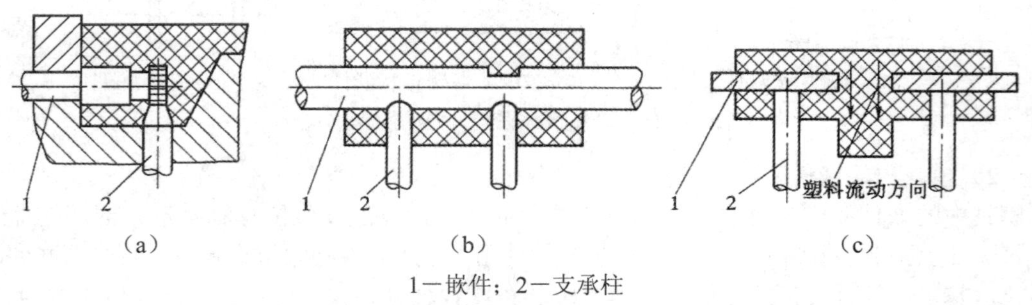

1—嵌件；2—支承柱

图 1-2-21　细长嵌件在模内支承固定

（3）嵌件周围的壁厚应足够大

由于金属嵌件与塑件的收缩率相差较大，致使嵌件周围的塑料存在很大的内应力，如果设计不当，则会造成塑件的开裂，而保持嵌件周围适当的塑料层厚度可以减少塑件的开裂倾向。

对于酚醛塑料及与之相似的热固性塑料的金属嵌件，周围塑料层厚度可参见表 1-2-15。另外，嵌件不应带有尖角，以减少应力集中。

热塑性塑料注射成型时，应将大型嵌件预热到接近物料温度。

对于应力难以消除的塑件，可在嵌件周围覆盖一层高聚物弹性体或在成型后进行退火处理。嵌件的顶部也应有足够的塑料层厚度，否则会出现鼓泡或裂纹。

成型带嵌件的塑件会降低生产效率，使生产不易实现自动化。

表 1-2-15　金属嵌件周围塑料层的厚度

mm

图例	金属嵌件直径 D	周围塑料层最小厚度 C	顶部塑料层最小厚度 H
	≤4	1.5	0.8
	>4～8	2.0	1.5
	>8～12	3.0	2.0
	>12～16	4.0	2.5
	>16～25	5.0	3.0

10. 标记符号及表面彩饰

由于装潢或某些特殊要求，塑件上有时需要带有文字或图案、标记符号及花纹（或表面彩饰）。

标记符号应放在分型面的平行方向上，并有适当的斜度以便脱模，如图 1-2-22 所示。

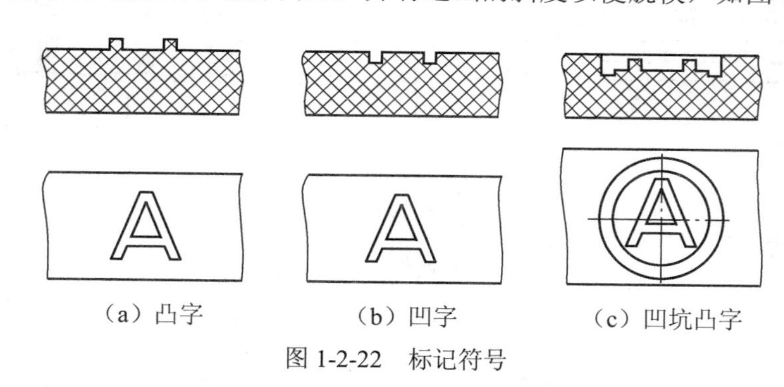

（a）凸字　（b）凹字　（c）凹坑凸字

图 1-2-22　标记符号

凸字：制模时比较方便，但塑件上的凸字易碰坏；

凹字：可以涂上各种颜色的油漆，字迹鲜艳，但机加工困难，现多用于电铸、冷挤压、电火花加工等方法制造的模具；

凹坑凸字：凸字不易损坏，模具采用镶嵌的方式制造，较为方便。

标记符号多采用电铸成型、冷挤压、照相化学腐蚀或电火花等加工技术。塑件上成型的标记符号，凸出的高度不小于 0.2mm，线条宽度不小于 0.3mm，通常以 0.8mm 为宜。两条线之间的距离应不小于 0.4mm，边框可比图案花纹高出 0.3mm 以上。标记符号的脱模斜度应大于 10°。

塑件的表面彩饰可以隐蔽塑件表面在成型过程中产生的疵点、银纹等缺陷，同时增加了产品外观的美感，如收音机外壳采用皮革纹装饰。目前对某些塑件常用彩印、胶印、丝印和喷镀等方法进行表面彩饰。

思考题和习题

1. 塑件尺寸精度和其影响因素是什么？如何进行选择？
2. 塑件表面质量包括哪两方面？如何选择合适的塑件表面质量？
3. 分析下列塑件的工艺结构性，哪些合理，哪些不合理？

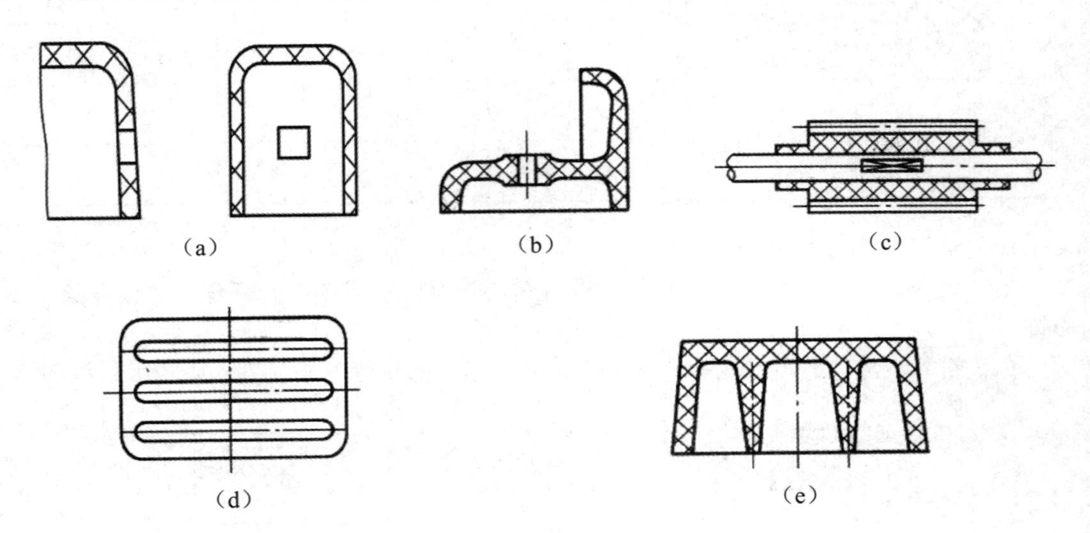

模块三　注塑机

知识目标

本章主要包括注塑机简介、注塑机与模具之间的关系、注塑工艺、注塑机的选用等。

能力目标

熟悉注塑机与模具之间的关系，特别是注射机的选用。

素质目标

培养学生对注塑机的认识，掌握如何选用注塑机。

一、注塑机

1. 分类

（1）按合模部件与注射部件配置的形式不同，可分为卧式、立式、角式三种。

1）卧式注塑机：卧式注塑机是最常用的类型。其特点是注射总成的中心线与合模总成的中心线同心或一致，并平行于安装地面。它的优点是重心低、工作平稳、模具安装、操作及维修均较方便，模具开档大，占用空间高度小；但占地面积大，大、中、小型机均有广泛应用。如图 1-3-1 所示。

图 1-3-1　卧式注射机

2）立式注塑机：其特点是合模装置与注射装置的轴线呈一线排列且与地面垂直。具有占地面积小，模具装拆方便，嵌件安装容易，自料斗落入物料能较均匀地进行塑化，易实现自动化及多台机自动线管理等优点。缺点是顶出制品不易自动脱落，常需人工或其他方法取出，不易实现全自动化操作和大型制品注射；机身高，加料、维修不便，如图 1-3-2 所示。

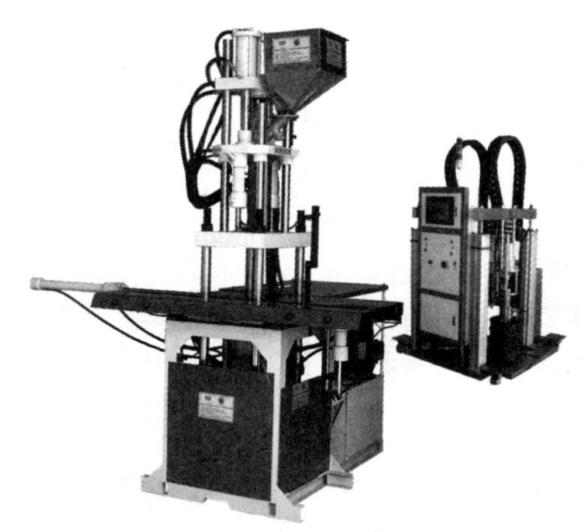

图 1-3-2　立式注射机

3）角式注塑机：注射装置和合模装置的轴线互成垂直排列。根据注射总成中心线与安装基面的相对位置有卧立式、立卧式、平卧式之分：①卧立式，注射总成线与基面平行，而合模总成中心线与基面垂直；②立卧式，注射总成中心线与基面垂直，而合模总成中心线与基面平行。角式注射机的优点是兼备有卧式与立式注射机的优点，特别适用于开设侧浇口非对称几何形状制品的模具。如图 1-3-3 所示。

图 1-3-3　角式注塑机

（2）注射机按塑料在料筒的塑化方式不同，可分为柱塞式注射机和螺杆式注射机。

1）柱塞式注射机

注射柱塞直径为 20～100mm 的金属圆杆，当其后退时物料自料斗定量地落入料筒内，柱塞前进，原料通过料筒与分流梭的腔内，将塑料分成薄片，均匀加热，并在剪切作用下塑料进一步混合和塑化，并完成注射。多为立式注射机，注射量小于 30～60g，不易成型流动性差、热敏性强的塑料。

2）螺杆式注射机

螺杆在料筒内旋转时，将料斗内的塑料卷入，逐渐压实、排气和塑化，将塑料熔体推向料筒的前端，积存在料筒顶部和喷嘴之间，螺杆本身受熔体的压力而缓慢后退。当积存的熔体达到预定的注射量时，螺杆停止转动，在液压缸的推动下，将熔体注入模具。卧式注射机多为螺杆式。

2. 注塑机的组成结构分析

注塑机根据注射成型工艺要求是一个机电一体化很强的机种，主要由注射部件、合模部件、机身、液压系统、加热系统、控制系统、加料装置等组成。如图 1-3-4、图 1-3-5 所示。

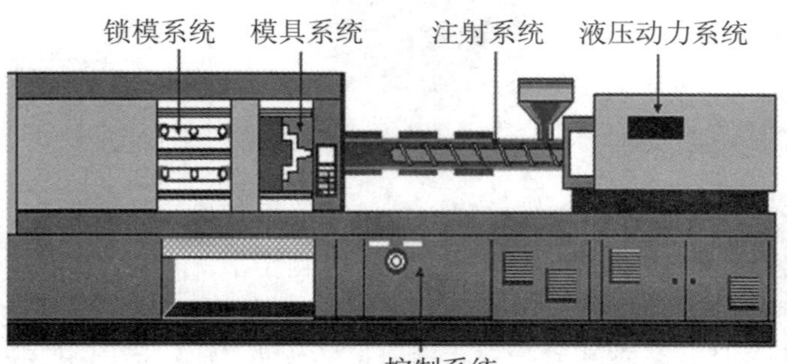

图 1-3-4　注塑机组成图

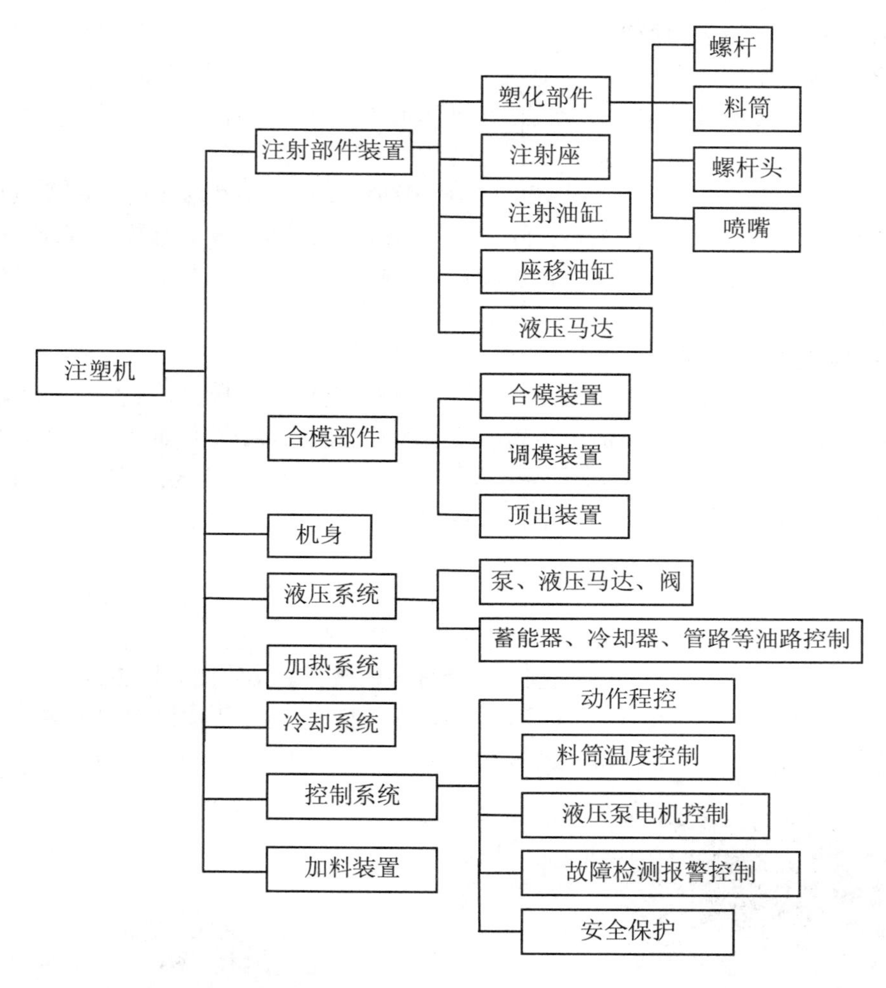

图 1-3-5　注塑机组成示意图

（1）注射部件

注射装置是注塑机的心脏部分，其作用是保证定时、定量地把物料加热塑化和熔融，然后以一定的压力和较快的速度把相当于一次注射量的熔融塑料注入模具型腔内，注射完毕还要有一段保压时间，以向模腔内补充一部分因冷却而收缩的熔料，使制品密实和防止模腔内物料反流。因此，注射装置必须保证塑料均匀塑化，并有足够的注射压力和保压压力。能满足这些要求的注射装置主要有柱塞式、柱塞－螺杆式、螺杆式等。注射装置主要有塑化装置（螺杆或柱塞、机筒、喷嘴和加热器等）、料斗、计量装置、螺杆传动装置、注塑油缸和注塑座整体移动油缸等组成。

注射装置是将树脂予以加热融化后，再射入模具内。此时，要旋转螺杆，并让投入到料斗的树脂停留在螺杆前端（称之为计量），经过相当于所需树脂量的行程贮存后再进行射出。当树脂在模具内流动时，则控制螺杆的移动速度（射出速度），并在填充树脂后用压力（保压力）进行控制。当达到一定的螺杆位置或一定射出压力时，则从速度控制切换成压力控制。

（2）合模装置

合模装置的主要作用是固定模具，实现模具的开闭动作。在注塑和保压时保证模具可靠地合紧，以及执行脱模作业。合模装置主要由固定模具的前模板，以及安装移模油缸或调模装置的后模板、移动模板、拉杆、合模油缸、移模油缸、连杆机构、调模机构、顶出机构和安全保护机构等组成。

（3）液压传动与电气控制系统

液压传动与电气控制系统要保证注塑机按工艺过程预定的要求（压力、温度、速度和时间等）和动作程序准确而有效地工作。液压传动主要由各种液压元件、液压基本回路和其他附属装置所组成。电气控制系统主要由各种电器元件、仪表、电控系统（加热、测量）、微机控制系统等组成。液压传动与电气控制系统两者有机结合，协调工作，对注塑机提供动力和现实动作控制。

二、注射模

注射模是安装在注射机上，完成注射成型工艺所使用的模具。实物图如图 1-3-6 所示。它由动模和定模两部分组成。动模部分主要包括动模固定板、垫块、动模座板及推出机构；定模部分主要包括型腔板、定模座板，它们通过螺钉连接在一起。具体情况如图 1-3-7 所示。

图 1-3-6　模具实物图

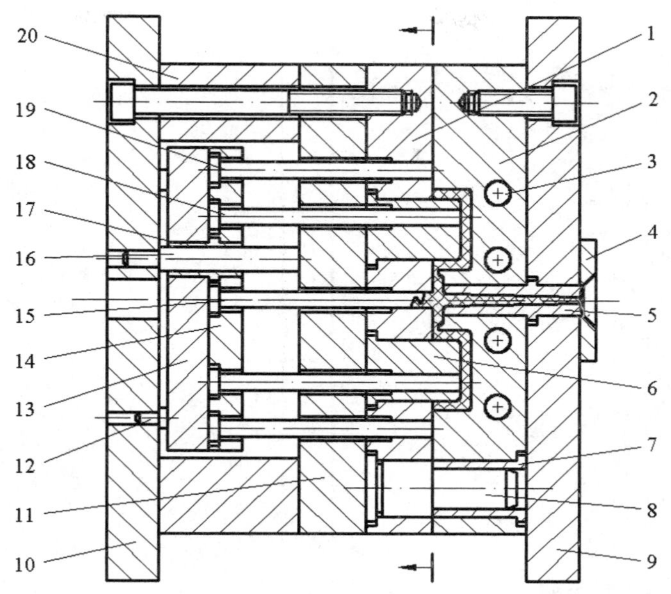

1—动模板；2—定模板；3—冷却水机；4—定模座板；5—定位圈；6—主流道衬套；7—型芯板；
8—导柱；9—导套；10—动模座板；11—支承板；12—限位钉；13—推板；14—推杆固定板；
15—拉料杆；16—推板导柱；17—推板导套；18—推杆；19—复位杆；20—垫块

图 1-3-7 模具结构简图

三、注射模与注射机关系

注塑生产时，要把模具吊装并固定在注塑机上，动模部分通过压板和螺钉固定在注塑机的动模板上，定模部分通过压板和螺钉固定在注塑机的定模板上，开合模通过注塑机的动模板移动实现，如图 1-3-8 所示。注塑机的型号多样，每种注塑机都有各自的生产条件及参数，设计的模具必须满足注塑机的参数要求，否则无法生产。注塑机的参数众多，下面主要说明与模具有关的几个参数。

1. 注射量

注射量代表了注塑机的最大注塑能力，是注塑机的主要参数之一。注射机标称注射量有两种表示方法，一是用容量（cm^3）表示，二是用质量（g）表示。国产的标准注射机的注射量均以容量（cm^3）表示。

模具设计时，必须使塑料所需的总注射量在注射机额定注射量的 80% 以内，塑料所需的注射量也不能太小，一般应大于 25%。

$$25\%V \leqslant n V_1 + V_2 \leqslant 80\%\mathrm{V}$$

或

$$25\%m \leqslant nm_1 + m_2 \leqslant 80\%\mathrm{m}$$

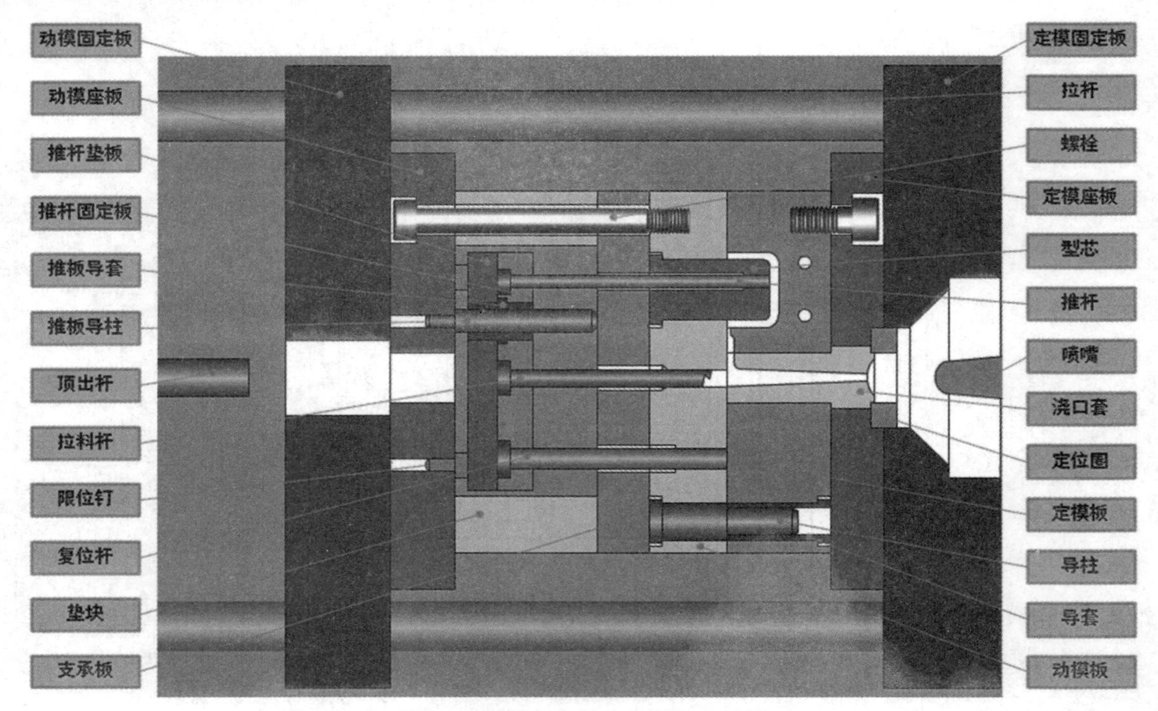

图 1-3-8　模具安装在注塑机上的图

式中：V_1——单个制品的容量（cm^3）；

V_2——浇注系统凝料和飞边所需的塑料容量（cm^3）；

V——一个成型周期内注射机允许的最大注射量（cm^3）；

m——一个成型周期内注射机允许的最大注射量（g）；

m_1——单个产品的质量（g）；

m_2——浇注系统凝料的质量（g）。

2. 锁模力

注射时，为了防止模具分型面被模腔压力顶开，必须对模具施以足够的锁紧力，否则在分型面处将产生溢料。

$$F \geqslant P(n A_1 + A_2)$$

式中：F——注射机的额定锁模力（N）；

A_1——单个塑件在模具分型面上的投影面积（mm^2）；

A_2——浇注系统在模具分型面上的投影面积（mm^2），经验值为：0.2～0.5 倍的 A_1，通常取中间值 $0.35A_1$；

P——塑料熔体在型腔内的平均压力（MPa），见表 1-3-1。

表 1-3-1 塑料熔体在型腔内的平均压力（MPa）

塑件特点	模内平均压力 P/MPa	举例
容易成型塑件	24.5	PE、PP、PS 等壁厚均匀的日用品、容器类塑件
一般塑件	29.4	模温较高时、成型薄壁容器类塑件
中等粘度塑料和有精度要求的塑件	34.3	ABS、PMMA 等有精度要求的工程结构件，如壳件、齿轮等
加工高粘度塑料、高精度、充模难的塑件	39.2	用于机器零件上高精度的齿轮或者凸轮等

注射机注入的塑料熔体流经喷嘴、流道、浇口和型腔，将产生压力损耗，一般型腔内平均压力仅为注射压力的 1/4～1/2。

3. 注射压力

成型塑件所需的注射压力由塑料品种、注射喷嘴的结构形式、塑件形状的复杂程度等因素决定，其值一般在 70～150MPa 范围内。注射机的最大注射压力应稍大于塑件成型所需要的注射压力，即

$$P_0 \geqslant P$$

式中：P_0——注射机的最大注射压力（Pa）；

P——塑件成型时所需要的注射压力（Pa）。

4. 安装部分的尺寸

每种规格的注射机可安装的模具最大与最小厚度，动、定模固定板上安装螺孔的尺寸与拉杆间距、喷嘴的孔径与球头半径等各不相同，模具设计时应考虑相关尺寸，以使模具能顺利地安装在注射机上并生产出合格的制品。

（1）模具厚度

$$H_{min} < H < H_{max}$$

式中：H——模具厚度（mm）；

H_{min}——注射机允许的最小模厚，即动、定模之间的最小开距（mm）；

H_{max}——注射机允许的最大模厚（mm）。

如果模厚太大，则无法安装在注射机上；反之如果模厚太小，需要增加垫板。

（2）模具的长度与宽度

模具的长度和宽度通常与产品的大小、型腔数量、排位、是否采用镶件、模架是工字型还是直身等因素相关，模具设计时应充分考虑以上要点，确保模具长度和宽度与注射机拉杆间距相适应，使模具安装时可以穿过拉杆空间在动、定模固定板上固定。

（3）螺孔尺寸

用螺钉直接固定模具时，模具固定板与注射机模板上的螺孔应完全吻合；用压板固定模具时，只要在需放压板的外侧附近有螺孔就可以。

（4）定位圈尺寸

模具安装在注射机上必须使主流道中心线与注射机喷嘴中心线重合，模具定位板上突出的定位圈应与注射机固定模板上的定位孔成较松动的间隙配合。

（5）喷嘴尺寸

模具浇口套球面 R 和注塑机喷嘴前端球面半径 r、喷嘴孔径 d 和浇口套小端孔径 D。正确关系为：

$$D=d+(0.5\sim1)\text{mm} \qquad R=r+(1\sim2)\text{mm}$$

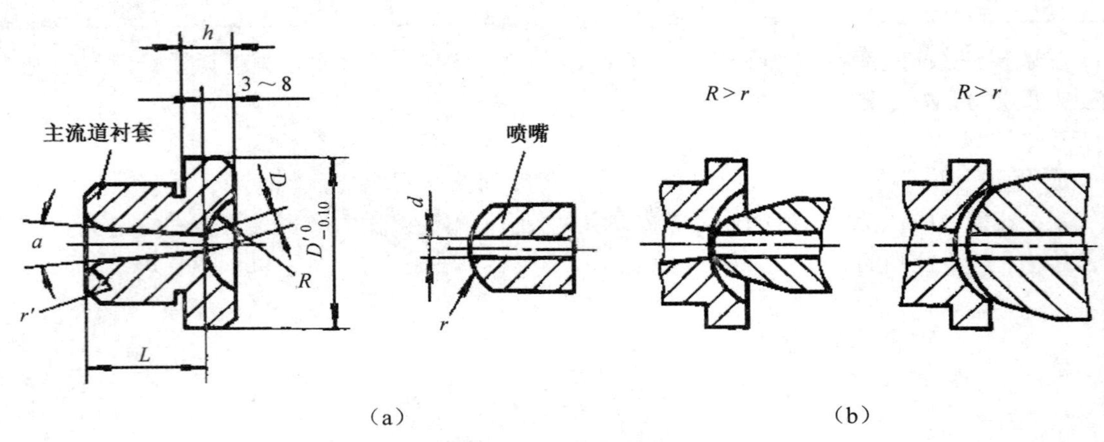

图 1-3-9　喷嘴尺寸

5. 开模行程

模具打开的目的是方便产品和浇注系统凝料的取出，所以注塑机打开的最大距离必须大于产品和浇注系统凝料的总高度。

6. 推出行程

推出机构的作用是将产品从型芯上脱出，所以推出行程必须大于产品包紧型芯的高度。

四、注射机的选用

注射机的选用包括两方面的内容：一是确定注射机的型号，使塑料、塑件、注射模及注射工艺等所要求的注射机的规格参数，在所选注射机的规格参数可调的范围内；二是调整注射机的技术参数至所需要的参数。

（1）注射机类型的选择

根据塑料的品种、塑件的结构、成型方法、生产批量、现有设备及注射工艺等进行选择。

（2）注射机规格的初选

根据注射量的大小初选注射机的型号，之后要进行以下校核。

（3）注射机参数的校核

1）注射压力的校核

注射机的公称注射压力要大于成型的压力。

2）锁模力的校核

由于高压塑料熔体充满型腔时，会产生一个沿注射机轴向的很大的推力，这个力应小于注射机的公称锁模力，否则将产生溢料现象。

3）安装部分的尺寸校核

应校核的尺寸包括喷嘴、定位圈、最大模厚、最小模厚及模板上的螺孔。

① 喷嘴尺寸

注射机的喷嘴头部的球面半径 R_1 应与模具主流道始端的球面半径 R_2 吻合，以免高压熔体从狭缝处溢出。R_2 一般应比 R_1 大 1～2mm，否则主流道内的塑料凝料无法脱出。浇口套小端孔径 D 应比喷嘴直径大 0.5～1mm。

② 定位圈尺寸

为了使模具的主流道的中心线与注射机喷嘴的中心线相重合，模具定模板上的定位圈或主流道衬套与定位圈的整体式结构的外尺寸 d 应与注射机固定模板上的定位孔呈较松动的间隙配合。

③ 最大模厚、最小模厚

在模具设计时应使模具的总厚度位于注射机可安装模具的最大模厚和最小模厚之间。同时应校核模具的外形尺寸，使得模具能从注射机拉杆之间装入。

④ 螺孔尺寸

注射模具的动模板、定模板应分别与注射机动模板、定模板上的螺孔相适应。模具在注射机上的安装方法有螺栓固定和压板固定。

⑤ 开模行程和顶出行程的校核

注射机的开模行程是有限制的，塑件从模具中取出时所需的开模距离必须小于注射机的最大开模距离，否则塑件无法从模具中取出；推出行程必须大于产品包紧型芯的高度。

思考题和习题

1．简述注塑机的分类。

2．简述注塑机的组成及各组成部分的作用。

3．如何进行注射机的选用？

项目二

注塑模设计

模块一　注射模基本结构

知识目标

1．掌握典型注塑模的基本结构、组成及特点。

2．掌握典型注塑模具工作原理。

能力目标

能读懂典型注塑模装配图。

素质目标

1．培养学生专业实践能力，使学生对专业职业能力有深入理解，尤其要熟悉各类典型结构的注塑模具，并能灵活应用。

2．通过教学，培养学生团队协作精神和认真对待工作的职业素养。

一、注射模认识

如图 2-1-1 所示，各类注塑模具外形基本一致，由定模座板、型腔板、型芯板、推杆固定板、推板、垫块和动模座板组成，这就是模架；模具内部结构大不相同。为了提高加工精度、缩短工时，模具设计时一般都采用标准模架，然后再在标准模架的基础上加工出自己需要的模具结构。

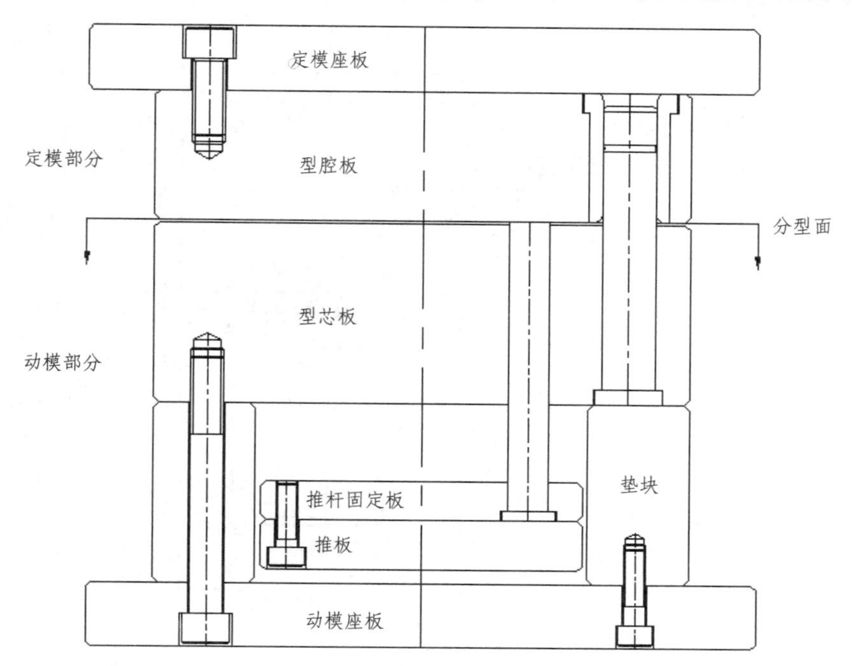

图 2-1-1

注射模由定模和动模两部分组成。定模部分通过压板和螺钉与注射机的定工作台连接在一起，动模部分通过压板和螺钉与注射机的动工作台连接在一起。塑料注射前，注射机的动工作台带动动模，在导柱、导套导向作用下，与定模部分闭合形成型腔，然后塑料熔体从注射机喷嘴流经模具浇注系统进入型腔，经保压冷却后开模，由推出机构将塑件顶出。

根据各零件作用，塑料注射模通常由成型零件、浇注系统、导向机构、侧向分型与抽芯机构、推出机构、温度调节系统、排气系统和支承零件等组成，如图 2-1-2 所示。

1. 成型零件

与产品直接接触并决定产品形状及尺寸的零件，包括型芯（成型塑件内表面）、凹模型腔（成型塑件外表面）、成型杆和镶块等，合模后便构成了模具的模腔。图 2-1-2 所示的模具中，模腔是由型芯固定板 1、型腔固定板 2、型芯 6、推杆 18 组成的。

2. 浇注系统

塑料熔体从注射机喷嘴流入型腔经过的通道称为浇注系统，由主流道、分流道、浇口和冷料穴等组成。图 2-1-2 所示由浇口套 5、拉料杆 15、动模板上的冷料穴、定模板 2 上的分流道和浇口等组成。

3. 导向机构

导向机构分为动模与定模之间的导向和推出机构的导向。为了确保动、定模之间的正确导向与定位，需要在动、定模部分采用导柱、导套（图 2-1-2 的导柱 8、导套 7）。推出机构的导向通常由推板导柱和推板导套（图 2 的推板导柱 16、推板导套 17）组成。

（a）

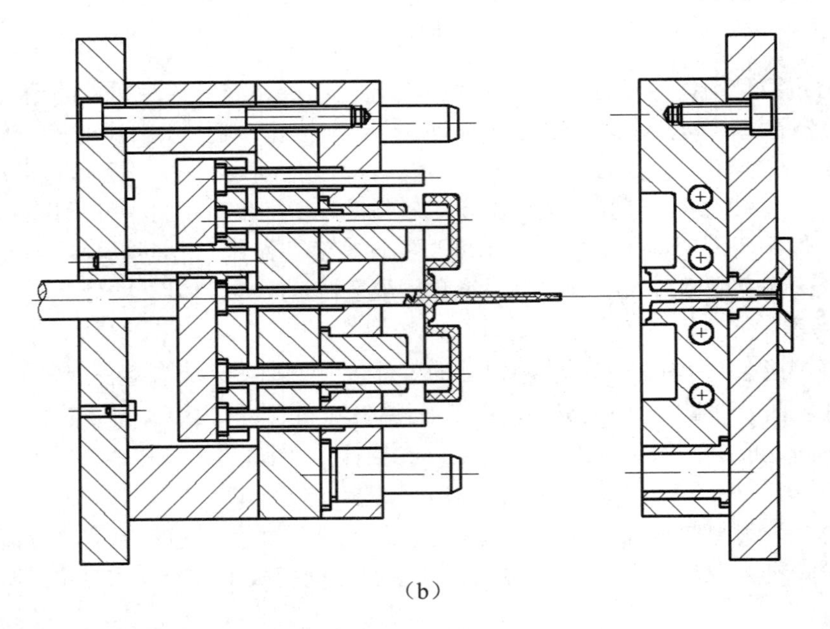

（b）

1—型芯固定板；2—型腔固定板；3—冷却水道；4—定位圈；5—浇口套；6—型芯；7—导套；8—导柱；9—定模座板；10—动模座板；11—支承板；12—支承柱；13—推板；14—推杆固定板；15—拉料杆；16—推板导柱；17—推板导套；18—推杆；19—复位杆；20—垫块

图 2-1-2　单分型面注射模结构

4. 侧向分型与抽芯机构

当塑件上有侧孔或侧凸、凹时，推出塑件前，成型侧凸、凹的型芯必须从塑件中抽出，侧向分型与抽芯机构就是实现侧向型芯抽出的机构，如图 2-1-5 所示。

5. 推出机构

在开模过程中，从模具中推出塑件及浇注系统凝料的装置。图 2-1-2 中的推出机构由推杆 18、推板 13、推杆固定板 14、复位杆 19、主流道拉料杆 15、支承柱 12、推板导柱 16 及推板导套 17 等组成。

6. 温度调节系统

温度调节系统有冷却系统和加热系统两种。为提高生产效率，模具一般都须开设冷却系统，即在模具上开设冷却水道（如图 2-1-2 的冷却水道 3）；当模具温度大于 80℃时，需考虑开设加热系统，即在模具内部或四周安装加热元件。

7. 排气系统

气体留在型腔未排尽，容易导致填充不满、困气等缺陷，所以必须设置排气系统将气体排出模外。通常是将成型零件做成镶拼式，利用成型零件、推出机构和模具之间的配合间隙及分型面排气；对于深腔件除了利用配合间隙排气，还可以在分型面上开设专门的排气槽。

8. 支承零部件

固定或支承成型零件、浇注系统、推出机构、导向零件等部件的机构。图 2-1-2 所示模具支承零部件由定模座板 9、定模固定板 2、动模固定板 1、支承板 11、垫块 20 和动模座板 10 等组成。

二、注射模的分类

按所用注射机的种类分为卧式/立式注射机用注射模和直角式注射机用注射模；按其在注射机上的安装方式可分为移动式注射模（仅用于立式注射机）和固定式注射模；按模具的型腔数目可分为单型腔注射模和多型腔注射模；按模具分型面的特征可分为水平分型面注射模和带有垂直分型的注射模；按注塑模的结构可分为单分型面注塑模、双分型面注塑模、滑块注塑模、斜顶注塑模、无流道注塑模等。

三、典型结构注射模

1. 单分型面注射模

单分型面注射模也叫二板式注射模，它是注射模中最简单又最常用的一种结构形式，其工作过程为：模具闭合—模具锁紧—注射—保压—补缩—预塑—冷却—开模—推出塑件。下面以图 2-1-2 为例来讲解单分型面注射模的工作过程。

在导柱 8 和导套 7 的导向作用下，动模和定模闭合，并由注射机合模系统提供的锁模力锁紧；然后注射机的注射装置前移，注射机的喷嘴贴紧浇口套后开始注射，塑料熔体经浇注系统进入型腔；熔体充满型腔后，进行保压、补缩，同时注射装置进行预塑，为下一个工作循环做好物料的准备；经冷却定型后开模，开模时，注射机合模系统带动动模后退，模具从动模和定模分型面分开，在拉料杆 15 的作用下，塑件和浇注系统凝料随动模一起后退。当动模移动一定距离后，注射机的顶杆与推板 13 接触，推出机构开始动作，推杆 18 将塑件与凝料从型芯 6 中推出，塑件与浇注系统凝料一起从模具中落下，至此完成一次注射过程。合模时，推出机构靠复位杆 19 复位，并准备下一次注射。

2. 双分型面注射模

双分型面注射模又称三板式（动模板、中间板、定模板）注射模，工作过程及原理与单分型面模具基本一致，只是比单分型面模具多了一个分型面，这就导致模具结构也有所不同，模具设计时必须考虑两分型面分开的顺序及分型距离等问题，下面以图 2-1-3 所示的例子说明。

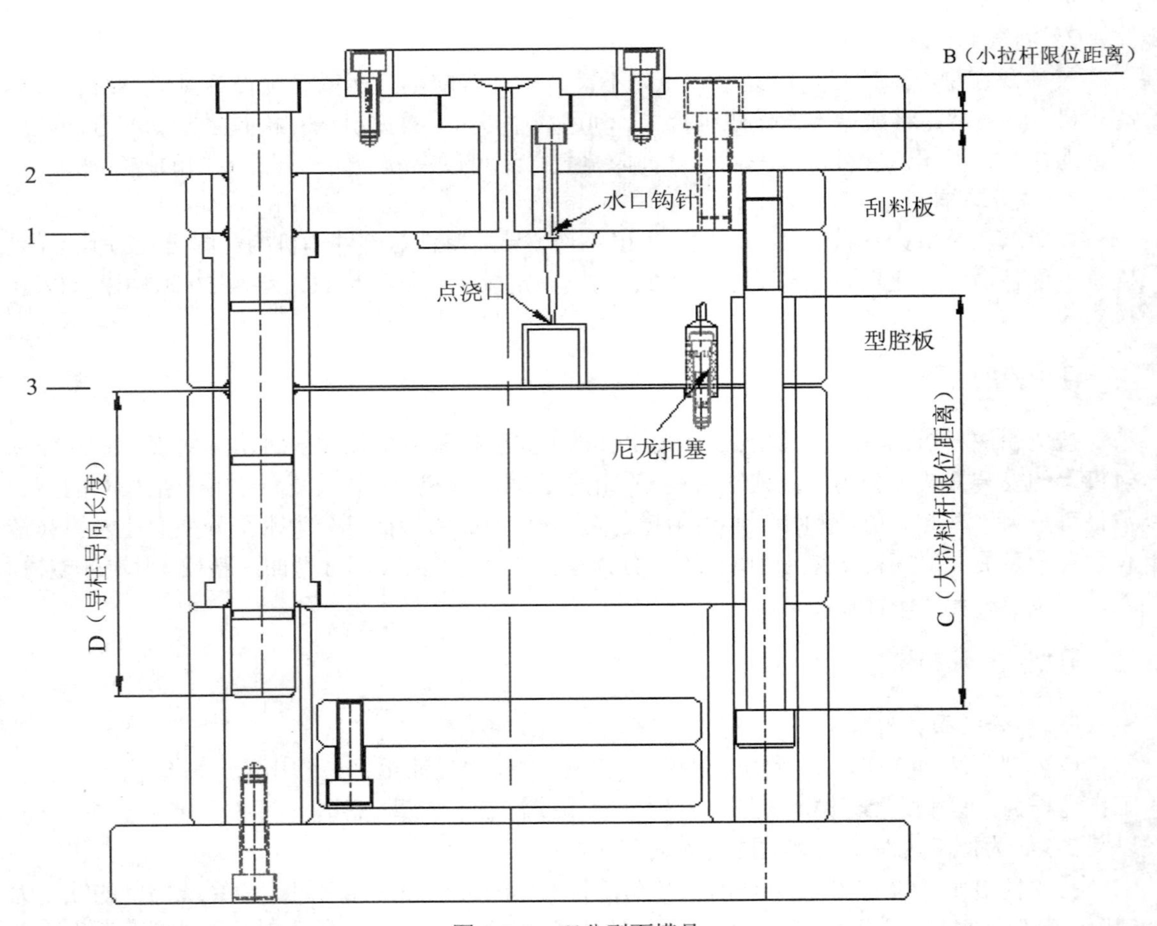

图 2-1-3 双分型面模具

（1）双分型面注射模的工作过程

开模时，模具可能从图中的①、②、③三个位置分开，从①分开需剪断浇口，从②分开需克服浇注系统凝料对水口钩针的包紧力，从③分开需克服尼龙扣塞的摩擦力，由于点浇口尺寸很小，所以首先分开的位置应该在①处，接着是②处，最后是③处，此模具通过尼龙扣塞实现了分型的顺序。当然也有其他机构实现开模的顺序，这里不再一一阐述。

从①处分开后，动模部分向左移动，浇口位置拉断，浇注系统凝料与产品分离，当大限位拉杆头部碰到型腔板后，②处分开，浇注系统凝料由刮料板从水口钩针上刮下，凝料从②处脱离，刮料板的运动距离由小限位拉杆控制，当小限位拉杆碰到定模座板后，③处分开，产品由推出机构从③处顶出。

（2）定距分型装置设计

为了保证双分型面模具能够顺序开模，必须设计一套限位装置，以控制各板的移动距离，保证产品及浇注系统凝料的顺利脱出。下面以图 2-1-3 所示的双分型面模具的定距分型装置为例，说明其设计方法。

1）大拉杆直径及限位距离 *C* 的确定

大拉杆直径通常与复位杆的直径一致。大拉杆限制的距离为分型面①打开的距离，分型面①打开的目的是取出浇注系统凝料，所以限位距离 *C*=浇注系统凝料的长度+（20～30）mm 的余量。

2）小拉杆直径及限位距离 *B* 的确定

小拉杆直径通常与复位杆的直径一致。小拉杆限制的距离为分型面②打开的距离，分型面②打开的目的是将浇注系统凝料从水口钩针上刮下，所以限位距离 *B* 一定要大于浇注系统凝料包紧水口钩针的高度（通常为 3mm），通常取 5～10mm。

3）尼龙扣塞的设计

尼龙扣塞主要作用是控制分型的先后顺序。只有开模力大于尼龙扣塞对模板的摩擦力，分型面才能打开。由于安装简单，操作方便，尼龙扣塞在中小型双分型面模具上应用非常普遍。

尼龙扣塞就是在尼龙胶圈上套一个螺钉，如图 2-1-4 所示。尼龙扣塞通过螺钉固定在模板上，调节螺钉的松紧可以控制尼龙胶圈的膨胀，从而控制摩擦力的大小。其直径通常与复位杆直径一致。

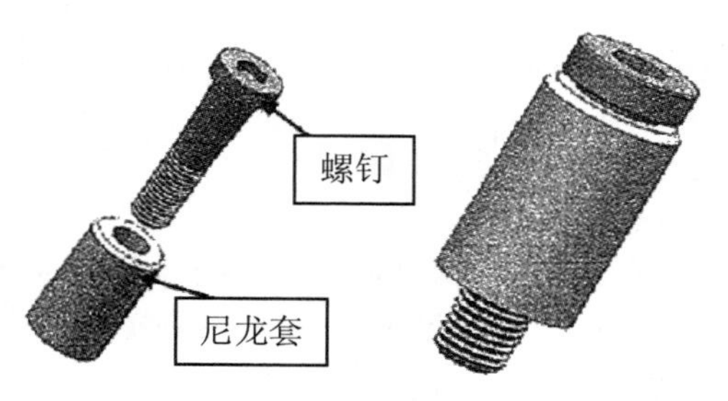

图 2-1-4　尼龙扣塞

（3）导柱直径及导向长度 D 的确定

双分型面注射模的导柱通常安装在定模，起导向和支撑作用。模架确定后，导柱直径就确定了。

图 2-1-3 所示的双分型面注射模在工作过程中，导柱主要给刮料板和型腔板导向，为了防止这两块板脱出，导柱导向长度 D 必须足够。D（导向长度）=大拉杆限位距离 C+小拉杆限位距离 B+安全量（2～5mm）。

3. 侧向分型与抽芯的注射模

当塑件带有侧向孔或侧向凸/凹时，在机动分型抽芯的模具内设有斜导柱或斜滑块等侧向分型与抽芯机构。图 2-1-5 所示为一斜导柱侧向分型与抽芯的注射模。开模时，斜导柱 10 依靠开模力带动侧型芯滑块 11 作侧向移动，使其与塑件先分离，然后再由推出机构将塑件从型芯 12 上推出模外。

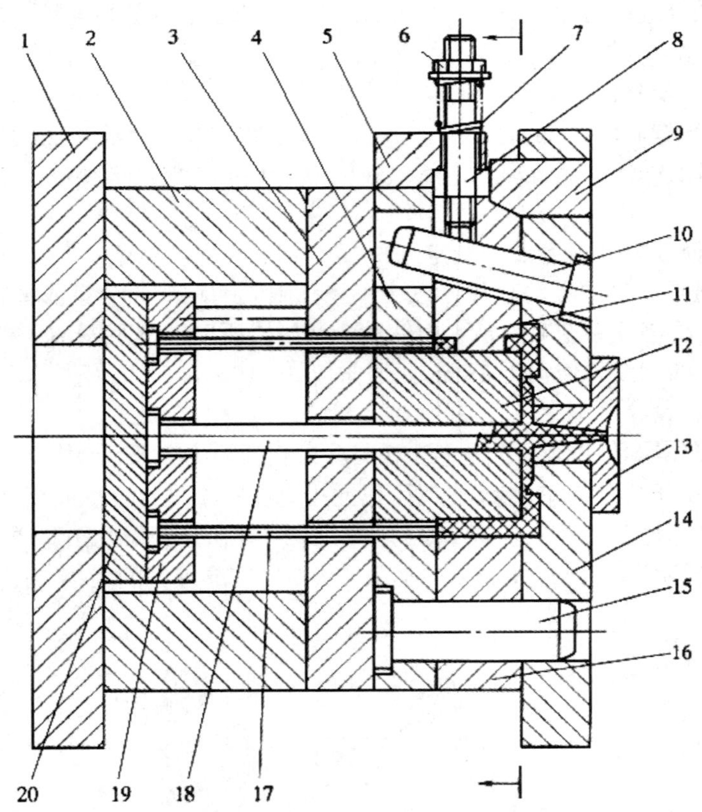

1—动模座板；2—垫块；3—支承板；4—动模板；5—挡块；6—螺母；7—弹簧；8—滑块拉杆；9—楔紧块；10—斜导柱；11—侧型芯滑块；12—型芯；13—浇口套；14—定模座板；15—导柱；16—型腔板；17—推杆；18—拉料杆；19—推杆固定板；20—推板

图 2-1-5　侧向分型抽芯的注射模

4. 斜顶注射模

斜顶注射模也称斜推杆内抽芯注射模，常用于有内卡扣的产品，如插座面板、手机面板等，其结构如图 2-1-6 所示。斜顶机构的工作过程为：注塑机上的顶出系统顶在推板下方准备顶出——推板带动推杆垂直向上运动，产品垂直向上运动，斜顶在斜向导向位的作用下斜向上移动，顶出产品的同时还做水平移动，抽脱扣位，取出产品——注塑机顶出机构卸力——推杆及斜顶机构在复位杆作用下复位。在整个工作过程中，斜顶既是成型零件，也是推出机构。

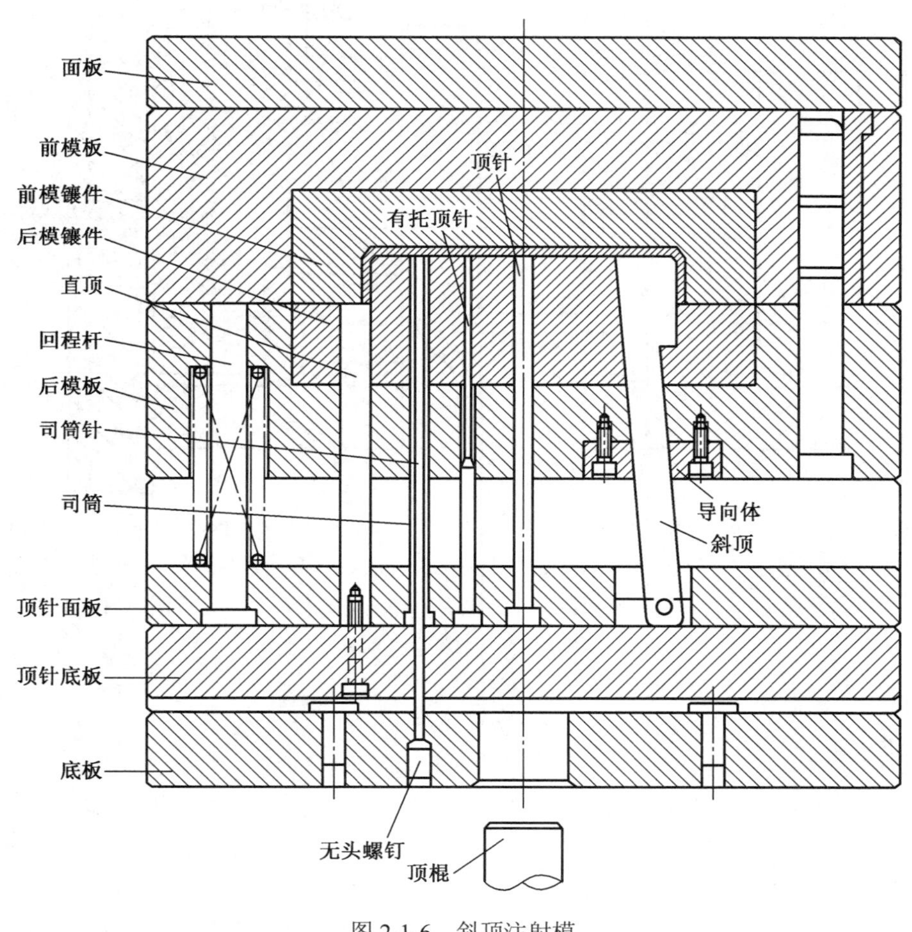

图 2-1-6 斜顶注射模

5. 无流道注射模

无流道注射模（又称无流道凝料注射模）是一种成型后只需取出塑件而无流道凝料的注射模。在成型过程中，模具浇注系统中的塑料始终保持熔融状态，如图 2-1-7 所示。塑料从喷嘴 21 进入模具后，在流道中以加热保温，使其仍保持熔融状态。每一次注射完毕，只有型腔内的塑料冷凝成型，取出塑件后又可继续注射，节省了塑料用量，提高了生产效率，有利于实现自动化生产，保证塑件质量。但这类注射模结构复杂，造价高，模温控制要求严格，因此仅适用于大批量生产。

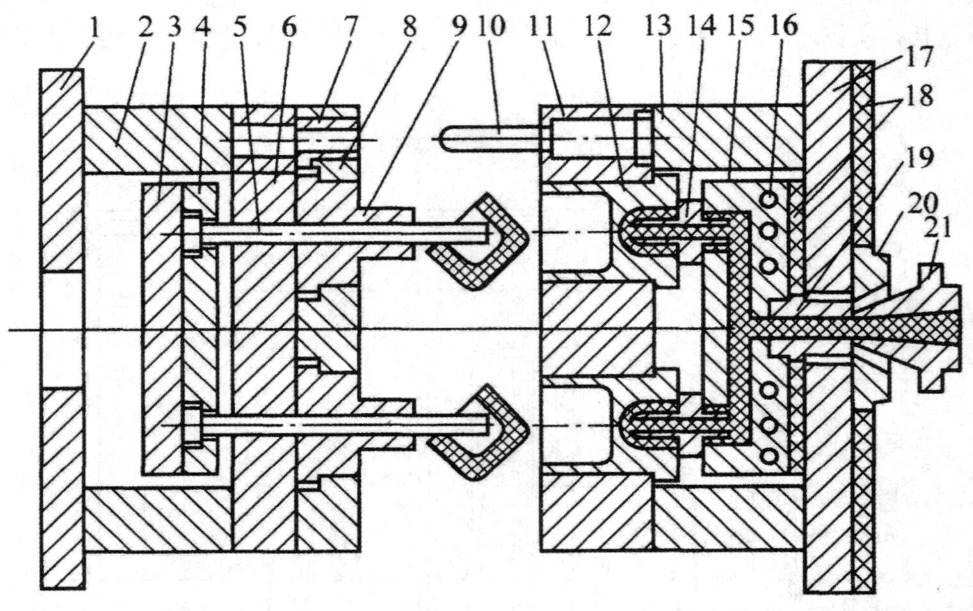

1—动模座板；2—垫块；3—推板；4—推杆固定板；5—推杆；6—支承板；7—导套；8—动模板；9—型芯；10—导柱；11—定模板；12—凹模；13—垫板；14—二级喷嘴；15—热流道板；16—加热器孔；17—定模座板；18—绝热层；19—浇口套；20—定位圈；21—喷嘴

图 2-1-7　无流道注射模

思考题和习题

1．简述注塑模的主要组成部分及作用。

2．简述注塑模的分类。

3．简述单分型面模具与双分型面模具结构的不同点。

4．双分型面注射模的两个分型面在开模时的打开距离如何确定？开模时如何控制？

5．双分型面注射模具有两个分型面，其各自的作用是什么？双分型面注射模具应使用什么浇口形式？

6．侧抽芯模具用于什么场合？

模块二　分型面设计

知识目标

掌握注射模分型面的设计方法及原则。

能力目标

具备根据产品结构及需求合理选择分型面的能力。

素质目标

1．培养学生模具设计能力，尤其是合理确定分型面的能力，同时让学生对专业职业能力有进一步的了解。

2．通过教学，培养学生团队协作精神和认真对待工作的职业素养。

一、分型面的概念

分型面是模具处于闭合状态时动模和定模接触的曲面，它是为方便塑件和浇注系统凝料的取出而设。分型面是决定模具结构形式的一个重要因素，它与模具的整体结构、浇注系统的设计、顶出机构的设计、模具的加工制造等密切相关，是塑料模具设计的基础。

如图 2-2-1 所示，对同一产品，模具设计时分型面的位置不一样，会有不同的结果。

图 2-2-1（b），动模有细窄槽，需用电火花加工；充型过程存在排气问题；推出过程阻力较大，推杆的位置及尺寸设计与图 2-2-1（a）有所不同。

图 2-2-1（c）分型面取在产品外表面中间，会在产品外表面产生一周痕迹，影响产品外观。

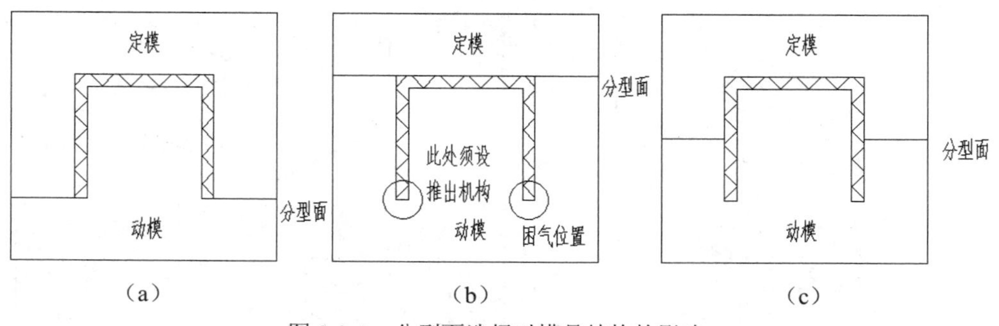

图 2-2-1　分型面选择对模具结构的影响

二、分型面的类型

常见的分型面有平面分型面、斜面分型面、阶梯分型面和曲面分型面。

平面分型面是最简单的，也是封胶效果最好的一种分型面，应用非常广泛。如收录机底面壳的大分型面、水桶的大分型面、电视机底面壳大分型面等，如图 2-2-2（a）所示。

斜面分型面的产品最大轮廓线从侧面看是斜线，由最大外形投影在“斜面”上形成。设计斜面分型面时通常需设计锁位，防止动、定模镶件侧向滑移，如图 2-2-2（b）所示。

阶梯分型面的产品最大轮廓线从侧面看呈阶梯状，产品口部为曲折面，如图 2-2-2（c）所示。

曲面分型面的产品最大轮廓线从侧面看是曲线，由最大外形投影在“曲面”上形成，如图 2-2-2（d）所示。这种分型面在现实生活中非常常见，如电话听筒、电热壶手柄、电脑鼠标等。其设计同斜面分型面，都需设计锁位。

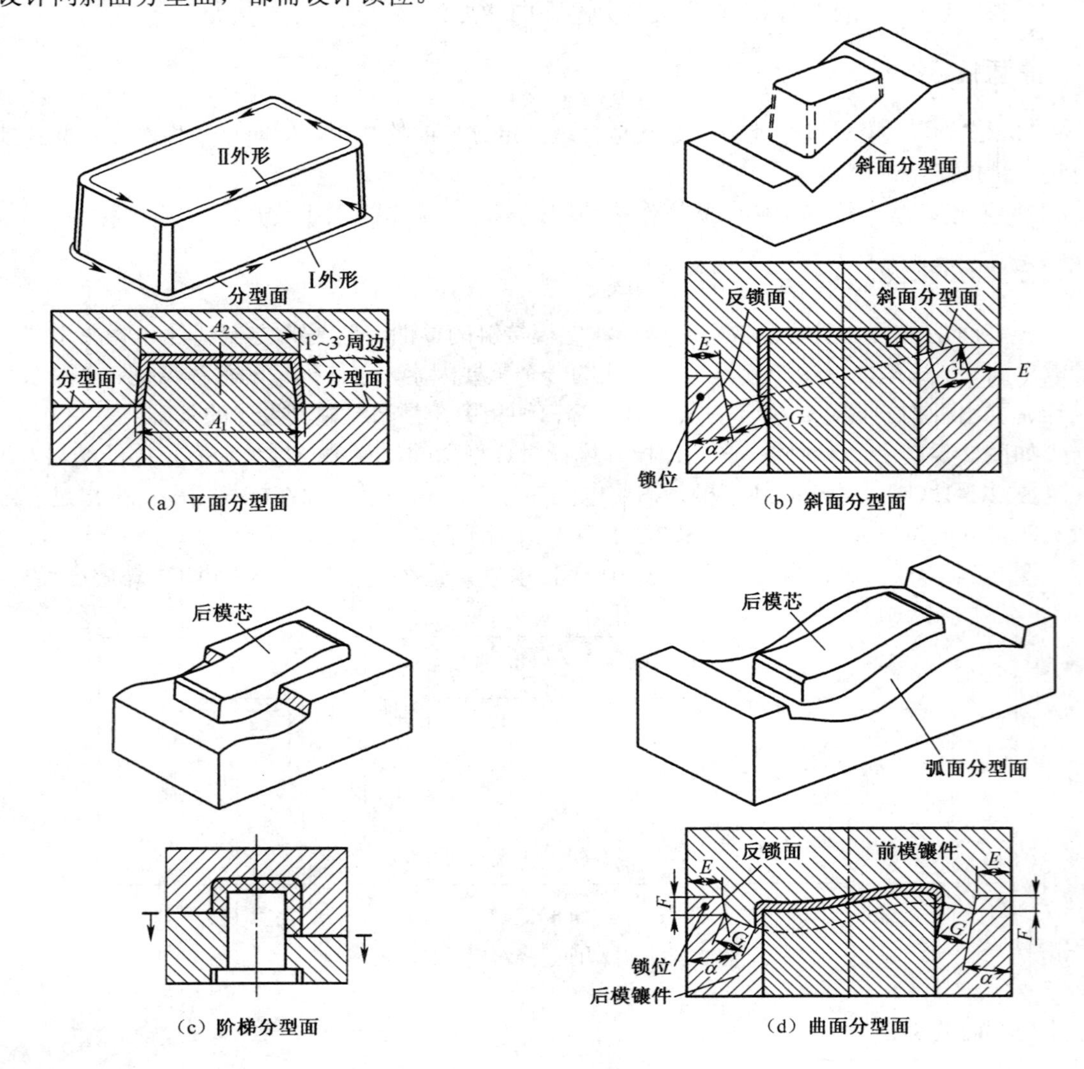

图 2-2-2　分型面类型

另外，构建分型面时还需按曲面的曲率方向延伸一段距离，避免产生尖钢，如图 2-2-3 所示。

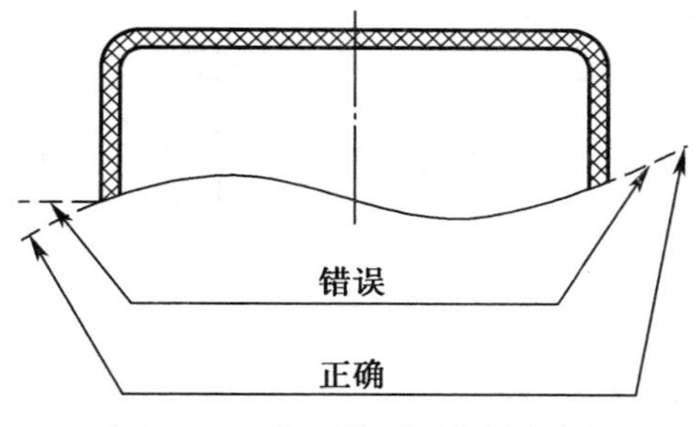

图 2-2-3　曲面分型面设计举例

三、分型面设计原则

影响选取分型面的因素很多。在选择分型面时，应遵循的原则见表 2-2-1。

表 2-2-1　选择分型面的原则

序号	原则	简图	说明
1	分型面应选择在塑件外形的最大轮廓处	（a）　（b）	图（a）在推出过程中会被卡住 图（b）正确，分型面取在塑件外形的最大轮廓处，塑件能顺利脱模
2	分型面的选取应有利于模具开模后，塑件留在动模	（a）　（b）	图（a）开模产品会留在定模，不便顶出 图（b）合理，分型后，塑件留在动模一侧，方便动模的推出机构顶出
3	保证塑件的精度要求	（a）　（b）	图（b）合理，能保证双联塑料齿轮的同轴度的要求

续表

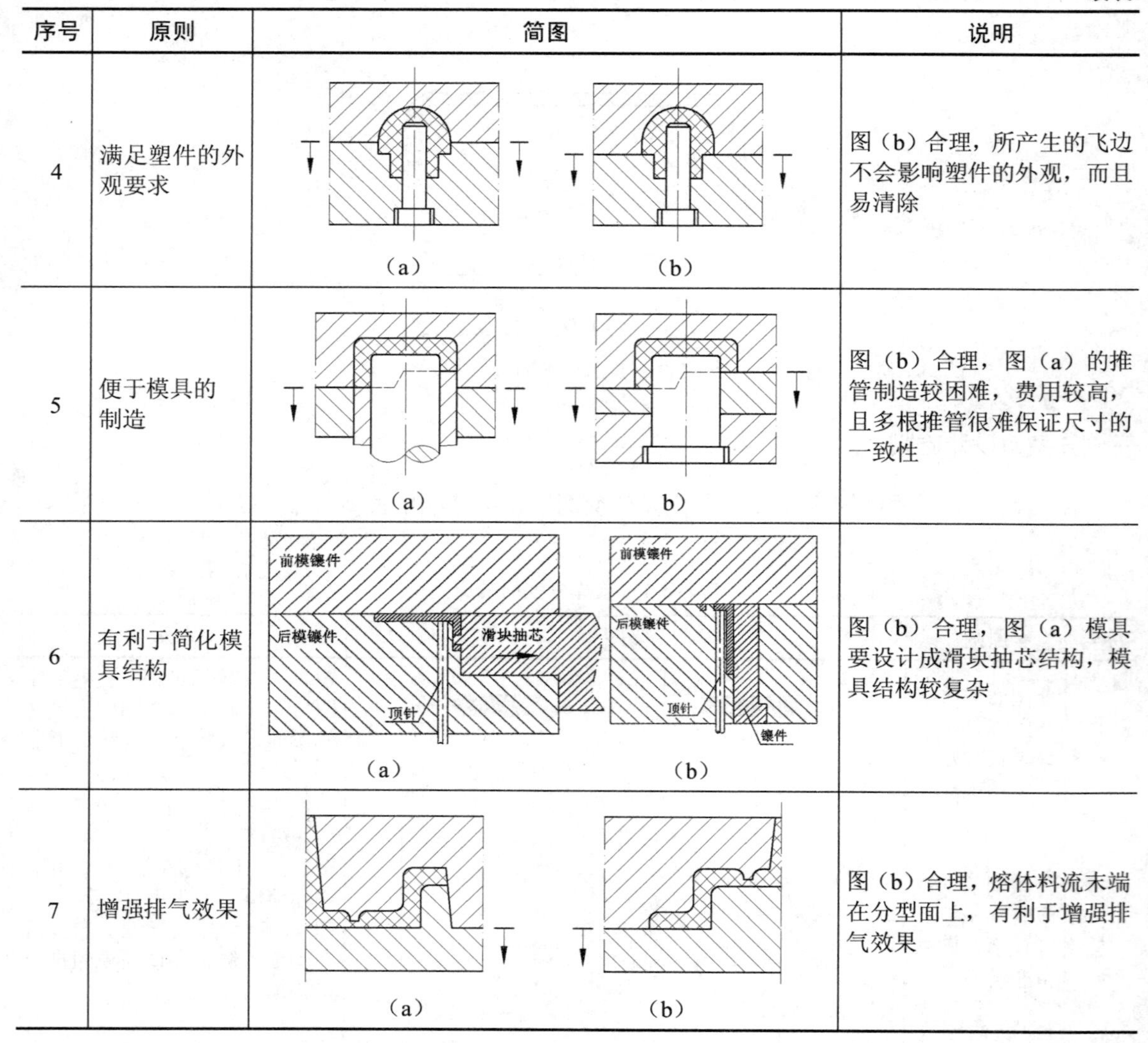

序号	原则	简图	说明
4	满足塑件的外观要求	（a）（b）	图（b）合理，所产生的飞边不会影响塑件的外观，而且易清除
5	便于模具的制造	（a）b）	图（b）合理，图（a）的推管制造较困难，费用较高，且多根推管很难保证尺寸的一致性
6	有利于简化模具结构	（a）（b）	图（b）合理，图（a）模具要设计成滑块抽芯结构，模具结构较复杂
7	增强排气效果	（a）（b）	图（b）合理，熔体料流末端在分型面上，有利于增强排气效果

在实际设计工作中，分型面的确定是一个很复杂的问题，受很多因素的制约。所以在选择分型面时应分清主次矛盾，采取综合评判的方法，从而较合理地确定分型面。

四、分型面设计实例分析

根据分型面设计原则，分型面应选择在塑件外形的最大轮廓处，如图 2-2-4 所示，可知分型面可选择在 I 面或者 II 面。由于外形环圈III面对定模的包紧力与内环圈IV面对动模的包紧力相差不多，若分型面选择在 I 面，开模时产品很有可能留在定模，不便取出；若分型面选择在

Ⅱ面上，内环圈Ⅳ面和Ⅴ面对动模的包紧力肯定大于外形环圈Ⅲ面对定模的包紧力，产品会留在动模，方便推出，所以分型面应设置在Ⅱ面上。

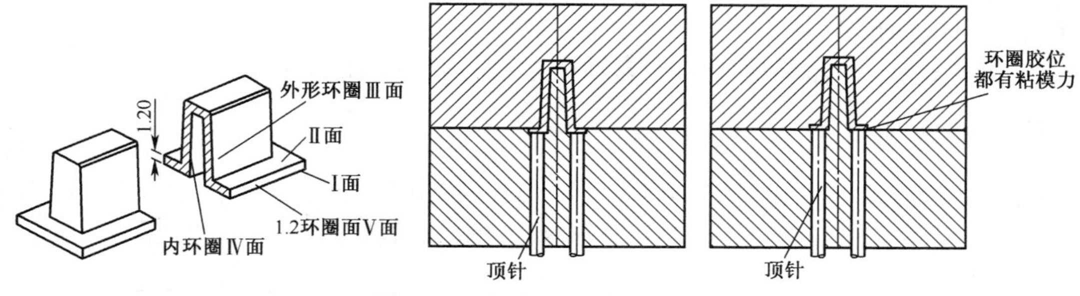

图 2-2-4　分型面设计实例分析

思考题和习题

1．分型面的形式有哪些？分型面的作用是什么？
2．分型面选用原则都有哪些？
3．请绘制图 2-2-5 所示产品的分型面。

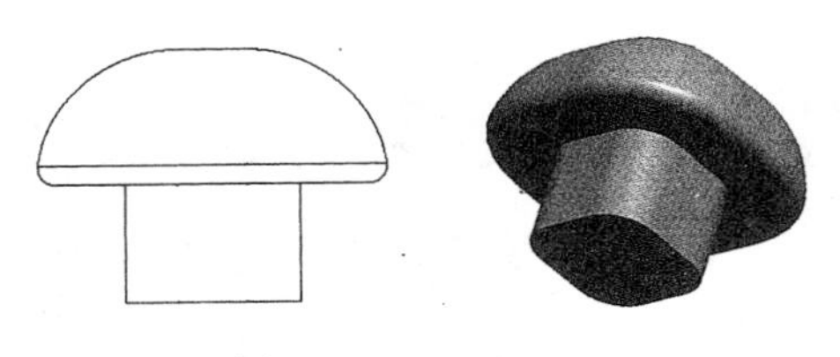

图 2-2-5　习题 3

模块三　浇注系统设计

知识目标

1．掌握浇注系统的设计方法及原则、组成、作用。
2．掌握主流道的作用及设计要点。
3．掌握分流道的作用及设计要点。
4．掌握浇口的作用及设计要点。

能力目标

具备根据产品结构及需求，合理设计浇注系统的能力。

素质目标

1．培养学生模具设计能力，尤其是合理设计浇注系统的能力，同时让学生对专业职业能力有进一步的了解。

2．通过教学，培养学生团队协作精神和认真对待工作的职业素养。

一、浇注系统概述

浇注系统是指熔体从注塑机的喷嘴开始，流动到模具型腔为止所经过的通道，由主流道、分流道、浇口（入水口）和冷料槽四部分组成，如图 2-3-1 所示。

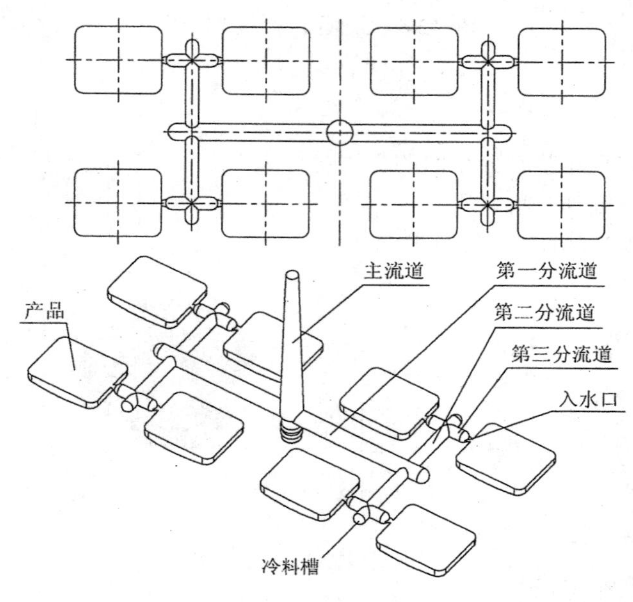

图 2-3-1　浇注系统组成

二、主流道设计

主流道是指浇注系统中从注射机喷嘴与模具接触处开始，到分流道为止的塑料熔体的流动通道。主流道通常开设在主流道衬套（浇口套）里面，而浇口套是标准件，所以设计主流道实际上就是确定浇口套的类型、规格及相关尺寸。

1．浇口套材料

浇口套材料一般为碳素工具钢，如 T8A、T10A 等，热处理淬火硬度 53～57HRC。

2．浇口套形式及尺寸

常用浇口套有如图 2-3-2 所示的三种形式，为防止浇口套在注塑成型过程中被塑料熔体冲出，浇口套必须固定。图 2-3-2（a）中的浇口套通过螺钉和定位圈压住，并由螺钉固定；图 2-3-2（b）中的浇口套通过螺钉和模板固定在一起；图 2-3-2（c）中的浇口套通过凸台固定。

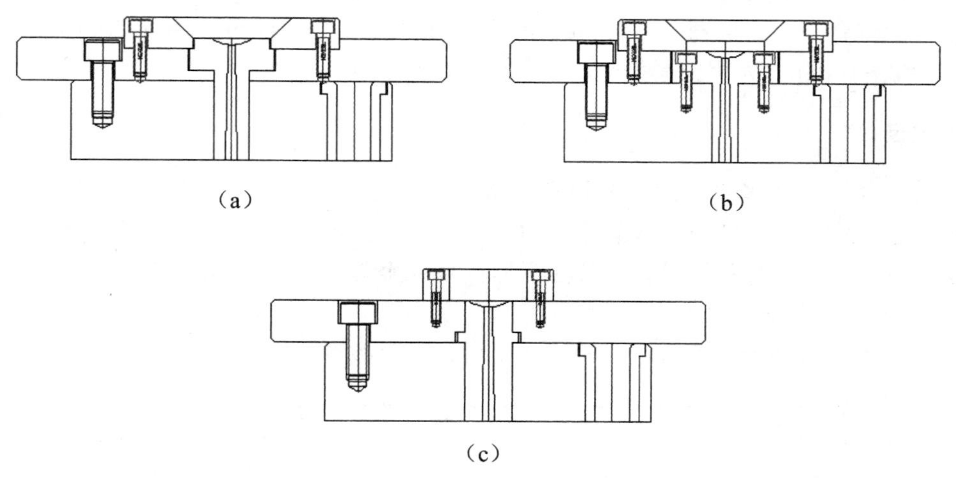

（a）　（b）

（c）

图 2-3-2　主流道浇口套形式及其固定

浇口套与模板间的配合采用 H7/m6 的过渡配合，浇口套与定位圈采用 H9/f9 的间隙配合，如图 2-3-3 所示。

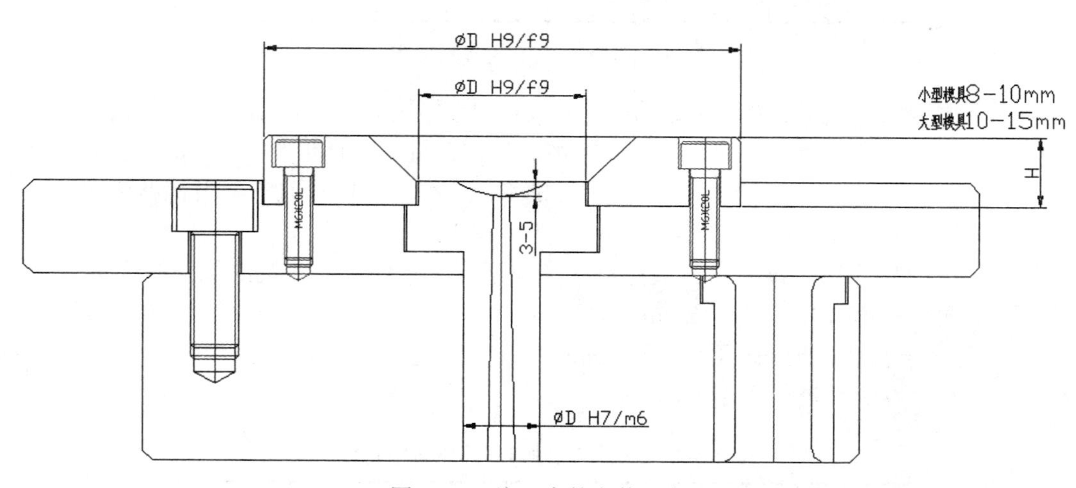

图 2-3-3　浇口套的安装配合

为了让主流道凝料能从浇口套中顺利拔出，主流道应设计成圆锥形，其锥角α为 2°～6°，小端直径比注射机喷嘴直径大 0.5～1mm，并要求主流道球面半径比注射机喷嘴球面半径大 1～2mm，其深度为 3～5mm，主流道长度由模板的厚度决定，一般在模架选定后确定，流道内表面粗糙度值 Ra≤0.8μm。

3. 定位圈

为减少模具安装到注塑机上的调整工作量，需设计定位圈。安装时将定位圈套入注塑机定工作台的定位孔中。定位圈与注射机固定模板上的定位孔按 H9/f9 配合，定位圈的高度 H，小型模具为 8～10mm，大型模具为 10～15mm，如图 2-3-3 所示。

三、分流道设计

在设计多型腔或者多浇口的单型腔模具的浇注系统时，应设置分流道。分流道是指主流道末端与浇口之间的一段塑料熔体的流动通道。分流道的作用是改变熔体流向，使其以平稳的流态均衡地分配到各个型腔。设计时应注意尽量减少流动过程中的热量损失和压力损失。

1. 分流道截面形状及尺寸

常用的分流道截面形状有圆形、梯形、U 型、半圆形等，如图 2-3-4 所示。

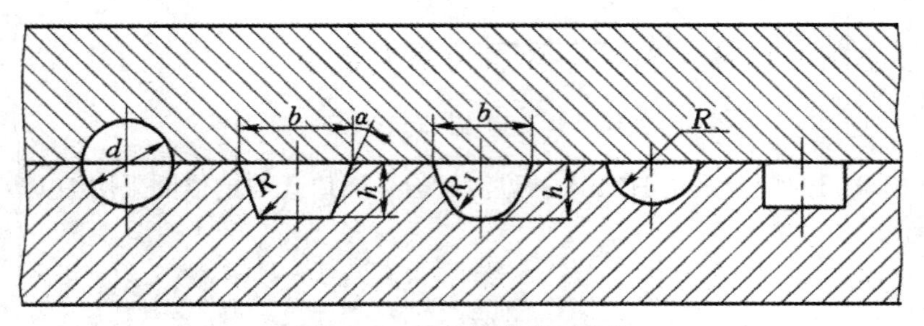

图 2-3-4 分流道的截面形状

圆形截面分流道流动性好，弯道阻力小，压力损失小，便于塑料流动，较常用。但需在两块模板上加工流道，而且要吻合，加工困难而且加工量大；梯形及 U 型截面分流道加工较容易，且热量损失与压力损失均不大，为常用的形式，细水口模具通常采用梯形截面流道；半圆形截面分流道开设在一块模板上，在设计中也有采用。

分流道截面尺寸视塑料品种、塑件尺寸、成型工艺条件以及流道的长度等因素来确定。通常圆形截面分流道直径为 2～12mm；对流动性较好的尼龙、聚乙烯、聚丙烯等塑料的小型塑件，在分流道长度很短时，直径可小到 2mm，对流动性较差的聚碳酸酯、聚砜等可大至 12mm；一级分流道尺寸经验数据如表 2-3-1 所示。

表 2-3-1 分流道尺寸与产品质量经验数据

制品质量（g）	分流道直径 *d*（mm）
≤20	4
20～50	5
50～150	6

续表

制品质量（g）	分流道直径 d（mm）
150～450	8
450～750	10
≥750	12

梯形截面分流道截面尺寸高度 h 为梯形大底边宽度 b 的 $\frac{2}{3}$，即 $h=\frac{2}{3}b$；梯形的侧面斜角α常取 5°～10°，底部半径 R=1.5mm，具体经验数据如表 2-3-2 所示。

表 2-3-2　梯形截面尺寸经验数据

b（mm）	h（mm）
4	3
6	4
8	6
10	7
12	8

U 型截面分流道的半径 R_1=0.5b，深度 h=1.25 R_1，斜角 α =5°～10°。

2. 排位及分流道走向布置

排位设计就是产品在模具上如何摆放，一模多少件，每件产品从哪里进浇，相互之间距离多大，到模具边缘距离多大，冷却水道怎么走，行位怎么安排等。

型腔数目的确定应综合考虑工厂现有设备、生产效率、产品尺寸、产品精度、客户要求等因素。型腔数目确定后，紧接着考虑型腔摆放问题。型腔通常呈圆形分布或矩形分布。分流道的走向与型腔在分型面上的布置形式密切相关。如果型腔（多为圆形）呈圆形状分布，则分流道一般呈辐射状布置；如果型腔（多为矩形）呈矩形状分布，则分流道一般采用“非”字状布置，如图 2-3-5 所示。型腔的圆形布局有利于浇注系统的平衡，但模板尺寸较大，加工较困难且浪费材料。因此，除一些高精度的产品，通常采用“非”字排列。

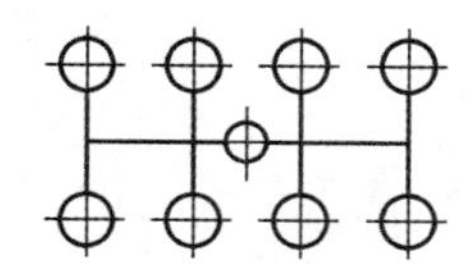

（a）“非”字状布置

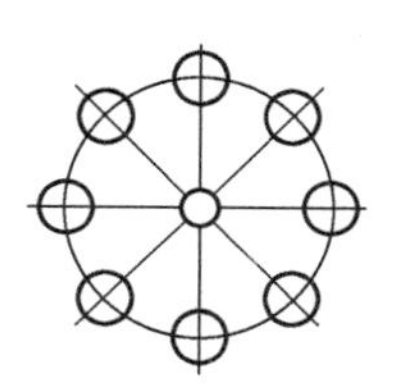

（b）辐射状布置

图 2-3-5　分流道走向

产品排位设计需考虑很多因素，如产品进胶位置、进胶方式、产品尺寸、顶出方式、封胶要求、型腔强度等，其中影响最大的就是产品大小、封胶尺寸及冷却空间。考虑到型腔强度，型腔间距至少大于 12mm，到底取多少，目前还没有统一的标准，一般根据经验设计。表 2-3-3 所示为常用的排位经验数据，仅供参考。

表 2-3-3　型腔间距经验数据

排位图	产品长 A_3、宽 B_3（mm）	产品高度 C_1（mm）	型腔间距 A_1（mm）	型腔间距 B_1（mm）
	0～50	0～25	12～15	20～30
	50～100	0～35	15～20	25～35
	100～150	0～45	20～30	30～40

3. 分流道长度

分流道的长度与型腔布局、型腔数目、型腔间距及流道走向等密切相关，下面以一例子说明。

一模具型腔布局、型腔间距及流道走向如图 2-3-6 所示，试确定分流道长度 L。

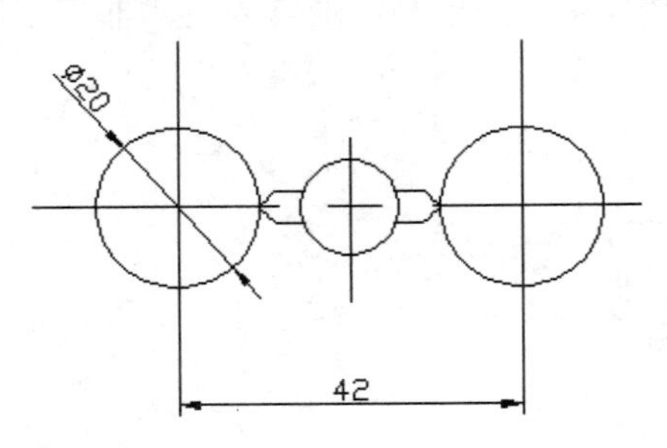

图 2-3-6　某模具型腔布局及流道走向

由图可知：分流道的长度 L=型腔中心之间的距离 42−型腔直径 20−浇口长度的 2 倍

四、浇口的设计

浇口是连接分流道与型腔的熔体通道，使塑料熔体进入模具型腔的最后一道门，其作用如下：

（1）浇口通过截面积的突然变化，使分流道输送来的塑料熔体产生突变的流速增加，提高剪切速率，降低粘度，使其成为理想的流动状态，从而迅速均衡地充满型腔。

（2）浇口还起着较早凝固、防止型腔中熔体倒流的作用。

（3）浇口通常是浇注系统中最小截面部分，这有利于在塑件的后加工中塑件与浇口凝料的分离。

1. 浇口形式及特点

单分型面注射模的浇口可采用直接浇口、侧浇口、潜伏浇口、环形浇口、轮辐浇口、爪形浇口等浇口形式，双分型面模具通常采用点浇口。

表 2-3-4　浇口形式及特点

浇口类型	浇口图形	特点
直接浇口	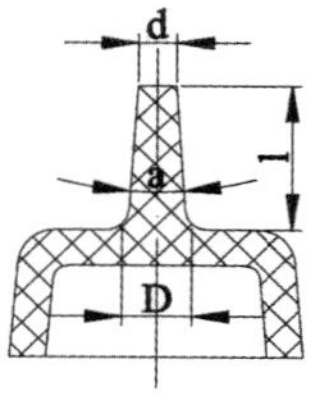 d　l　a　D	塑料熔体由主流道的大端直接进入型腔，流动阻力小，流动路程短且补缩时间长；有利于深腔气体的排出；浇口截面大，去除浇口困难，去除后会留有较大的浇口痕迹，影响塑件美观。 常用于大型较深筒形或壳形塑件，一次只能成型一个产品，如水桶、垃圾桶、脸盆等
侧浇口	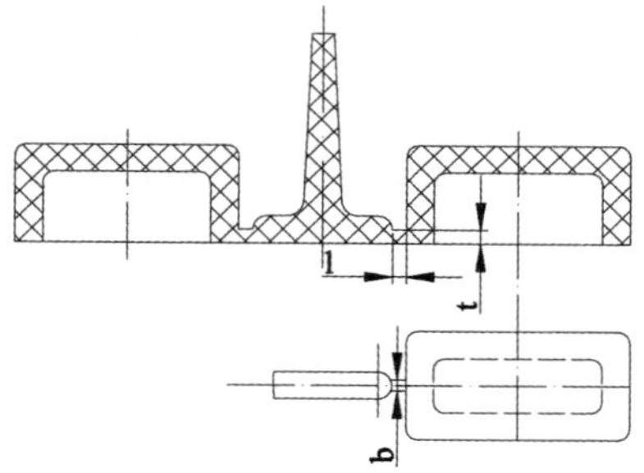 l　t　b	浇口截面形状为矩形，开设在分型面上，塑胶从产品边缘进入型腔，形状简单，加工方便；浇口截面小，去除浇口容易，不留明显痕迹； 应用广泛，特别适合一模多腔的模具
扇形浇口	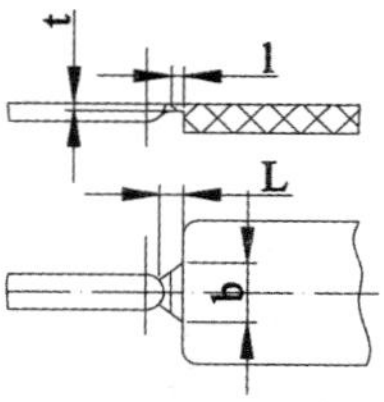 t　l　L　b	扇形浇口是一种沿浇口方向宽度逐渐增加、厚度逐渐减少的呈扇形的侧浇口； 塑件翘曲变形小，型腔排气性好，常用于扁平而较薄的塑件，如盖板和托盘类等

续表

浇口类型	浇口图形	特点
平缝浇口	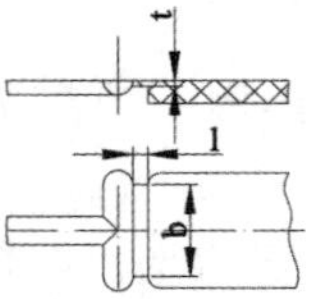	主要用于成型面积、尺寸较大的扁平塑件，可减小平板塑件的翘曲变形，但浇口的去除比扇形浇口更困难，通常用冲头冲断，成本较高
潜伏式浇口	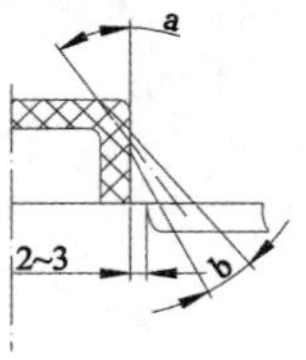	能自动剪断浇口，具备自动化生产条件，浇口位置可设在塑件的侧面、端面或背面等隐蔽处，使塑件的外表面无浇口痕迹。 常用于外观及质量要求较高，表面不能有明显浇口痕迹的产品，如手机外壳、平板电脑等
环形浇口	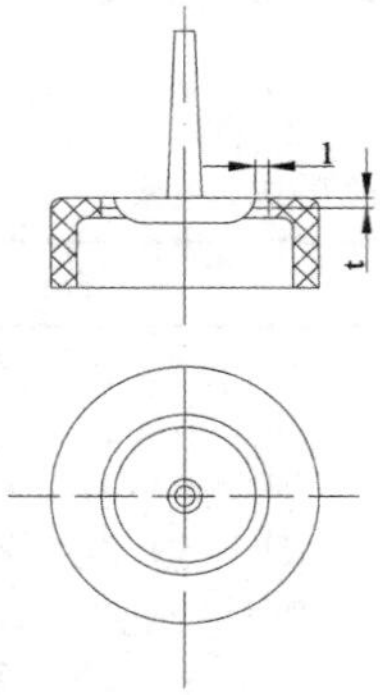	进料均匀，圆周上各处流速大致相等，熔体流动状态好，型腔中的空气容易排出，熔接痕可基本避免，但浇注系统耗料较多，浇口去除较难。 主要用于成型圆筒形无底塑件
轮辐式浇口	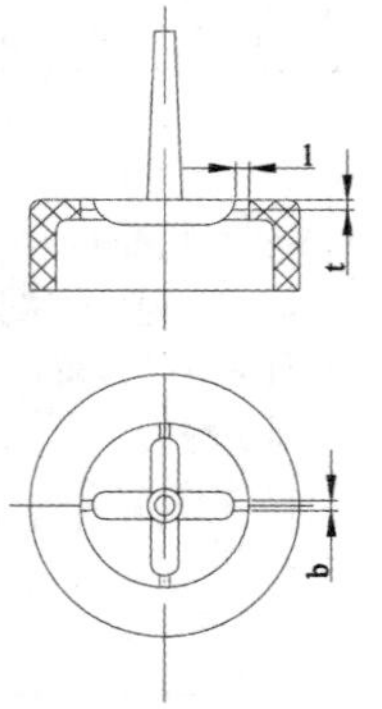	由环形浇口演变而来，耗料比环形浇口少，且去除浇口容易，但塑件可能产生熔接痕。 常用于底部有大孔的圆筒形或壳形塑件的成型
点浇口	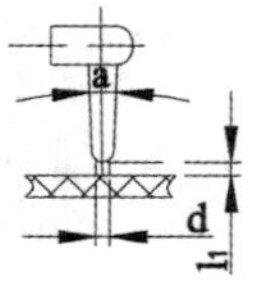	截面尺寸小，能实现浇口与产品自行分离，在塑件表面只留下针尖大的一个痕迹，不会影响塑件的外观，常用盒形及壳体类塑件的成型 采用此浇口的模具一般是双分型面模具，结构较复杂

不同的浇口形式对充型、成型质量及塑件的性能会产生不同的影响。各种塑料因其性能的差异对不同形式的浇口有不同的适应性，常用塑料适应的浇口形式如表 2-3-5 所示。

表 2-3-5　常用塑料适应的浇口形式

浇口类型 / 塑料种类	直接浇口	侧浇口	平缝浇口	点浇口	潜伏式浇口	环形浇口
HPVC	√	√				
PE	√	√		√		
PP	√	√		√		
PC	√	√		√		
PS	√	√		√		
PA	√	√		√	√	
ABS	√	√	√	√	√	√
POM	√	√	√	√	√	√

注：“√”表示塑料适应的浇口形式。

2. 浇口位置设计

浇口的形式有很多，但无论采用何种形式，其开设的位置对塑件的成型性能及质量都有很大影响，同时，也影响模具的结构。选择浇口位置时，需要根据塑件的结构、成型质量要求、塑料的流动状态等因素综合进行考虑。选择的一般原则为：

（1）浇口尽量开设在不影响塑件外观的位置，尽量选择在分型面上，以便于模具的加工及使用时浇口的清理。

（2）浇口应开设在塑件壁厚处。

当塑件的壁厚相差较大时，若将浇口开设在薄壁处，这时塑料熔体进入型腔后，不但流动阻力大，而且还易冷却，影响熔体的流动距离，难以保证充填满整个型腔。从收缩角度考虑，塑件厚壁处往往是熔体最晚凝固的地方，如果浇口开设在薄壁处，那厚壁的地方因熔体收缩得不到补缩，就会形成表面凹陷或缩孔。为了保证塑料熔体顺利充填型腔，使注射压力得到有效传递，而在熔体收缩时又能得到充分补缩，一般浇口的位置应开设在塑件的厚壁处。如图 2-3-7 所示的制品，厚度不均匀，图 2-3-7（a）所示的浇口位置由于收缩时补料不充分，制品会有凹陷；图 2-3-7（b）所示的浇口位置设在壁厚最大处，有效克服了凹痕的缺陷；图 2-3-7（c）选择直接浇口，有效改善了充型条件，但浇口去除困难。

（3）浇口的位置应有利于型腔内气体的排出。

图 2-3-8（a）采用侧浇口从产品底部侧面进胶，成型时产品顶部气体不易排出，在塑件顶部容易留有明显的熔接痕；图 2-3-8（b）采用点浇口从产品顶部进胶，分型面处最后充型，气体很容易从分型面排出，有利于补缩，可避免缩孔、凹痕的产生。

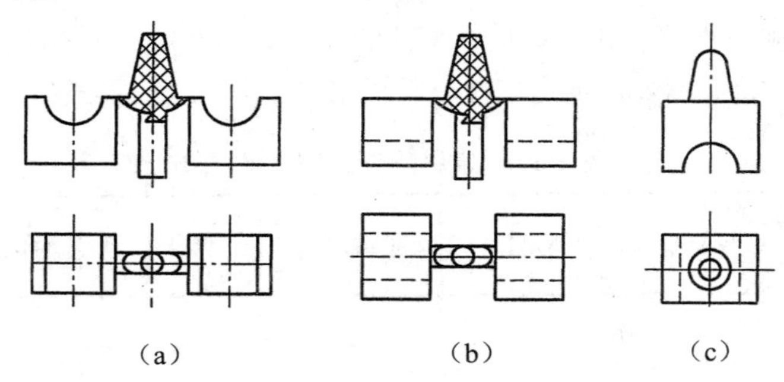

（a）　　（b）　　（c）

图 2-3-7　浇口位置对产品收缩的影响

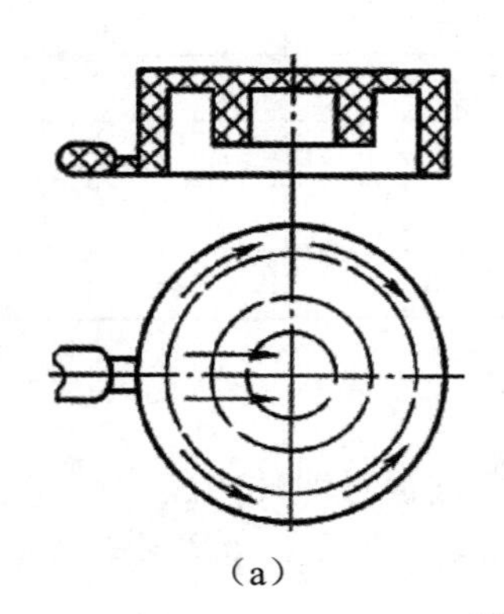

（a）

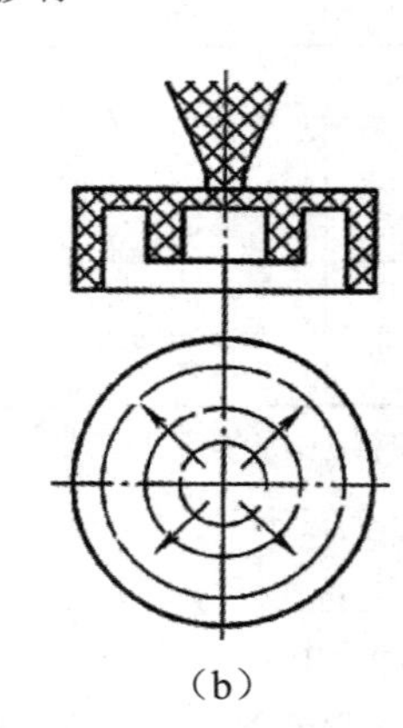

（b）

图 2-3-8　浇口应有利于排气

（4）避免塑料熔体偏心进料，直接冲击薄弱的细小型芯、滑块等，防止型芯变形。

图 2-3-9 所示为改变浇口位置，防止型芯变形的案例。图 2-3-9（a）结构不合理；图 2-3-9（b）采用两侧浇口进料，有效减少了型芯变形，但增加了熔接痕数量，且排气不好；图 2-3-9（c）采用顶部中心进胶，效果较好。

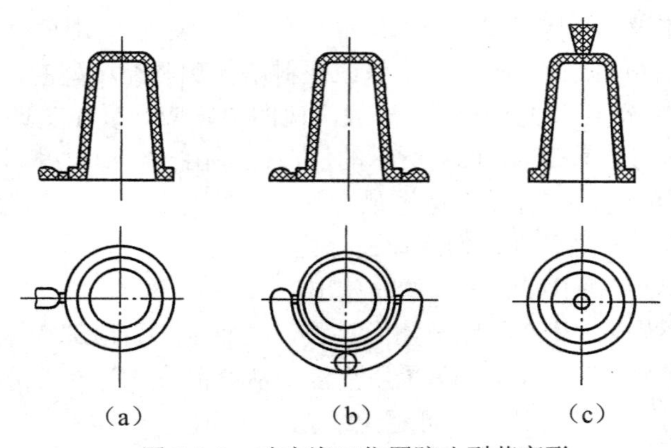

（a）　　（b）　　（c）

图 2-3-9　改变浇口位置防止型芯变形

（5）浇口数量不宜过多。

由于浇口位置的原因，塑料熔体充填型腔时会造成两股或两股以上的熔体料流的汇合。在汇合之处，料流前端是气体且温度最低，所以在塑件上就会形成熔接痕。

熔接痕部位塑件的熔接强度会降低，也会影响塑件外观，在成型玻璃纤维增强塑料制件时，这种现象尤其严重。如无特殊需要，最好不要开设一个以上的浇口，图 2-3-10（a）所示的浇口会形成两个熔接痕，而图 2-3-10（b）所示的浇口仅形成一个熔接痕。

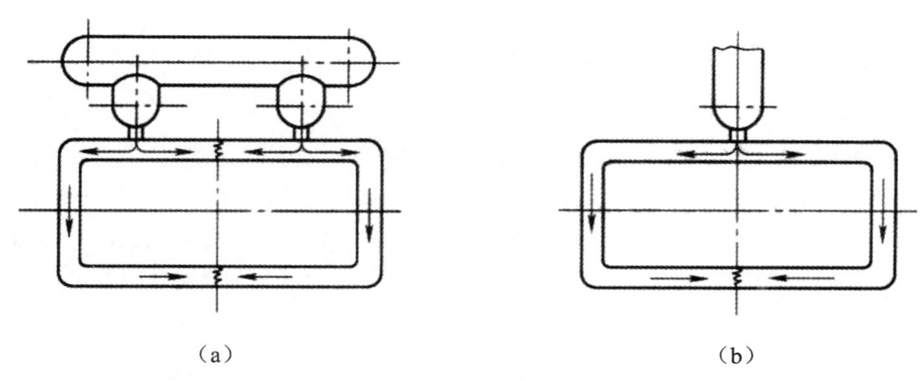

图 2-3-10　减少熔接痕的数量

为了提高熔接的强度，可以在料流汇合之处的外侧或内侧设置一冷料穴（溢流槽），将料流前端的冷凝料引入其中，成型后再去除，如图 2-3-11 所示。

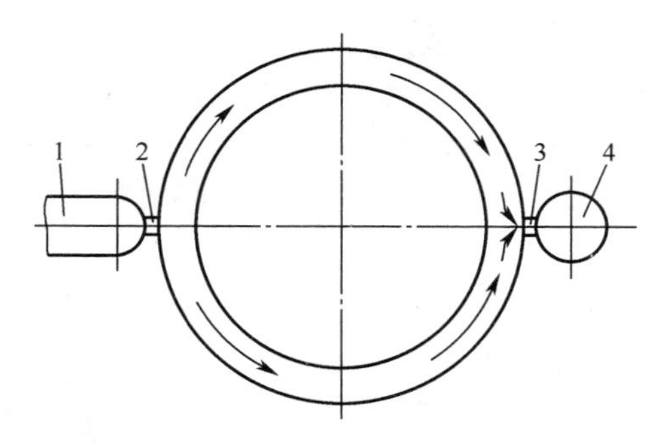

1—分流道；2—浇口；3—溢流口；4—溢流槽

图 2-3-11　开设冷料穴提高熔接强度

（6）尽量缩短流动距离。

浇口位置的选择应保证熔体迅速和均匀地充填模具型腔，尽量缩短熔体的流动距离，这对大型塑件更为重要。

图 2-3-12（a）所示的浇口位置，塑料熔体流动距离长且转弯较多，能量损失和压力损失均较大，充型条件较差；图 2-3-12（b）、图 2-3-12（c）所示的浇口位置可有效改善以上问题。

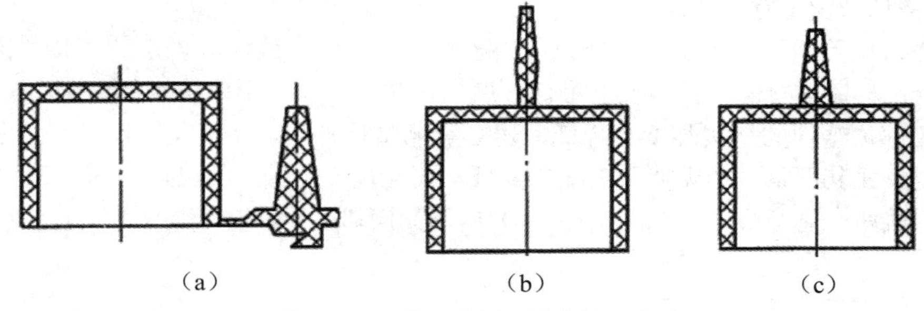

图 2-3-12　浇口位置对填充的影响

（7）避免熔体破裂现象引起塑件的缺陷。

小的浇口如果正对着一个宽度和厚度较大的型腔，则熔体经过浇口时，由于受到很高的剪切应力，将产生喷射和蠕动等现象。这些喷出的高度定向的细丝或断裂物会很快冷却变硬，与后进入型腔的熔体不能很好熔合，而使塑件出现明显的熔接痕，如图 2-3-13 所示。要克服这种现象，可适当地加大浇口的截面尺寸，或采用冲击型浇口（浇口对着大型芯等），如图 2-3-14 所示。

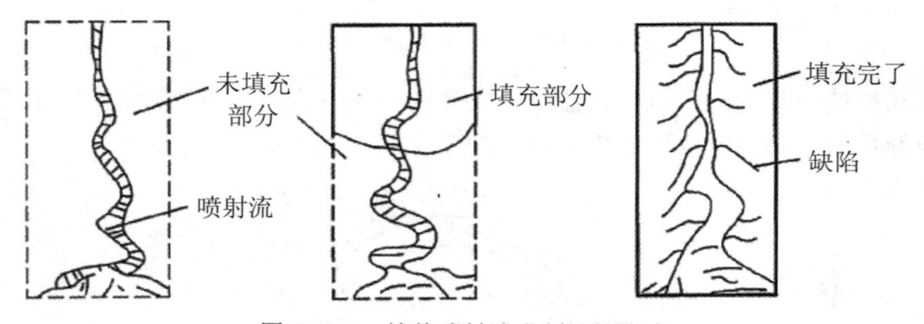

图 2-3-13　熔体喷射造成制品的缺陷

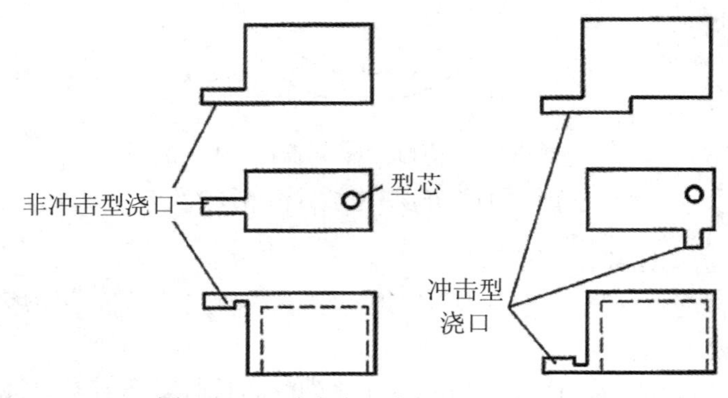

图 2-3-14　冲击浇口克服熔体喷射现象

（8）避免塑件变形。

图 2-3-15（a）所示的大平面塑件，采用一个中心浇口进胶，塑件冷却成型后，会因内应力产生较大的翘曲变形；图 2-3-15（b）采用多个点浇口进胶，可有效克服翘曲变形。

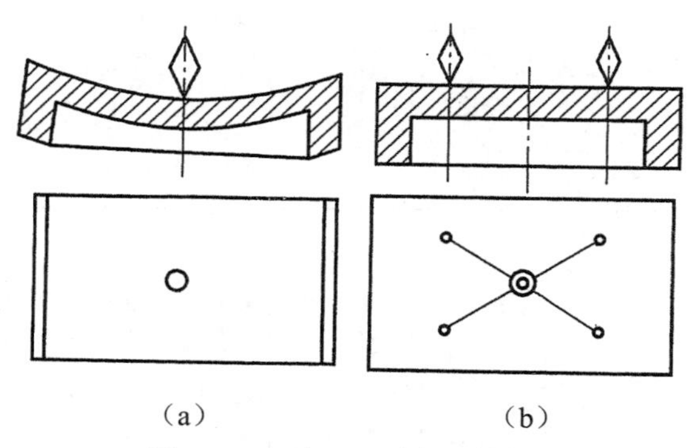

图 2-3-15　浇口要避免塑件变形

浇口位置的确定是一项复杂的工作，需要积累丰富的经验，现在也可借助仿真模拟软件辅助设计浇口。

3. 浇口形式及位置设计案例分析

图 2-3-16 为常用的塑料挂钩，材料为 ABS，请确定浇口的形式及位置。

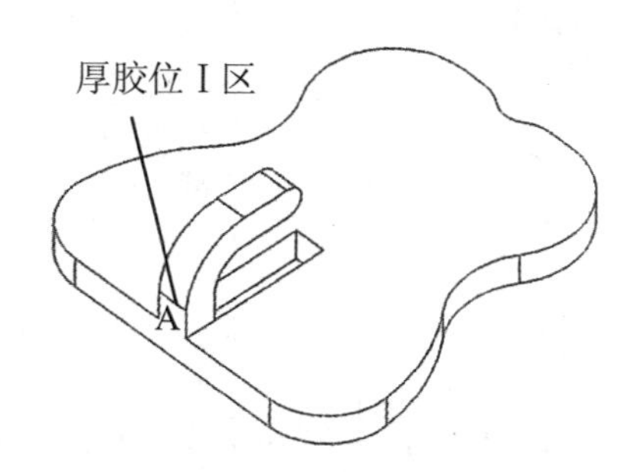

图 2-3-16　浇口形式及位置设计

浇口形式确定分析：挂钩为日常生活用品，产品档次不高，较便宜，不宜采用加工困难的潜伏式浇口、牛角浇口；挂钩虽对浇口痕迹要求不是很高，但产品正面最好不要有浇口痕迹，所以不宜采用点浇口。利用排除法，浇口形式最终确定为侧浇口。

浇口位置确定分析：挂钩通过后面的双面胶粘在墙壁上，所以浇口的位置不能选在后面，以免影响其功能；挂钩正面有外观要求，浇口不能设置在正面；所以浇口位置只能在产品侧面，I 区为产品最厚处，根据浇口位置设计原则，最终确定在如图 2-3-16 所示 A 处。

4. 浇口尺寸

常用浇口的尺寸如表 2-3-6 所示。

表 2-3-6　各种浇口尺寸数据

浇口类型	浇口图形	浇口尺寸
直浇口	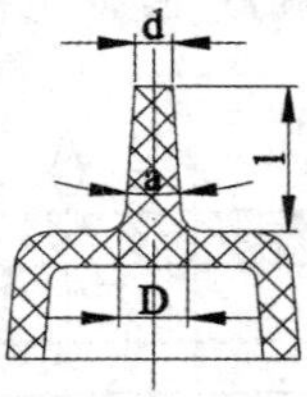 d a l D	$d = d_1 + (0.5 \sim 1)$mm； $\alpha = 2^\circ \sim 6^\circ$； $D = d + 2l\tan\frac{\alpha}{2}$ 说明：d_1 为注射机喷嘴孔径；l 由模板厚度确定，通常要求小于 60mm
侧浇口	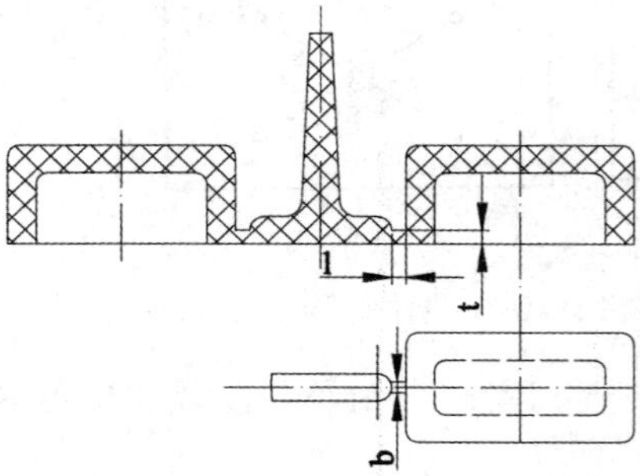 l t b	$b = 0.5 \sim 2$mm，常用尺寸有 0.8mm、1mm、1.2mm、1.5mm、2mm； $t = 0.5 \sim 2$ mm，常用尺寸有 0.5mm、0.8mm、1mm、1.2mm； $l = 0.8 \sim 3$mm 常用尺寸有 1.2mm、1.5mm、2mm、2.5mm、3mm
扇形浇口	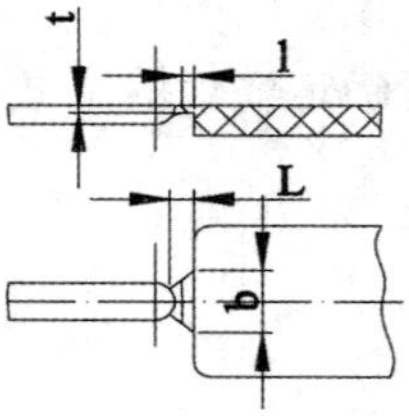 t l L b	$b = 6 \sim B/4$mm； $l = 1 \sim 1.3$mm； $t = 0.25 \sim 1$mm； $L = 6$ mm； 说明：B 为塑件宽度；浇口截面积不能大于流道截面积
平缝浇口	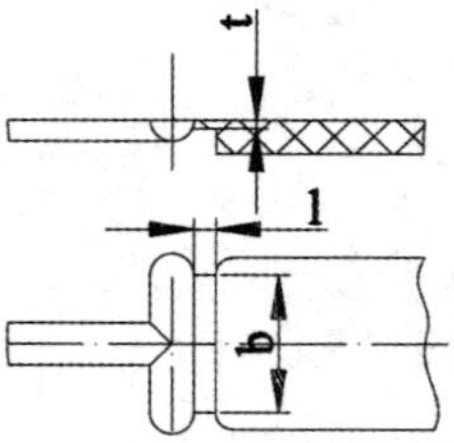 t l b	$t = 0.2 \sim 1.5$mm $l = 1.2 \sim 1.5$mm $b = (0.75 \sim 1)B$ 说明：B 为塑件宽度
潜伏式浇口	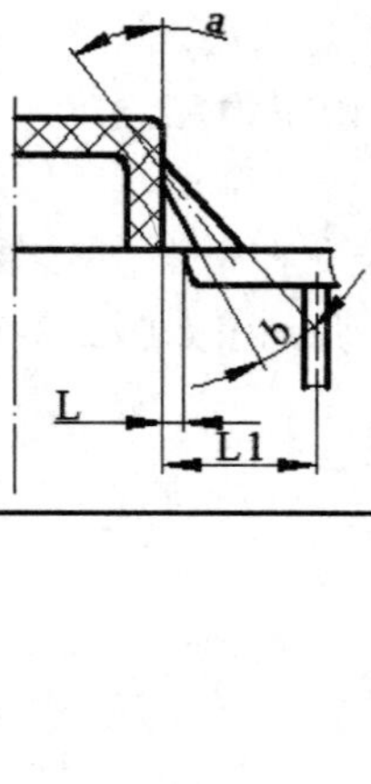 a b L L1	浇口长度 $l = 0.7 \sim 1.3$mm 流道离产品边缘的距离 $L = 2 \sim 3$mm $\alpha = 25^\circ \sim 45^\circ$ $\beta = 15^\circ \sim 25^\circ$ 浇口直径 $d = 0.3 \sim 2$ 说明：推杆中心离产品边缘的距离 L_1 通常取分流道直径的 3 倍

续表

浇口类型	浇口图形	浇口尺寸
环形浇口		$t = 0.25 \sim 1.6\text{mm}$ $l = 0.8 \sim 1.8\text{mm}$
点浇口		$l_1 = 1.5 \sim 2.5\text{mm}$ $d = 0.3 \sim 2\text{mm}$ $\alpha = 2^\circ \sim 4^\circ$

五、冷料穴和拉料杆设计

冷料穴是浇注系统的结构组成之一。冷料穴的作用：①容纳浇注系统流道中料流的前锋冷料，以免这些冷料进入型腔。②便于在该处设置主流道的拉料杆。模具开模时，主流道凝料在拉料杆的作用下，从定模浇口套中被拉出，随后推出机构将塑件和凝料一起推出模外。

主流道冷料穴结构如图 2-3-17（a）所示，一般开设在主流道的末端，冷料穴的底部形状由拉料杆的头部构成，其直径与主流道大端的直径相同或稍大，深度为直径的 1～1.5 倍；多型腔模具分型面上的分流道冷料穴如图 2-3-17（b）所示，位于分流道末端，长度一般为 5～8mm。

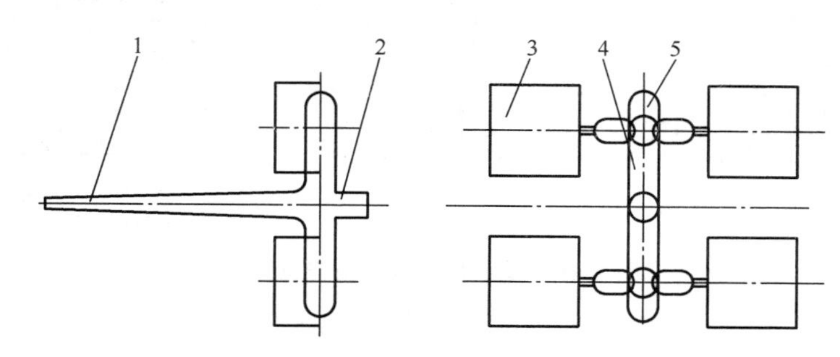

1—主流道；2—主流道冷料穴；3—塑件；4—分流道；5—分流道冷料穴

图 2-3-17　主流道和分流道冷料穴

拉料杆用于拉断点浇口或从主流道衬套中拉出主流道凝料，常用的拉料杆形式如图 2-3-18 所示，图中的拉料杆适用于推杆（推管）推出机构，固定在推杆固定板上。图 2-3-19 所示的拉料杆适用于推板推出，固定在动模板上。

图 2-3-18（a）所示的 Z 形拉料杆是最常用的一种形式，工作时依靠 Z 形钩将主流道凝料拉出浇口套。如需使用多个 Z 形拉料杆，应确保缺口的朝向一致。

图 2-3-18（b）、（c）所示的形式，在分型时靠动模板上的反锥度穴和浅圆环槽的作用将主流道凝料拉出浇口套，然后靠后面的推杆强制将其推出。

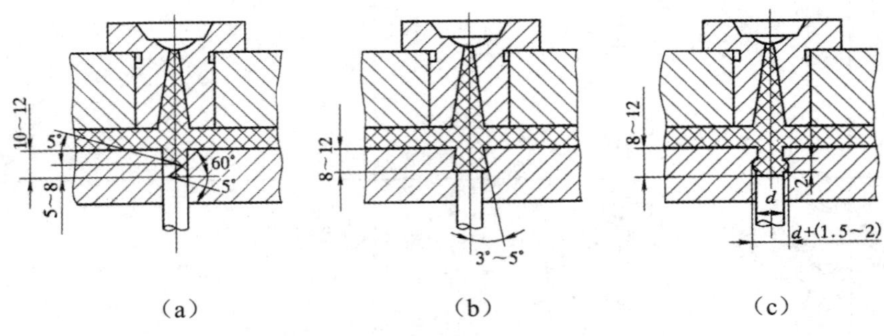

图 2-3-18　适于推杆推出的拉料杆

图 2-3-19（a）所示为球头形拉料杆；图 2-3-19（b）所示为菌形拉料杆。这两种结构是靠头部凹下去的部分将主流道凝料从浇口套中拉出，然后在推件板推出时，将主流道凝料从拉料杆的头部强制推出。图 2-3-19（c）是靠塑料的收缩包紧力使主流道凝料包紧在中间拉料杆（带有分流锥的型芯）上，以及靠环行浇口与塑件的连接将主流道凝料拉出浇口套，然后靠推件板将塑件和主流道凝料一起推出模外，主流道凝料能在推出时自动脱落。

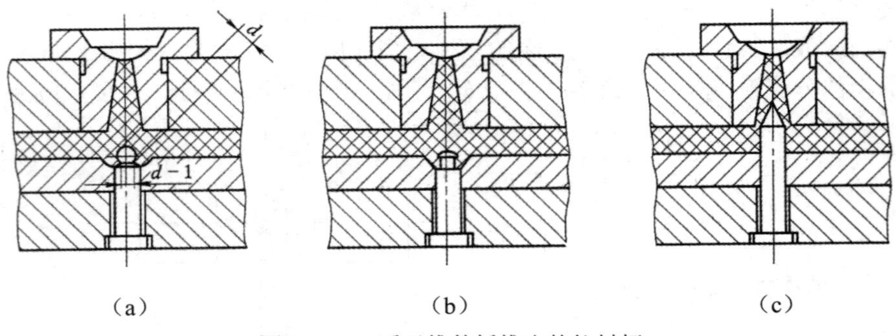

图 2-3-19　适于推件板推出的拉料杆

思考题和习题

1．浇口位置的选择原则有哪些？

2．设计如图 2-3-20 所示产品的浇注系统，具体要求如下：

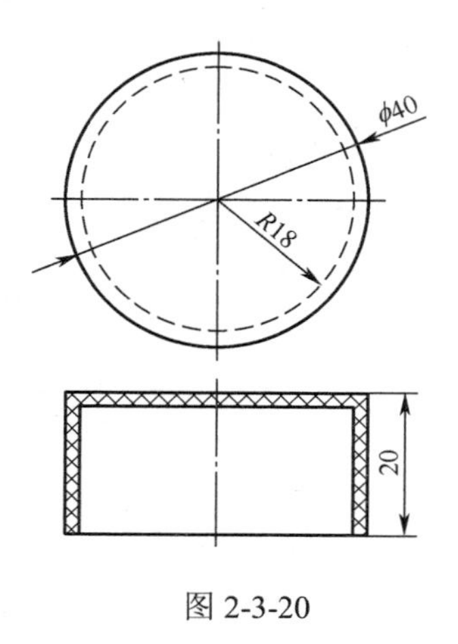

图 2-3-20

（1）一模四腔；
（2）不考虑缩水及拔模；
（3）采用侧浇口；
（4）暂不设计冷却系统及推出机构。

模块四　成型零件

塑料模具中直接与塑胶熔体接触，并决定塑料产品的形状、尺寸、外观等要素的模具零件统称为塑料模具的成型零件。虽然成型零件的工作条件是高温、高压，塑胶熔体高速冲击、高速摩擦，但是却要求成型零件在这种工作条件下还要保持正确的几何形状和尺寸精度，以及产品要求的表面粗糙度，因此，成型零件需要使用刚度好、强度好、韧性好、耐磨性好、耐腐蚀性好的模具材料，而且还要有合理的设计，如分型面的位置、成型零件的结构形状和尺寸，都需要经过合理的分析来确定，否则成型零件会产生磨损、变形、裂缝、断裂等问题，这会直接导致塑料产品的不良。在工厂里，成型零件还有很多名称：镶块、镶件、模仁、入子等，为了让大家的学习与工厂更为贴切，这里为大家讲讲工厂中的这些名称所代表的意思，在后面的课程中，会经常用到这些名称。

镶块、模仁、内模：指模具中相对大一些的成型零件，如镶入到模架内的前模部位。如图 2-4-1 所示。

镶件、入子：指模具中相对小件的成型零件，一般情况下它是镶入到镶块中的。如图 2-4-2 所示。

型腔：由成型零件组成的模具腔体部分，一般是指形成塑料产品外表面的前模部分。如图 2-4-3 所示。

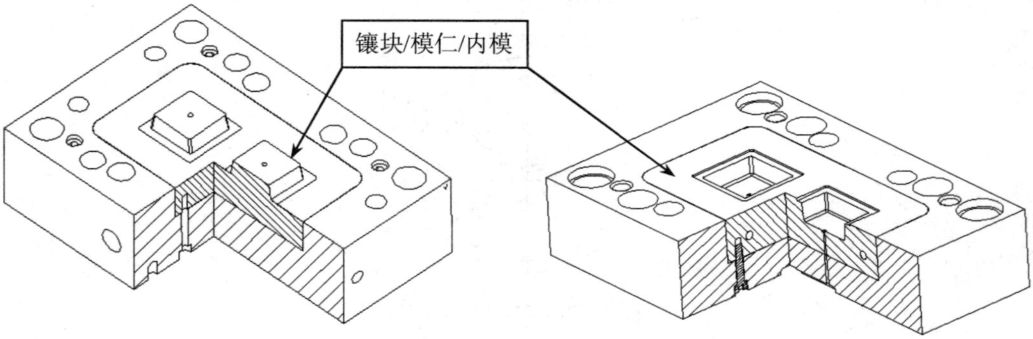

镶块/模仁/内模

图 2-4-1　镶块、模仁、内模

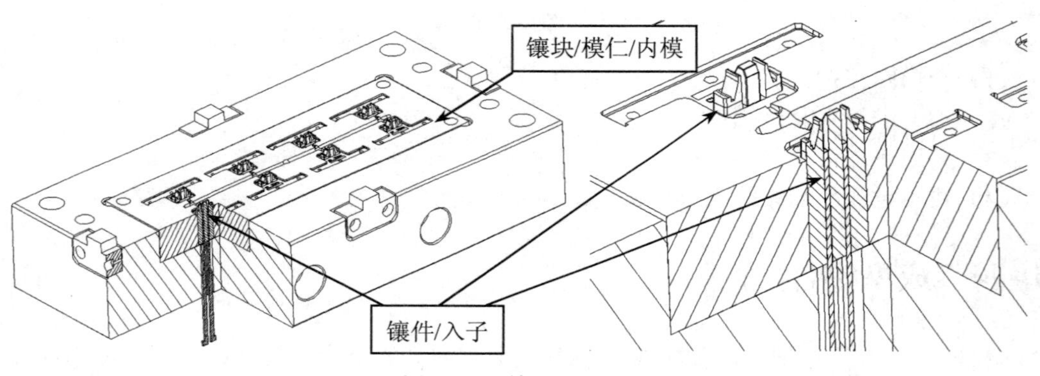

图 2-4-2　镶件、入子

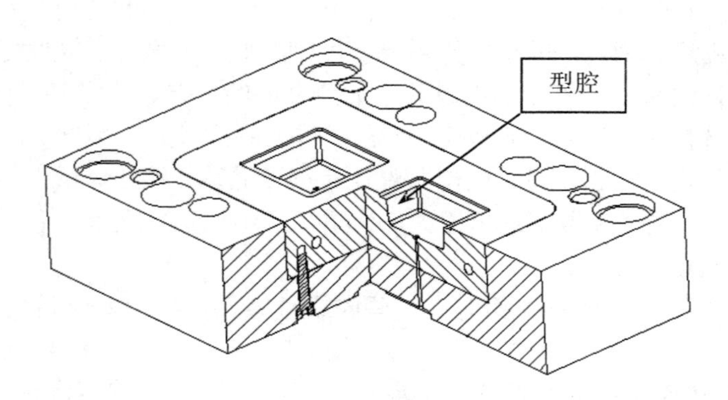

图 2-4-3　型腔

型芯：由成型零件组成的模具镶件部分，一般是指形成塑料产品内表面的后模部分。如图 2-4-4 所示。

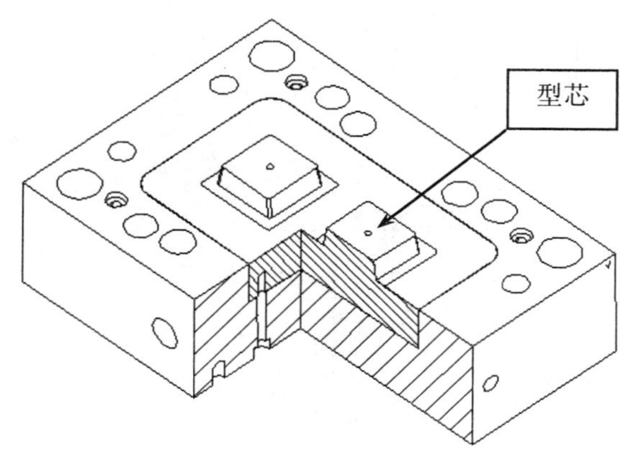

图 2-4-4　型芯

一般情况下，型腔就是前模，也是定模，型芯就是后模，也是动模，但在工厂中，都没有称为型腔、型芯，因为实际的产品结构种类较多，也较复杂，型腔可能在后模，型芯有可能在前模，因此，通常称为前模或定模、后模或动模。

滑块、行位：指侧向抽芯部分。如图 2-4-5 所示。

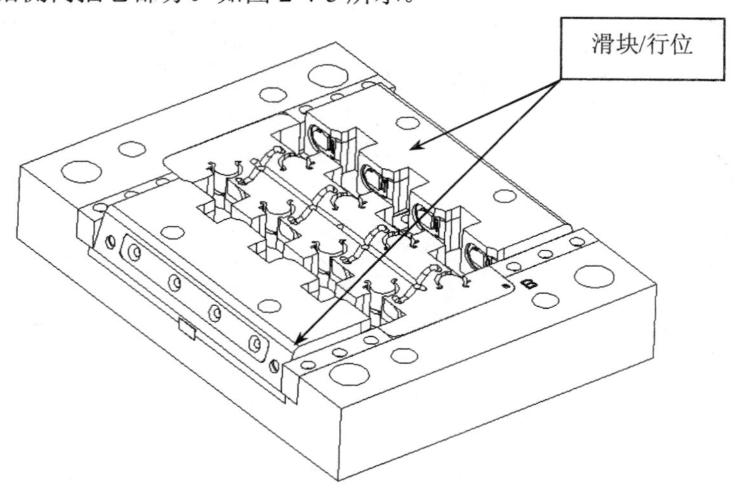

图 2-4-5　滑块、行位

斜顶：指侧向抽芯部分且有顶出功能。如图 2-4-6 所示。

滑块和斜顶都属于侧向分型抽芯机构，在后面的章节还会做比较详细的讲解。

有些塑料模具中，成型零件直接由模架的模板组成，也就是模架上直接加工出塑胶产品的形状尺寸等，模架上的前后模板就是大镶块，我们称它们为原身出模，或原身出模架。

在工厂中，为了简化名称，将定模部分称为 A 模或前模，动模具部分称为 B 模或后模，模架上的前模板简称为 A 板，后模板简称为 B 板。

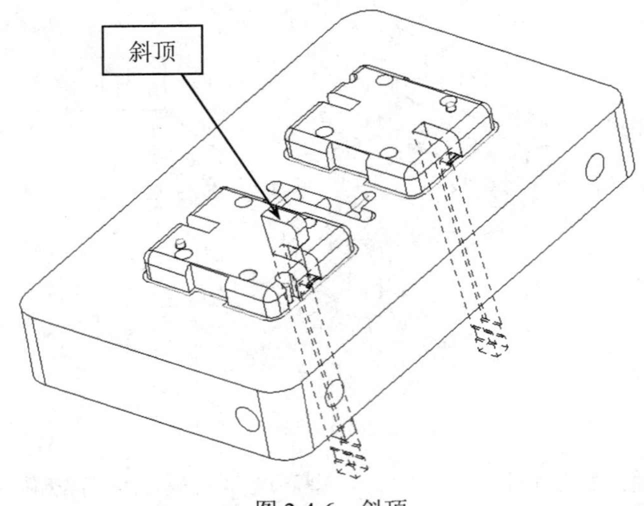

图 2-4-6　斜顶

一、成型零件结构

成型零件作为模具中最重要的部分，直接关系到塑料产品的形状、尺寸、精度和表面质量，并且每个产品都是不同的，这就需要有合理的设计理念来完成成型零件的结构设计。

1. 整体式

一般情况下型腔运用比较多，它是直接在模具模板上加工出来的，如图 2-4-7 所示。

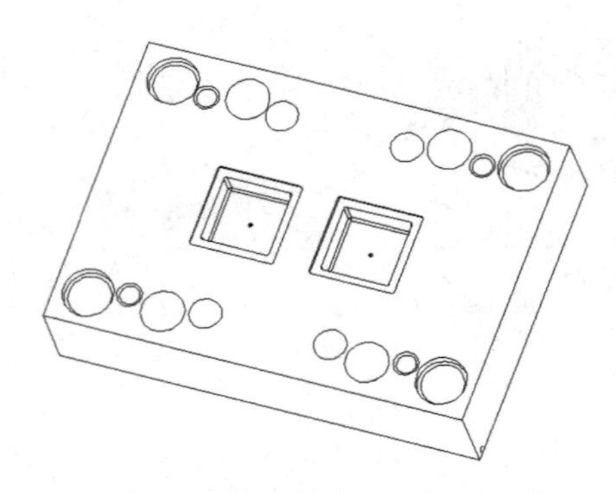

前模模板 A 板，型腔直接加工成型

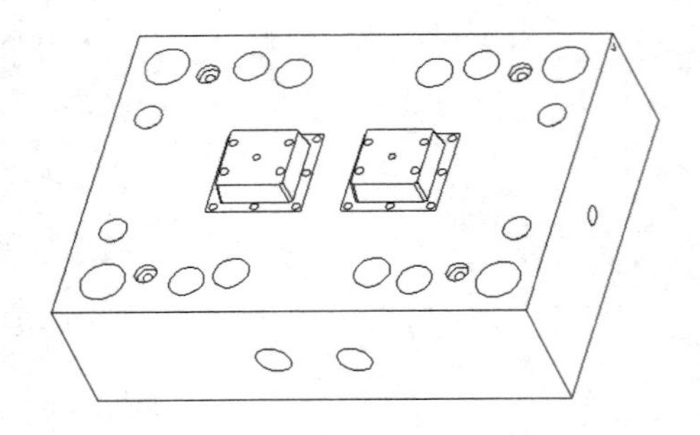

后模模板 B 板，型芯直接加工成型

图 2-4-7　整体式

优点：结构简单、牢固可靠、不易变形、无镶件拼接线、不会产生拼接处的溢料、缩小了模具的尺寸、减少了加工的零件数量等。

缺点：热处理不方便，塑料产品结构形状受限制，复杂时加工困难，加工的尺寸受设备限制，不利于排气，模具材料比较浪费。

因此，整体式结构较适合用于塑料产品结构形状简单的中小型模具，且需要根据实际情况设计好排气系统。

2. 镶入式

也称为组合式结构，即将成型零件镶入模架而成，此结构运用比较广泛，如图 2-4-8 所示。

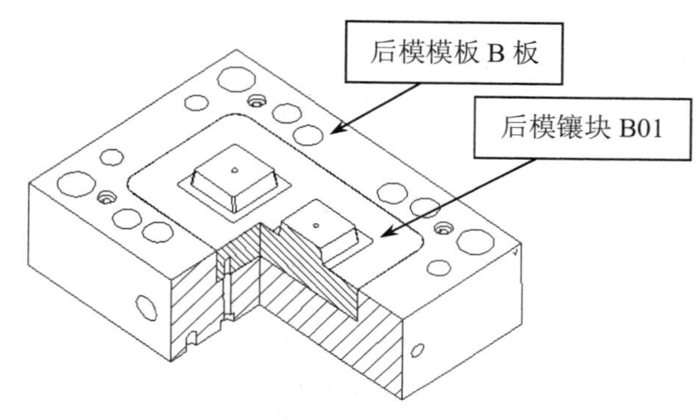

图 2-4-8　镶入式

优点：简化结构零件、热处理方便、利于排气、节约模具材料、可完成复杂塑料产品的结构形状、便于维修更换。

缺点：镶入处有接痕且易溢料、加工精度要求较高、整体强度钢度降低、模具尺寸相对增大。

（1）整体镶入

中小型模具常用结构，将模架 AB 模板开框，镶入一块优质的钢材，镶块加工更简单，精度也更容易保证，也解决了材料的磨损、腐蚀等问题。

（2）局部镶入

中大型模具常用，一些要求不高的小模具也会使用，能简化一些在模板上的加工，或者节约部分材料，或者在某个重要部分使用更好的材料，如图 2-4-9 所示。

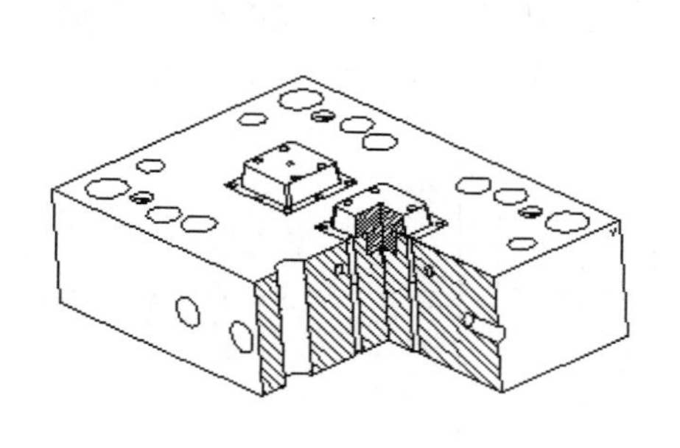

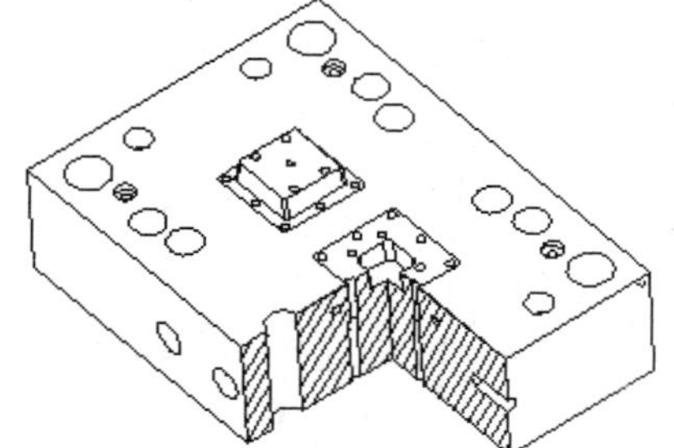

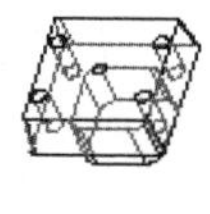

图 2-4-9　局部镶入

（3）镶拼式

也称为四壁拼合式，小型精密模具、筋位较多的模具中比较常用，如图 2-4-10 所示。如连接器模具，根据产品的结构，需将成型零件拆分成很多个小的镶件进行加工，这些小镶件的精度要求更高一些。比如一模 64 穴的连接器，在同一套模具中同一个小镶件可能有上百件，这些小镶件大部分会用到工艺平面磨床加工，公差在 0.005mm 以内，而且还要计算累计公差（多个相同零件合在一起进行测量的公差）。

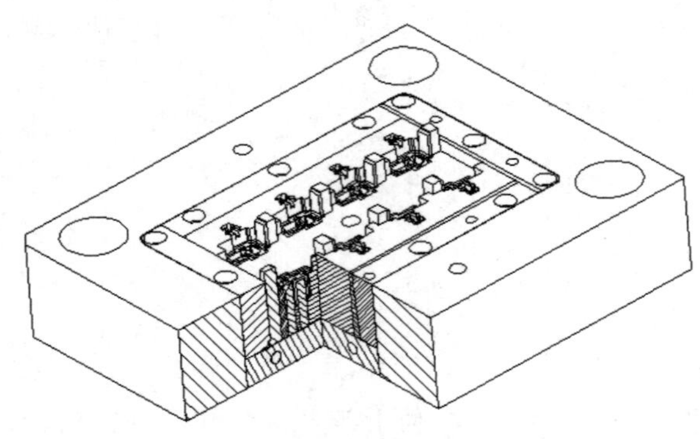

图 2-4-10　镶拼式

另外，在很多教材中还讲到底部镶拼、侧壁镶拼等，不管是哪种结构，都需要大家能根据实际情况灵活运用，根据公司产品的类别不同，所用的结构都会有所变化。

二、成型零件连接方式

在大部分的模具中，都会有镶入的成型零件，那这些成型零件都是如何连接的呢？怎样的连接简单牢固可靠呢？下面，我们列出几种常用的连接方式。

1. 挂台

小成型零件（小镶件）常用结构。如图 2-4-11 所示。大部分用在小型模具中，镶件比较小，比如产品上的一个螺丝孔需要镶一根镶针，那么镶针可以直接用顶针加工，保留顶针的挂台。挂台尺寸一般高 A=3～5mm，宽 B=1～3mm，挂台处需要做出避空，一般 C=2mm，D=0.2～0.5mm。

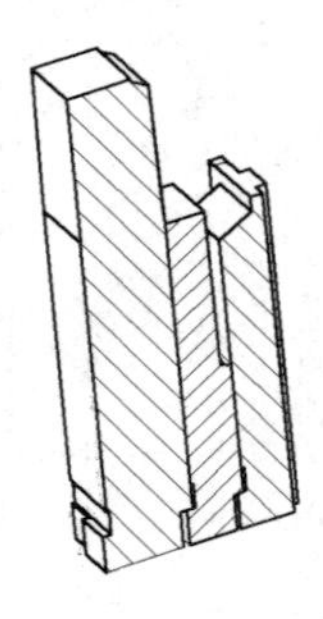

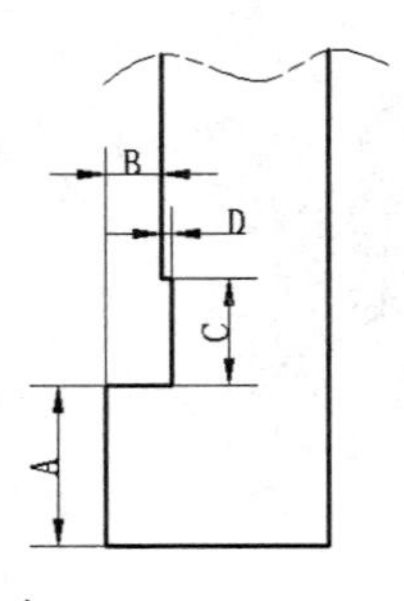

图 2-4-11　挂台

2. 螺丝

中等成型零件（镶块、模仁）常用，如图 2-4-12 所示。模具中最常用的，不管哪种类型的模具都会用螺丝连接，螺丝的大小要根据镶件的大小来判断，一般会使用 M6 以上的螺丝。

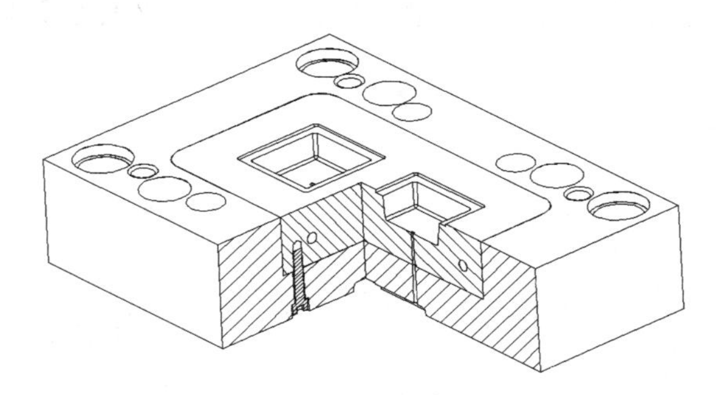

图 2-4-12 螺丝

螺丝使用经验表如表 2-4-1 所示。

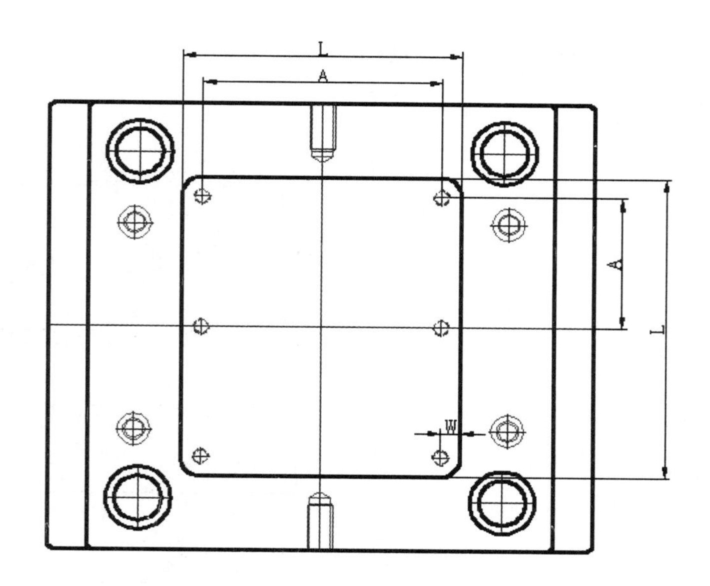

表 2-4-1 杯头螺丝使用经验表

镶块尺寸 L/mm	螺丝规格	W/mm	A/mm
<100	M6	>8	25～70
100～200	M8	>10	40～90
200～400	M10	>12	60～120
400～600	M12	>14	80～150

3. 斜压

如图 2-4-13 所示。大中型模具和镶拼式模具中常用，在大中型模具中，成型零件（镶块、模仁）一般比较大，模架开框会比镶块大一些，方便镶块装入，再用斜块压锁后收螺丝；在镶拼式模具中，由于镶件太多太小，镶件没有锁螺丝的空间，因此使用斜块压锁的方式。斜压块的斜度一般是 3° ～5° 。

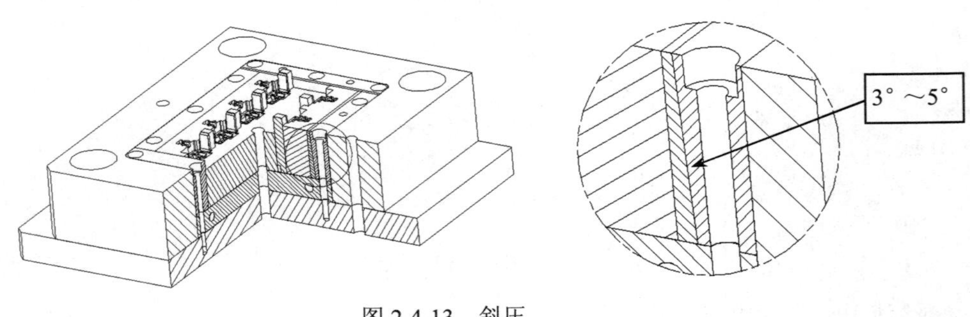

图 2-4-13　斜压

三、插穿（插破、擦穿）、碰穿（靠破）、枕位

如图 2-4-14 和图 2-4-15 所示。

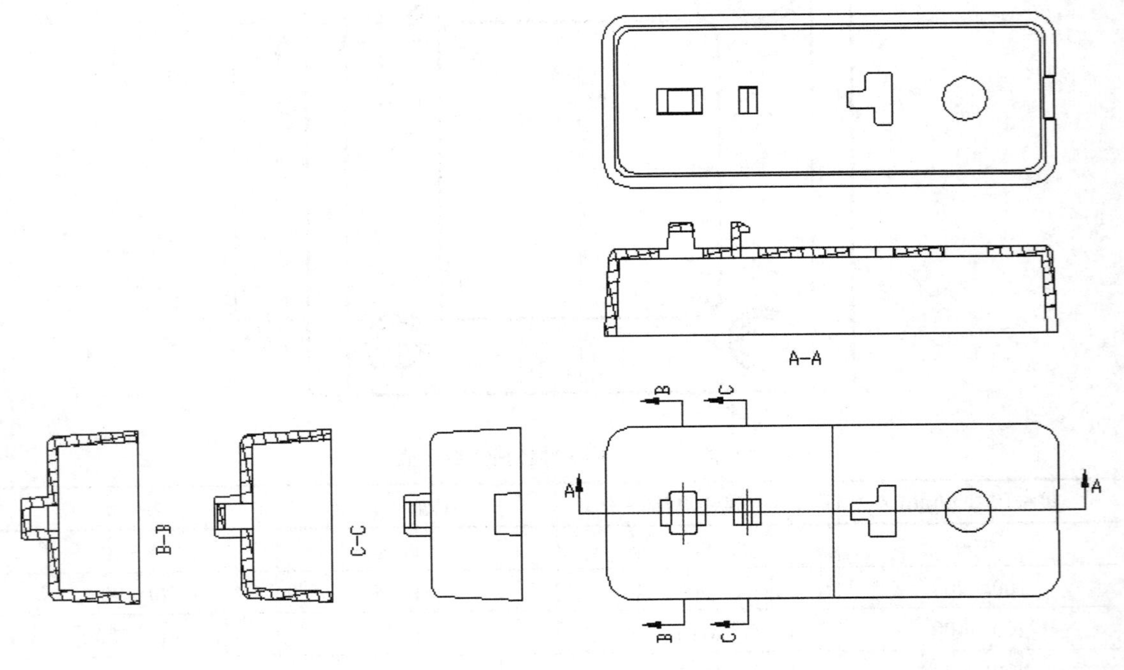

图 2-4-14　插穿、碰穿、枕位（一）

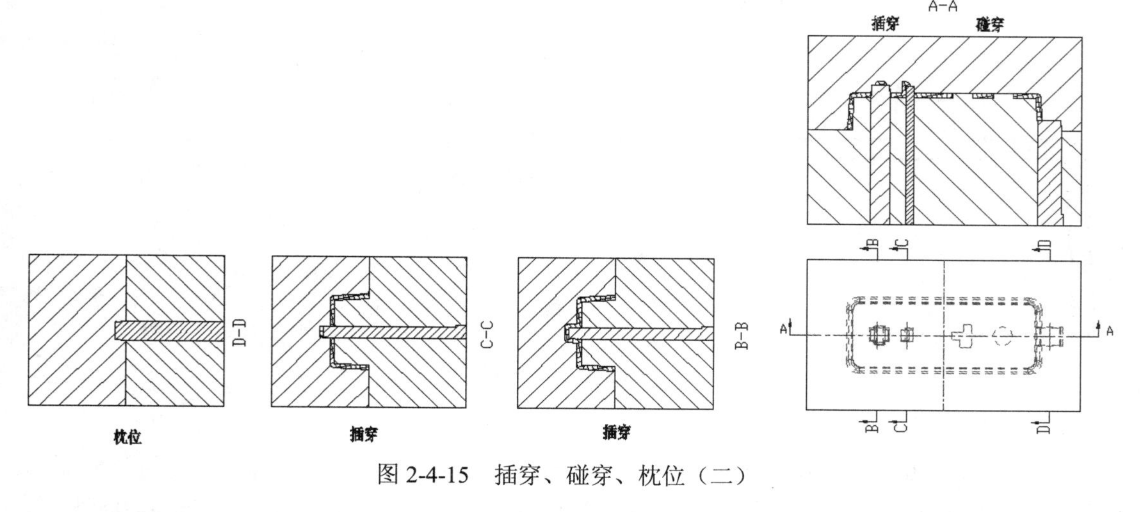

图 2-4-15　插穿、碰穿、枕位（二）

1. 碰穿

两成型零件顶面相碰封胶，成型时此处会形成产品需要的孔。两成型零件碰穿封胶的面根据产品的结构和形状，可以是平面，也可以是曲面，但尽量让碰穿面简单可靠。如图 2-4-16 所示。

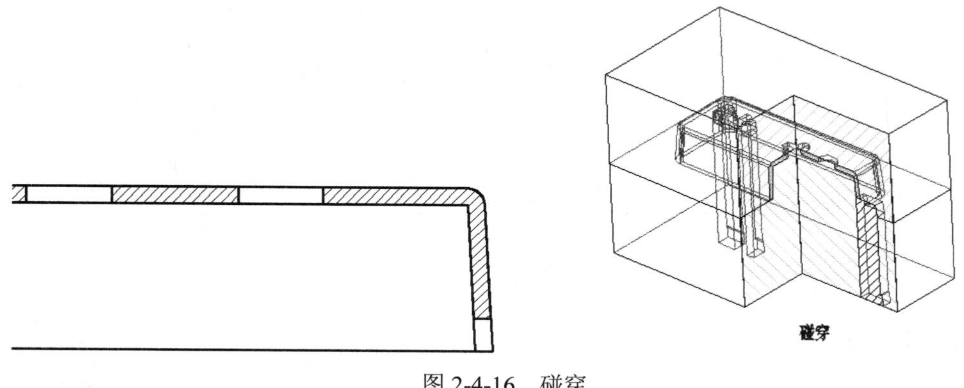

图 2-4-16　碰穿

2. 插穿

指两成型零件侧面相互贴合，成型时此处会形成产品需要的缺口。插穿面一般采用有斜度的平面，斜度越大越好，以免贴合面插烧，尽量不要采用曲面来插穿，曲面插穿会给配模带来难度。有时一个成型零件上只有一个面插穿，有时却有四个面甚至更多面插穿，插穿结构配模也比较麻烦，配模不好的话，容易产生飞边，因此，模具结构插穿面一定要有斜度。如图 2-4-17 所示。

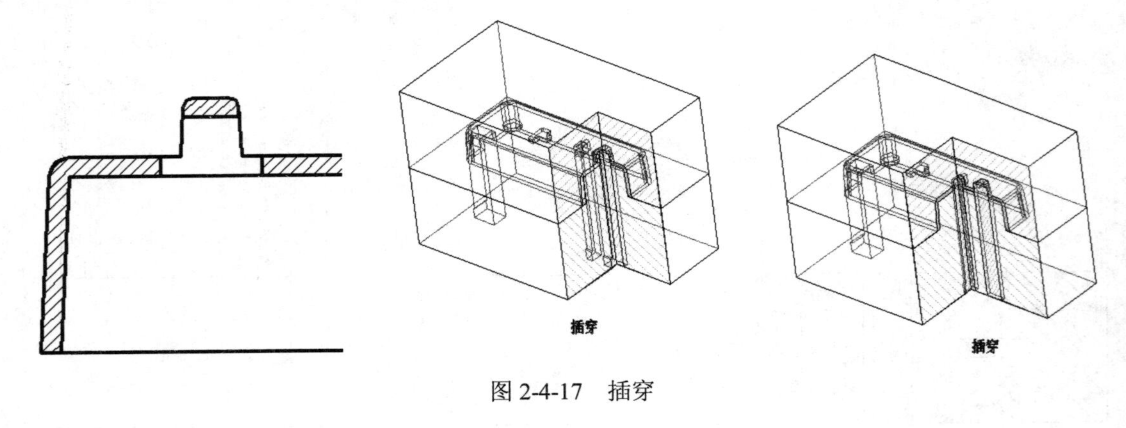

图 2-4-17　插穿

3. 枕位

枕位和插穿相似，插穿位一般在产品结构内部，而枕位一般在产品外周边的分型面上，且两成型零件多面贴合。枕位的贴合面也需要有斜度，以免贴合面插烧。如图 2-4-18 所示。

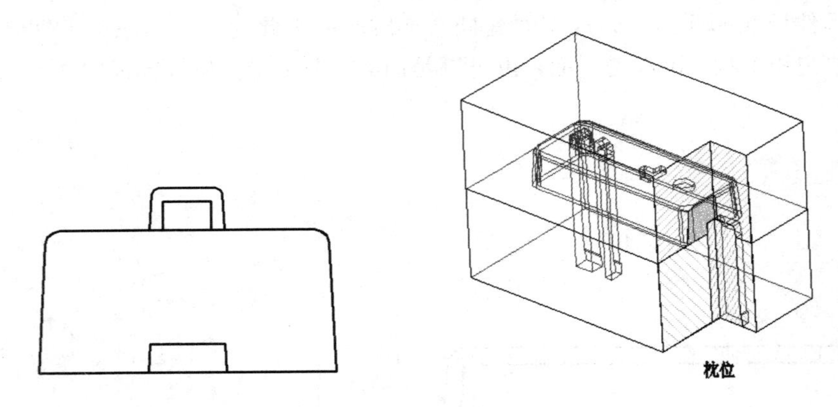

图 2-4-18　枕位

四、工作尺寸计算

成型零件的工作尺寸是指直接成型塑料制品尺寸的零件尺寸，主要分为型腔尺寸、型芯尺寸、高度或深度尺寸、孔或柱间距尺寸，还有螺纹、齿轮等成型零件的尺寸。尺寸精度的要求是每个产品都不可缺少的，有些可能要求很低，有些会要求很高，影响产品尺寸精度的因素也有很多，比如塑胶材料、成型工艺等，而成型零件的工作尺寸也是影响产品尺寸精度的重要因素之一，那么就需要根据产品的技术要求，加工出尺寸合适的成型零件，才能保证产品的尺寸精度。现在，模具基本上都是利用软件进行设计，而成型零件的工作尺寸也可以很容易地利用软件计算得出，并且直接反应在设计的模具上，但我们还是需要理解成型零件的工作尺寸是如何计算的，这样能更好地理解模具的设计。

成型零件工作尺寸主要是由产品尺寸根据所用塑料收缩率来计算的，但还要根据产品的结构和要求，考虑制造公差和磨损量，成型零件的制造公差一般按 IT6～IT7 级。收缩率的计算有两种，一种是按平均收缩率，这种计算方式比较简单，也是常用的方式；另一种是按极限收缩率，计算方式比较复杂，一般不使用。

按平均收缩率计算的方法如图 2-4-19 所示。

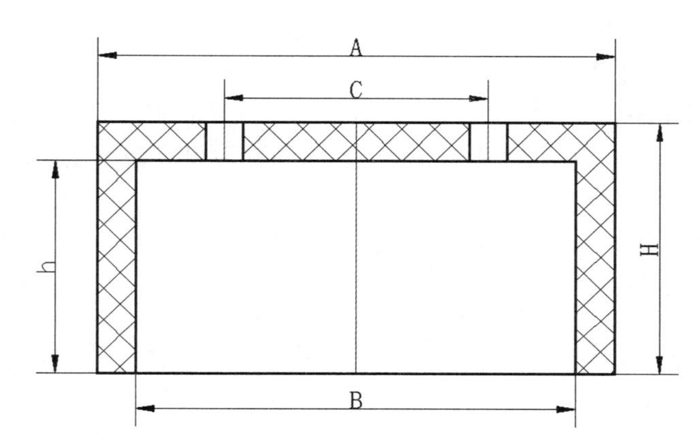

图 2-4-19　按平均收缩率计算

型腔径向尺寸公式：

$$A_m = \left(A + AS - \frac{3}{4}\Delta\right)_0^{+\delta_Z} \quad （2-4-1）$$

型芯径向尺寸公式：

$$B_m = \left(B + BS + \frac{3}{4}\Delta\right)_{-\delta_Z}^{0} \quad （2-4-2）$$

式中：A_m——模具型腔尺寸；

A——产品外表面尺寸；

B_m——模具型芯尺寸；

B——产品内表面尺寸；

S——产品平均收缩率；

Δ——产品尺寸公差（公式 2-4-1、2-4-2 中Δ的系统，尺寸精度低时取 1/3，尺寸精度高时取 2/3）；

δ_z——零件制造公差（通常取δ/3 或 IT6～IT7 级）。

型腔深度尺寸公式：

$$H_m = \left(H + HS - \frac{2}{3}\Delta\right)_0^{+\delta_Z} \quad （2-4-3）$$

型芯高度尺寸公式：

$$h_m = \left(h + hS - \frac{2}{3}\Delta\right)_{-\delta_Z}^{0} \tag{2-4-4}$$

式中：H_m——模具型腔深度；

H——产品凸出表面尺寸；

h_m——模具型芯高度；

h——产品凹槽表面尺寸；

S——产品平均收缩率；

Δ——产品尺寸公差（公式 2-4-3、2-4-4 中Δ的系数尺寸精度低时取 1/3，尺寸精度高时取 2/3）；

δ_z——零件制造公差（通常取δ/3 或 IT6～IT7 级）。

孔或柱中心距尺寸公式：

$$C_m = (C + CS) \pm \frac{\delta_z}{2} \tag{2-4-5}$$

式中：C_m——模具中心距尺寸；

C——产品中心距尺寸；

S——产品平均收缩率；

δ_z——零件制造公差。

如图 2-4-20 所示，产品材料为一般注塑级 ABS，计算该产品的成型零件工作尺寸。

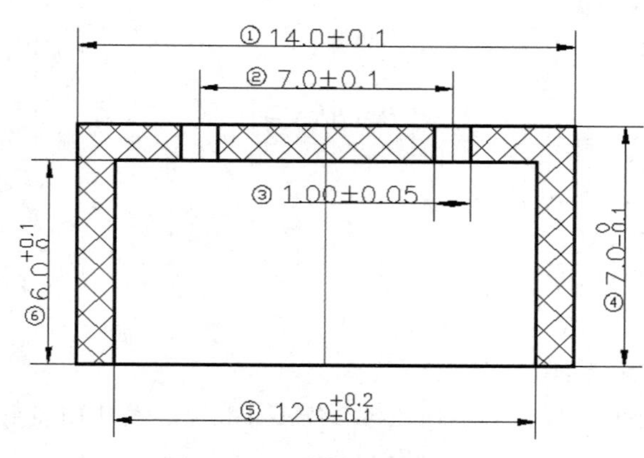

图 2-4-20　按极限收缩率计算

（1）材料收缩率

一般注塑级 ABS 材料的收缩率为 0.4%～0.7%，计算 ABS 的平均收缩率 S=(0.4%+0.7%)/2≈0.6%，每个公司生产的材料收缩率会有些许不同，但大部分是一致的，ABS 是综合性能良好的材料，收缩率也比较稳定，在工厂，ABS 一般取收缩率为 0.6%。注意，同样名称的材料，收缩率可能有很大的差距，并不是所有的材料收缩率都是利用平均值来计算的，需要根据材料生产商提供的收缩率做试验后得出，比如同样是 ABS 材料，但有一般注塑级，还有阻燃级、20%玻纤增强 ABS、30%玻纤增强 ABS 等，其收缩率是有很大区别的。

（2）产品尺寸修正

由于产品标注的尺寸并不一定都是对称公差，并且要考虑加工设备的精度、加工过程中的误差以及出现失误后如何修正更方便等因素，因此需要对产品的尺寸进行检查换算。尺寸⑤ $12.0_{+0.1}^{+0.2}$ mm 应转换为 $12.1_{0}^{+0.1}$ mm 。

（3）尺寸计算

模具制造公差 $\delta_Z = \Delta/3$

型腔尺寸计算

$$A_m = \left(A + AS - \frac{3}{4}\Delta\right)_0^{+\delta_Z} = \left(14 + 14\times0.6\% - \frac{3}{4}\times0.2\right)_0^{+\frac{0.2}{3}} \text{mm} = 13.93_0^{+0.07} \text{mm}$$

$$H_m = \left(H + HS - \frac{2}{3}\Delta\right)_0^{+\delta_Z} = \left(7 + 7\times0.6\% - \frac{3}{4}\times0.1\right)_0^{+\frac{0.1}{3}} \text{mm} = 6.97_0^{+0.03} \text{mm}$$

型芯尺寸计算

$$B_m = \left(B + BS - \frac{3}{4}\Delta\right)_{-\delta_Z}^{0} = \left(12 + 12\times0.6\% + \frac{3}{4}\times0.10\right)_{-\frac{0.10}{3}}^{0} \text{mm} = 12.15_{-0.03}^{0} \text{mm}$$

$$h_m = \left(h + hS - \frac{2}{3}\Delta\right)_{-\delta_Z}^{0} = \left(6 + 6\times0.6\% + \frac{2}{3}\times0.1\right)_{-\frac{0.1}{3}}^{0} \text{mm} = 6.10_{-0.03}^{0} \text{mm}$$

中心距尺寸计算

$$C_m = (C + CS) \pm \frac{\delta_z}{2} = (7 + 7\times0.6\%) \pm 0.2/3/2\text{mm} = 7.04 \pm 0.03\text{mm}$$

五、型腔壁厚计算

成型零部件的强度、刚度直接决定了模具的寿命。强度低，模具会变形和破裂；刚度不足，模具会产生超出允许范围的弹性变形，导致产品尺寸超差或产生飞边，因此成型零件需要有足够的厚度来保证强度和刚度，但为了节约成本，又不能过度使用，我们需要通过计算来确定成型零件的壁厚尺寸。

成型零件型腔壁厚的计算方法是通过分析模具的结构和受力情况，计算它的应力和变形量，计算时分别按强度条件和刚度条件进行，并取两者中较厚者为准。

计算过程中需要掌握一些重要的参数，以利于计算的结果更为准确。

1. 模具不会发生溢料不良

模具在注塑过程中，塑料熔体高压作用下，会使模具型腔壁塑性变形，如果变形过大将会产生溢料和飞边。而不同的塑料，流动性不同，溢料间隙也不同，表 2-4-2 列出了部分常用塑料的溢料间隙值。

表 2-4-2　不发生溢料的间隙值δ

粘度特性	塑料品种举例	允许变形值[δ]
低粘度塑料	尼龙（PA）、聚乙烯（PE）、聚丙烯（PP）、聚甲醛（POM）	≤0.025～0.04
中粘度塑料	聚苯乙烯（PS）、ABS、聚甲基丙烯甲酯（PMMA）	≤0.05
高粘度塑料	聚碳酸酯（PC）、聚砜（PSF）、聚苯醚（PPO）	≤0.06～0.08

2. 产品精度

当产品精度要求很高时，成型零件的塑性变形会影响产品的精度，因此对于产品精度要求高的模具，在成型零件承受最大压力时的变形量要小于产品公差的 1/5。

3. 产品脱模

如果成型零件最大变形量大于产品的收缩值，开模后，型腔侧壁的弹性恢复将使其紧紧包住产品，使产品脱模困难或在脱模过程中被划伤甚至破裂，因此型腔壁的最大弹性变形量应小于产品的成型收缩值。

以上三点在计算过程中需要适时地考虑。下面根据模具形状和类型的不同，简单介绍其计算方法。

1. 圆形型腔

（1）组合式圆形型腔（如图 2-4-21 所示）

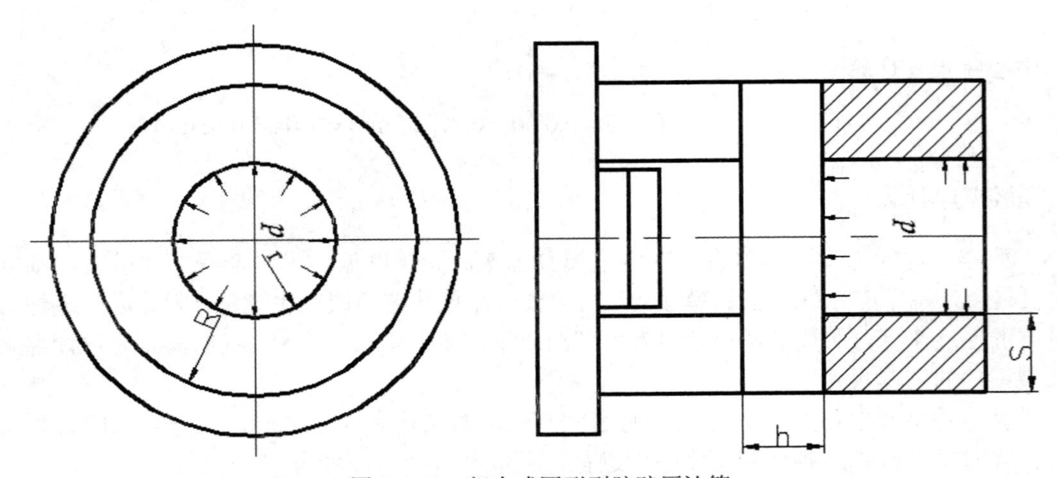

图 2-4-21　组合式圆形型腔壁厚计算

1）型腔侧壁厚度计算

①由于底部镶嵌，模具的侧壁可视为受压均匀的通孔圆筒，在注塑压力 p 作用下，侧壁

将产生内半径增长量，假设已知刚度条件（即许用变形量）[δ]，则按刚度条件计算的侧壁厚度公式为：

$$S = r\left[\sqrt{\frac{1-\mu+\frac{E[\delta]}{rp}}{\frac{E[\delta]}{rp}-(\mu+1)}}\right] \tag{2-4-6}$$

式中：S——型腔侧壁厚度；

p——型腔内压力（MPa），一般为 20～50MPa；

E——弹性模量（MPa），中碳钢 E=2.1×10^5MPa，预硬化塑料模具钢 E=2.2×10^5MPa；

r——型腔内半径（mm）；

R——型腔外半径（mm）；

μ——泊松比，碳钢取 0.25。

δ——型腔弹性变形增大量，见表 2-4-2。

②按第三强度理论推算得强度计算公式为：

$$S = r\left(\sqrt{\frac{[\sigma]}{[\sigma]-2p}}-1\right) \tag{2-4-7}$$

式中：[σ]——型腔材料的许用应力，MPa；中碳钢[σ]=160MPa，预硬模具钢[σ]=300MPa；

p——型腔内压力（MPa），一般为 20～50MPa；

r——型腔内半径（mm）。

2）型腔底板厚度计算

①按刚度计算公式为：

$$h = \sqrt[3]{0.74\frac{pr^4}{E[\delta]}} \tag{2-4-8}$$

式中：h——型腔底板厚度

p——型腔内压力（MPa），一般为 20～50MPa；

E——弹性模量（MPa），中碳钢 E=2.1×10^5MPa，预硬化塑料模具钢 E=2.2×10^5MPa；

r——型腔内半径（mm）；

δ——型腔弹性变形增大量，见表 2-4-2。

②按强度计算公式为：

$$h = \sqrt{\frac{1.22pr^2}{[\sigma]}} \tag{2-4-9}$$

式中：h——型腔底板厚度；

p——型腔内压力（MPa），一般为 20～50MPa；

r——型腔内半径（mm）；

δ——型腔弹性变形增大量，见表 2-4-2。

（2）整体式圆形型腔（如图 2-4-22 所示）

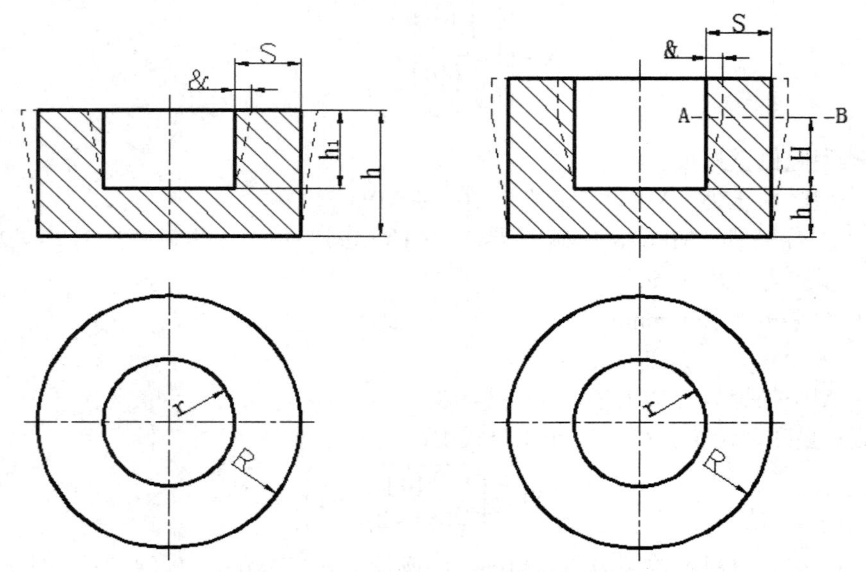

图 2-4-22　整体式圆形型腔腔壁厚计算

1）型腔侧壁厚度计算

整体式圆形型腔与组合式圆形型腔的区别在于当受高压熔体作用时，其侧壁下部受底部约束，沿高度方向向上约束减小，超过一定高度极限 AB 后，便不再约束，视为自由膨胀，即与组合式型腔计算相同，按公式（2-4-6）和公式（2-4-7）计算。

假设约束膨胀与自由膨胀的分界点为 AB 点，根据工程力学知识，分界点 AB 的高度为

$$H = \sqrt[4]{2r(R-r)^3} \quad (2\text{-}4\text{-}10)$$

式中：H——型腔侧壁临界高度（mm）；

r——型腔内半径（mm）；

R——型腔外半径（mm）。

2）型腔底板厚度计算

①按刚度计算公式为：

$$h = \sqrt{0.175\frac{pr^4}{[\delta]}} \quad (2\text{-}4\text{-}11)$$

式中：h——型腔底板厚度；

p——型腔内压力（MPa），一般为 20～50MPa；

r——型腔内半径（mm）；

δ——型腔弹性变形增大量，见表 2-4-2。

E——弹性模量（MPa），中碳钢 E=2.1×10^{5}MPa，预硬化塑料模具钢 E=2.2×10^{5}MPa；

②按强度计算公式为：

$$h=\sqrt{\frac{3pr^2}{4\sigma}} \tag{2-4-12}$$

式中：h——型腔底板厚度；

p——型腔内压力（MPa），一般为 20～50MPa；

r——型腔内半径（mm）；

$[\sigma]$——型腔材料的许用应力（MPa）；中碳钢$[\sigma]$=160MPa，预硬模具钢$[\sigma]$=300MPa。

2. 矩形型腔

（1）组合式矩形型腔侧壁厚度的计算

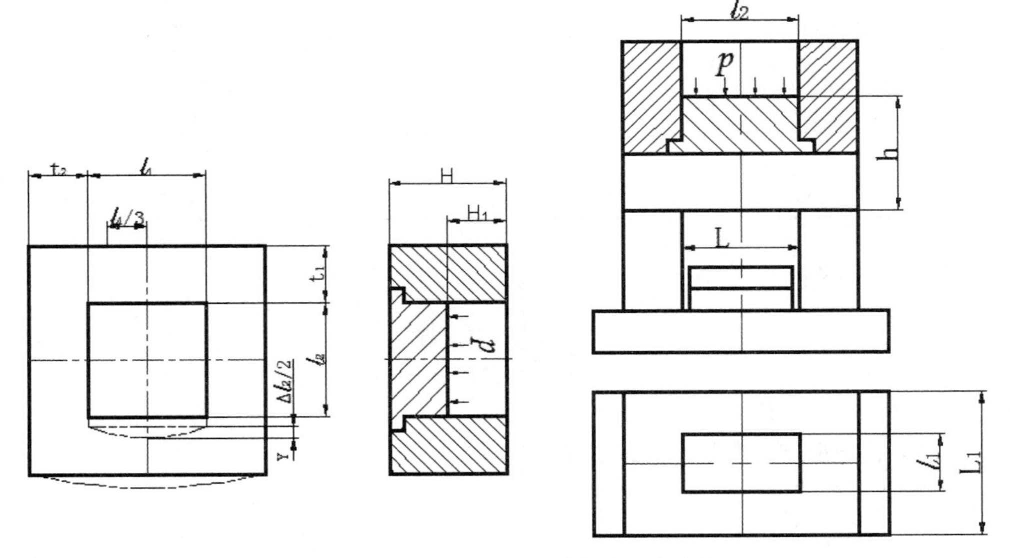

图 2-4-23　组合式矩形型腔侧壁厚度计算

①按刚度计算公式：

$$t=l_1\sqrt[3]{\frac{pl_1H_1\beta}{32EH\phi[\delta]}} \tag{2-4-13}$$

式中：t——型腔侧壁厚度（mm）；

L_1——型腔长边长度（mm）；

L_2——型腔短边长度（mm）；

P——型腔内压力（MPa），一般为 20～50MPa；

H——型腔侧壁总高（mm）；

H_1——型腔深度（mm）；

β——考虑短边影响的系数，根据型腔边长比 $a=L_2/L_1$，查表 2-4-3。

E——弹性模量（MPa），中碳钢 $E=2.1\times10^5$MPa，预硬化塑料模具钢 $E=2.2\times10^5$MPa；

ϕ——型腔弹性变形增大值，查表 2-4-3。

表 2-4-3　由矩形型腔边长比 a 确定的系数

$a=L_2/L_1$	β	γ	ϕ
0.10	1.36	0.91	0.91
0.20	1.64	0.84	0.87
0.30	1.84	0.79	0.83
0.40	1.96	0.76	0.79
0.50	2.00	0.75	0.76
0.60	1.96	0.76	0.72
0.70	1.84	0.79	0.67
0.80	1.64	0.84	0.61
0.90	1.36	0.91	0.54
1.00	1.00	1.00	0.44

②按强度计算公式：

$$h=\sqrt{\frac{p\gamma H_1 l_1^2}{2H[\sigma]}} \tag{2-4-14}$$

式中：γ——系数，见表 2-4-3。

（2）组合式矩形型腔底板厚度的计算

①按刚度计算公式：

$$h=\sqrt[3]{\frac{5pl_1L^4}{32EL_1[\delta]}} \tag{2-4-15}$$

式中：L——支架间距（mm）；

l_1——型腔长边长度（mm）；

h——型腔底部厚度（mm）；

L_1——底板总长度（mm）；

E——弹性模量（MPa），中碳钢 $E=2.1\times10^5$MPa，预硬化塑料模具钢 $E=2.2\times10^5$MPa；

δ——型腔弹性变形增大量，见表 2-4-2。

②按强度计算公式：

$$h=\sqrt{\frac{3pl_1L^2}{4L_1\sigma}} \tag{2-4-16}$$

式中：L——支架间距（mm）；

l_1——型腔长边长度（mm）；

h——型腔底部厚度（mm）；

L_1——底板总长度（mm）；

$[\sigma]$——型腔材料的许用应力（MPa）；中碳钢$[\sigma]$=160MPa，预硬模具钢$[\sigma]$=300MPa。

（3）整体式矩形型腔计算

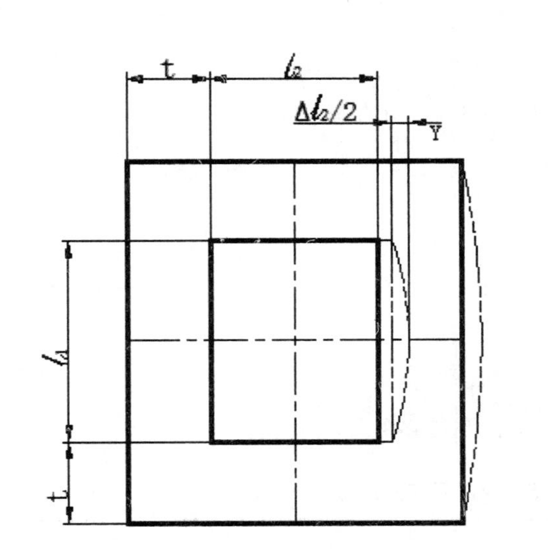

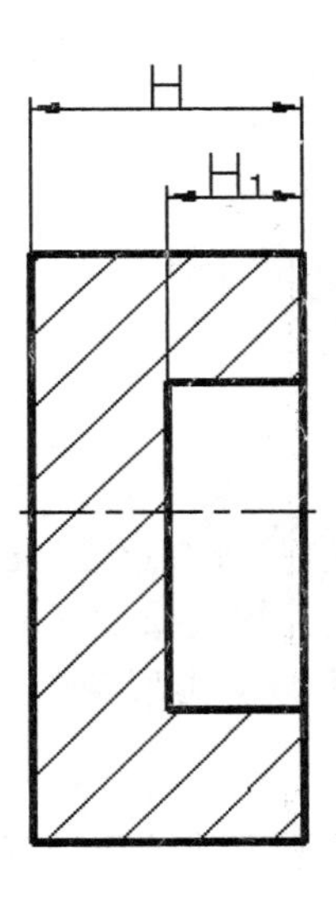

图 2-4-24　整体式矩形型腔计算

1）侧壁厚度公式（适用于型腔底部厚度为（0.25～0.3）l_1 的模具）

$$t=H_1\sqrt[3]{\frac{CpH_1}{E\varphi_1[\delta]}} \tag{2-4-17}$$

式中：t——型腔侧壁厚度（mm）；

C——系数，根据 H_1/l_1 的比，查图 2-4-25；

ϕ_1——考虑两相邻侧壁伸长量 $\Delta l_2/2$ 影响的系数，根据边长的比 a 查表 2-4-4。

表 2-4-4　系数 C 值及 W 值

H_1/l_1	0.3	0.4	0.5	0.6	0.7	0.8	0.9	1.0	1.2	1.5	2.0
C	0.930	0.570	0.330	0.188	0.117	0.073	0.045	0.031	0.015	0.006	0.002
W	0.108	0.130	0.148	0.163	0.176	0.187	0.197	0.205	0.219	0.235	0.254

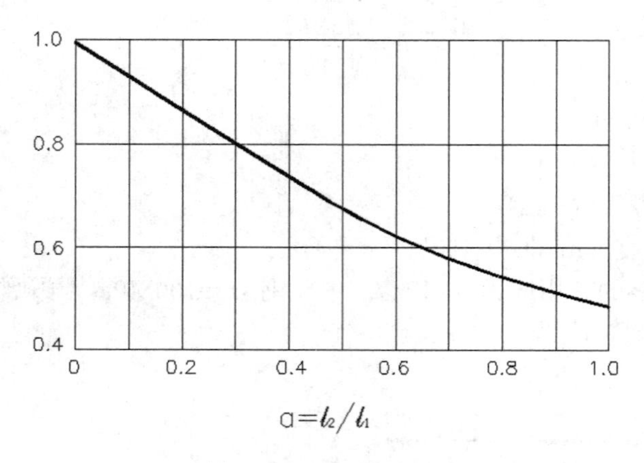

图 2-4-25　$\phi1$ 值的确定

2）底板厚度的计算

①按刚度计算公式：

$$h=\sqrt[3]{\frac{C'pl_2^1}{E[\delta]}} \tag{2-4-18}$$

式中：h——支型腔底板厚度（mm）；

l_2——型腔短边长度（mm）；

C'——系数，由型腔边长边 l_2/l_1 值查表 2-4-5。

表 2-4-5　四边固定矩形板 C′值表

l_2/l_1	C'	l_2/l_1	C'
1.0	0.0138	1.6	0.0251
1.1	0.0164	1.7	0.0260
1.2	0.0188	1.8	0.0267
1.3	0.0209	1.9	0.0272
1.4	0.0226	2.0	0.0277
1.5	0.0240		

②按强度计算公式：

$$h=\sqrt{\frac{pl_2^2}{2(1+a)\sigma}} \tag{2-4-19}$$

式中：l_2——型腔短边长度（mm）；

a——系型腔边长比，$a=l_2/l_1$。

六、材料选择

模具材料根据产品的要求不同，选择的范围还是比较大的。一般标准模架采用 45#钢（龙记 S50C、S55C）；模具镶件材料常采用 CR12、CR12MOV、P20、718、718H、738、738H、NAK80、S136、S136H、H13、SKD61、SKD11、8407 等；模具要求和产量不高的可以用 P20、718、738 等；模具要求一般可以用 NAK80、H13 等；模具有耐腐蚀、镜面要求可以用 S136；插件类模具常采用 SKD61、SKD11 等。随着模具行业的不断发展，模具材料也在不停地优化，除了以上列出的一部分常用的材料，还有许多各方面性能都很优越的材料。

模块五　推出机构

知识目标

1. 掌握一次推出机构的类型、动作原理、设计方法及注意事项。
2. 了解二次推出机构、顺序推出机构、脱螺纹机构的设计原则、动作原理及应用范围。

能力目标

1. 能读懂各类推出机构的结构图。
2. 具备设计或选择推出机构中各零件的能力。
3. 能根据产品具体结构，合理选择各类推出机构。

素质目标

1. 培养学生的专业实践能力，尤其是使学生熟悉各种推出机构、合理设计推出机构。
2. 通过教学，培养学生团队协作精神和认真对待工作的职业素养。

在注射成型的每个成型周期中，将塑料制件及浇注系统凝料从模具中脱出的机构称为推出机构，也叫顶出机构或脱模机构。注塑完毕后，动模部分在注塑机动工作台的带动下与动模部分分开，产品在收缩力和拉料杆的作用下留在动模上，当开模至一定的距离后，注塑机上的顶杆将推动模具的推板，推板带动推杆将产品从型芯上推出，如图 2-5-1 所示。产品顶出后，动模部分在注塑机动工作台的带动下合模，推杆在复位机构的作用下复位。

推出机构一般由推出部分（如图 2-5-2 中的推杆 1、拉料杆 6、推杆固定板 2、推板 5）、复位部分（如图 2-5-2 中的复位杆 8）和导向零件（如图 2 中的推板导柱 4、推板导套 3）组成。常用的推出机构有一次推出机构、二次推出机构、顺序推出机构等。

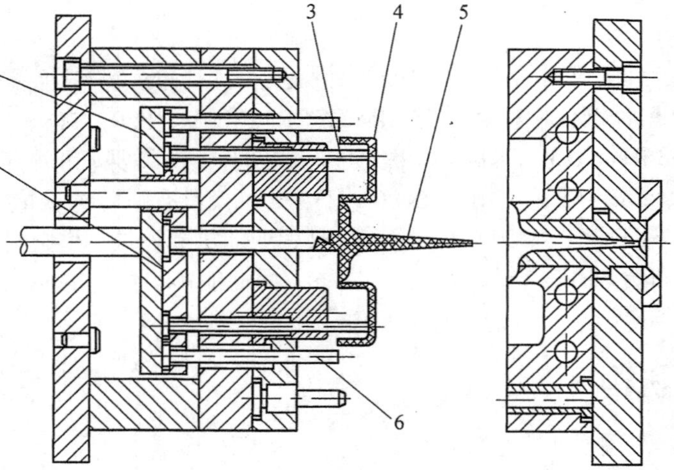

1—推板（顶针底板）；2—推杆固定板（顶针面板）；3—推杆；4—产品；5—主流道凝料；6—复位杆

图 2-5-1　推出机构示意图

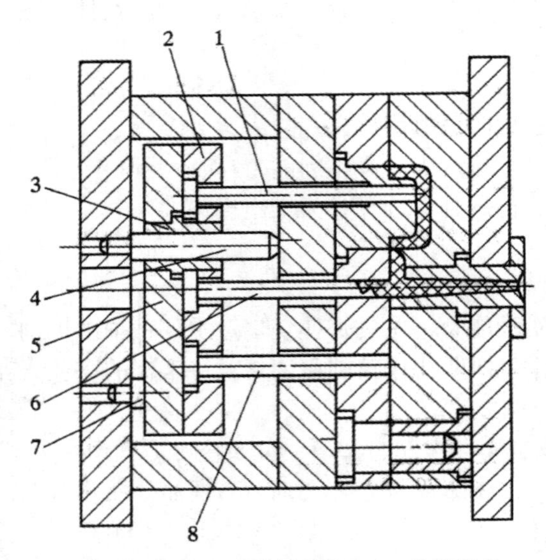

1—推杆；2—推杆固定板（顶针面板）；3—推板导套；4—推板导柱；5—推板（顶针底板）；6—拉料杆；7—支承钉；8—复位杆

图 2-5-2　单分型面注射模的推出机构

一、一次推出机构

一次推出机构又称简单推出机构，它是指开模后在动模一侧用一次推出动作完成塑件的推出。常用的一次推出机构有推杆推出机构、推管推出机构、推件板推出机构等，这类推出机构最常见，应用也最广泛。

1. 推杆

推杆推出机构是整个推出机构中最简单、最常见的一种形式。由于设置推杆的自由度较大，而且推杆截面大部分为圆形，制造、修配方便，容易达到推杆与模板或型芯上推杆孔的配合精度，推杆推出时运动阻力小，推出动作灵活可靠，推杆损坏后也便于更换，因此在生产中广泛应用。

但是因为推杆的推出面积一般比较小，易引起较大局部应力而顶穿塑件或使塑件变形，所以很少用于脱模斜度小和脱模阻力大的管类或箱类塑件。

（1）推杆的基本形式

推杆的基本形状如图 2-5-3 所示。图 2-5-3（a）为直通式推杆，尾部采用台肩固定，通常在直径大于 3mm 时采用，是最常用的形式；图 2-5-3（b）为阶梯式推杆，由于工作部分较细，故在其后部加粗以提高刚性，一般直径小于 2.5～3mm 时采用；图 2-5-3（c）为扁推杆，适合深骨位的推出，成本较高。

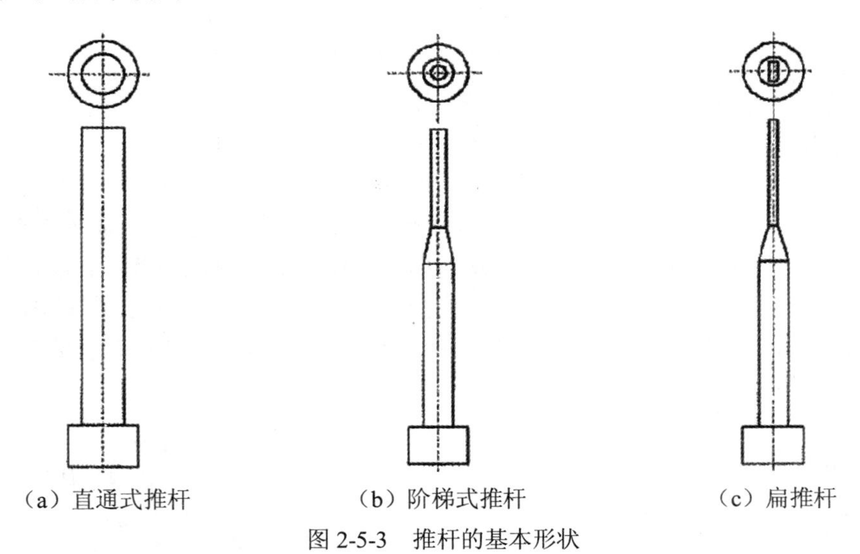

（a）直通式推杆　（b）阶梯式推杆　（c）扁推杆

图 2-5-3　推杆的基本形状

（2）推杆位置确定及注意事项

1）为使塑件在推出过程中不变形、不损坏，推出机构应均匀布置，使产品受力均匀，并尽量靠近塑料收缩包紧的型芯或难脱模的位置（如加强筋、凸台），如图 2-5-4 中的推杆 1 和推杆 2。

2）推出位置应尽量设计在塑件内部，以免损伤塑件的外观；对透明件或内部不允许有顶出痕迹的产品，推出机构可不放在产品内部，而设置在产品壁厚的下方，如图 2-5-4 中的推杆 3。

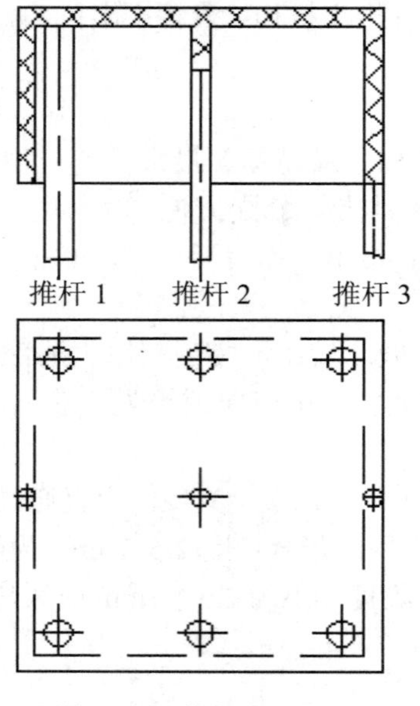

图 2-5-4　推杆位置设计

3）推出机构设置在排气困难的位置，兼起排气作用。

4）杆（顶针）孔不与冷却水道相通，否则会漏水。

5）顶出位置不是平面时，推杆（顶针）需做止转处理，防止推杆（顶针）转动或第二次装模时对不上原位。常用的止转方式有防转销止转和削边止转两种方式，如图 2-5-5 所示。图 2-5-5（a）为削边止转，*A* 面定位面与 *B* 面定位面要贴得很好，保证顶针不转动，每次装配顶针都能正确对位，不碰到型腔；图 2-5-5（b）为防转销止转，在顶针固定台阶上装止转定位钉（即防转销），推杆固定板（顶针面板）底面开一个与防转销大小一致的槽，装配时只要将止转定位钉配入止转槽内，顶针就不能转动了。

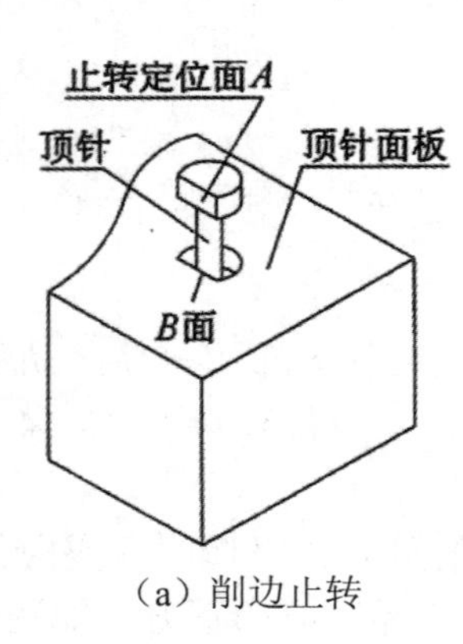

（a）削边止转

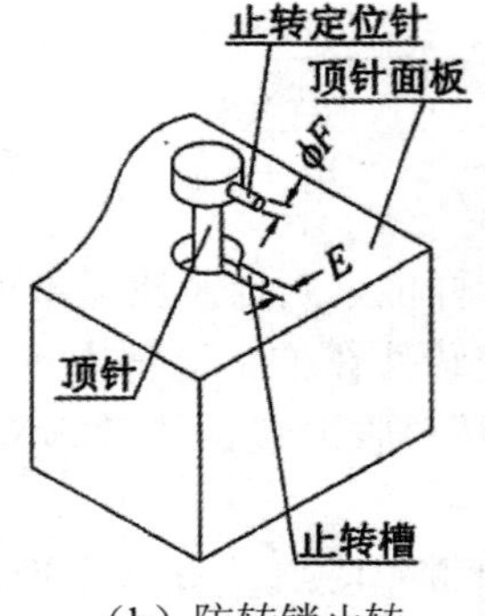

（b）防转销止转

图 2-5-5　推杆止转方式

6）为了提高模具加工效率，降低加工成本，减小推出过程中的摩擦力，设计顶针时需有避空位，如图 2-5-8 所示。

（3）推杆直径的确定

确定推杆直径首先需计算出推出力，然后再依据推杆的强度和刚度而定。

1）推出力的计算

在注射动作结束后，塑件在模内冷却定型，由于体积收缩，对型芯产生包紧力，当其从模具中推出时，就必须克服因包紧力而产生的摩擦力。对于底部无孔的筒、壳类塑料制件，脱模推出时还要克服大气压力。

开始脱模时所需的脱模力最大，其后推出力的作用仅仅是为了克服推出机构移动的摩擦力，所以计算脱模力的时候，总是计算刚开始脱模时的初始脱模力。

图 2-5-6 所示为塑件在脱模时型芯的受力分析情况。由于推出力 F_t 的作用，使塑件对型芯的总压力（塑件收缩引起）降低了 $F_t\sin\alpha$，因此，推出时的摩擦力 F_m 为：

$$F_m=(F_b-F_t\sin\alpha)\mu \tag{2-5-1}$$

式中：F_m——脱模时型芯受到的摩擦阻力，N；

F_b——塑件对型芯的包紧力，N；

F_t——脱模力（推出力），N；

α——脱模斜度；

μ——塑料对钢的摩擦系数，约为 0.1～0.3。

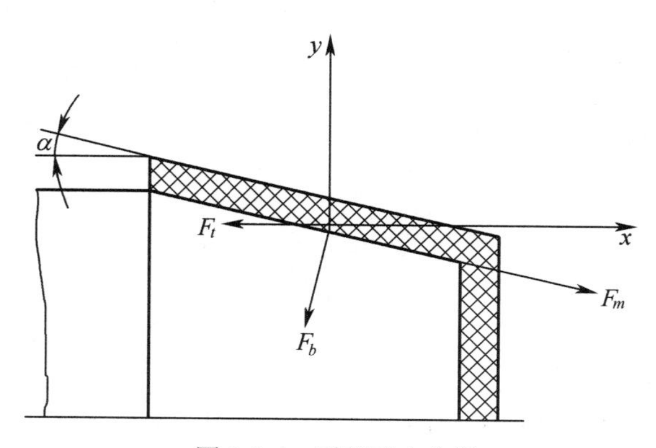

图 2-5-6 型芯受力分析

根据力平衡的原理，可列出平衡方程式：

$$\sum F_x=0$$

故

$$F_m\cos\alpha-F_t-F_b\sin a=0 \tag{2-5-2}$$

由式（2-5-1）和式（2-5-2），经整理后得：

$$F_t = \frac{F_b(\mu\cos\alpha - \sin\alpha)}{1+\mu\cos\alpha\sin\alpha} \tag{2-5-3}$$

因实际上摩擦系数μ较小，$\sin a$ 更小，$\cos\alpha$ 也小于1，故忽略 $\mu\cos\alpha\sin\alpha$，上式简化为：

$$F_t = F_b(\mu\cos\alpha - \sin\alpha) = Ap(\mu\cos\alpha - \sin\alpha) \tag{2-5-4}$$

式中：A——塑件包络型芯的面积；

P——塑件对型芯单位面积上的包紧力。一般情况下，模外冷却的塑件，p 取 24～39MPa；模内冷却的塑件，p 取 8～12MPa。

从式（2-5-4）可以看出，脱模力（推出力）的大小随塑件包络型芯的面积增加而增大，随脱模斜度增大而减小，同时也与塑料和钢（型芯材料）之间的摩擦系数有关。实际上，影响脱模力的因素很多，包括型芯的表面粗糙度、成型工艺条件、大气压力及推出机构本身在推出运动时的摩擦阻力等，在计算公式中不可能一一反映，所以以上公式只能做大概的分析和估算。

2）强度和刚度的计算

强度公式：

$$A = \frac{F_t}{n[\sigma]}$$

$$D = \sqrt{4A/\pi}$$

式中：D——推杆直径，mm；

n——推杆数目；

$[\sigma]$——推杆许用强度；

A——推杆推出段端部截面积；

F_t——推杆推出制品时的总推力。

刚度公式：

$$K_w = \eta\frac{EI}{F_t L^2}$$

式中：K_w——稳定安全系数，钢取 1.5～3；

η——稳定系数，取 20.19；

E——弹性模量，钢取 2×10^5 MPa；

L——推杆全长；

I——推杆最小截面处的抗弯截面惯性矩 $I = \pi D^2/64$。

取由强度公式和刚度公式计算出来的大值并圆整为推杆的计算直径。

（4）推杆长度确定

由图 2-5-7 可知推杆上端面与型芯上端面齐平，下端面与推杆固定板平面齐平。推杆的长度 L 等于型芯高出分型面的高度 H_1、型芯固定板的厚度 H_2、支撑板厚度 H_3、垫块高度减去推板高度（和限位钉高度）H_4 之和，即 $L= H_1+ H_2+ H_3+ H_4$

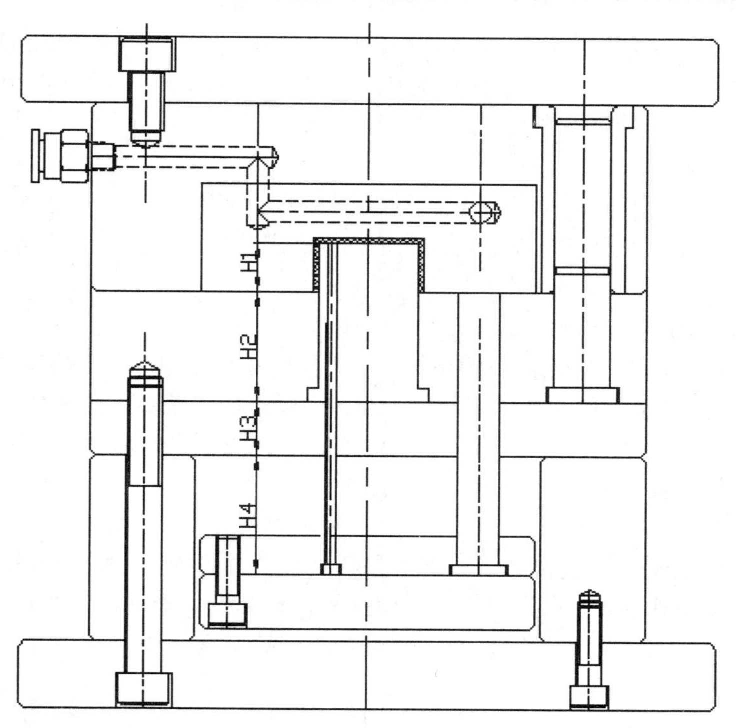

图 2-5-7 推杆长度的确定

推杆是标准件，确定长度时应在 L 计算值的基础上稍大取标准规格，然后再将标准长度推杆加工到实际需要的尺寸。

（5）推杆安装及配合

1）推杆通常采用台阶固定在推杆固定板上，直径为 d 的推杆，在推杆固定板上的孔应为 d+(0.8～1mm)，推杆台肩部分的直径常为 d+5mm，推杆固定板上的台阶孔为 d+6mm，如图 2-5-8 所示。

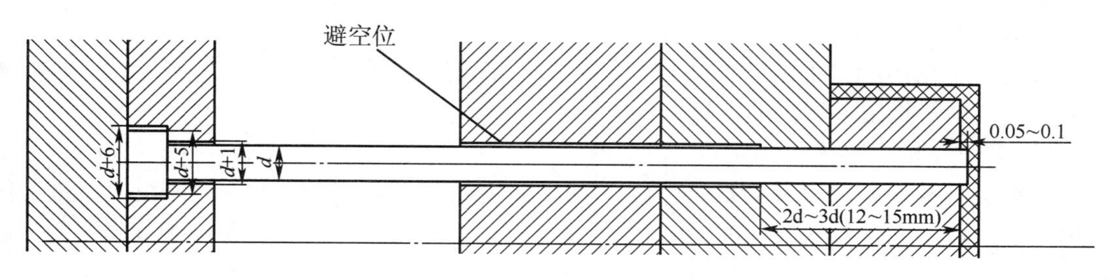

图 2-5-8 推杆安装及配合

2）推杆工作部分与模板或型芯上推杆孔的配合常采用 H8/f7～H8/f8 的间隙配合，视推杆直径的大小与不同的塑料品种而定。推杆直径大，塑料流动性差，可取 H8/f8，反之采用 H8/f7；

配合段长度视推杆直径大小而定，当 d 小于 5mm 时，配合长度取 12～15mm；当 d 大于 5mm 时，配合长度取（2～3）d；推杆工作端配合部分的粗糙度值 Ra 一般取 0.8μm。

3）推杆底部端面与推杆固定板底面平齐。

2. 推管

推管是一种空心推杆，推管推出机构适于圆筒形、环形或带有孔的塑件的推出，其推出方式和推杆相同。由于推管整个周边接触塑件，故推出塑件的力量均匀，塑件不易变形，也不会留下明显的推出痕迹。

（1）推管推出机构的结构形式

图 2-5-9（a）是最简单、最常用的结构形式，型芯固定于动模座板上。这种结构的型芯较长，但结构可靠，同时型芯可兼作推出机构导柱，多用于推出距离不大的场合，需设置复位杆。

图 2-5-9（b）是用销或键将型芯固定在支承板上（也可固定在动模板上）的结构形式，推管在方销的位置沿轴向开有长槽，长槽在方销以下的长度应大于推出距离，推管与方销的配合采用 H8/f7～H8/f8。这种结构形式的型芯较短，模具结构紧凑，但型芯的紧固力小，且要求推管与型芯和凹模间的配合精度较高，适用于型芯直径较大的模具，需设置复位杆。

图 2-5-9（c）是型芯固定在支承板上，而推管在动模板内滑动的结构形式，这种结构可使推管与型芯的长度大为缩短，但推出距离较短且凹模的厚度增加。

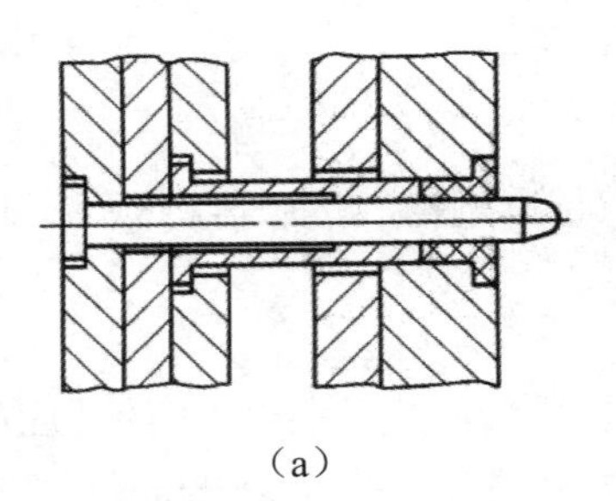

（a）

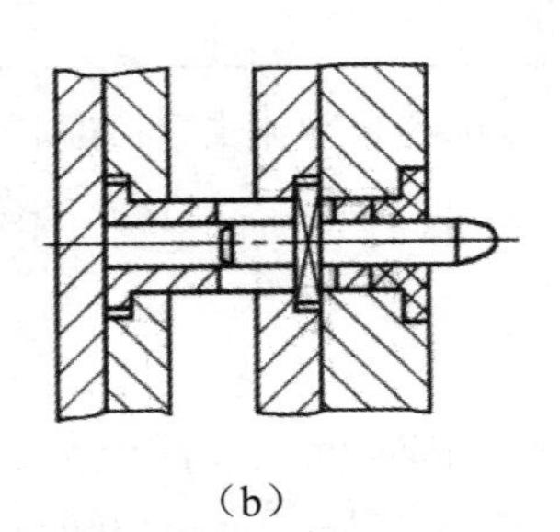

（b）

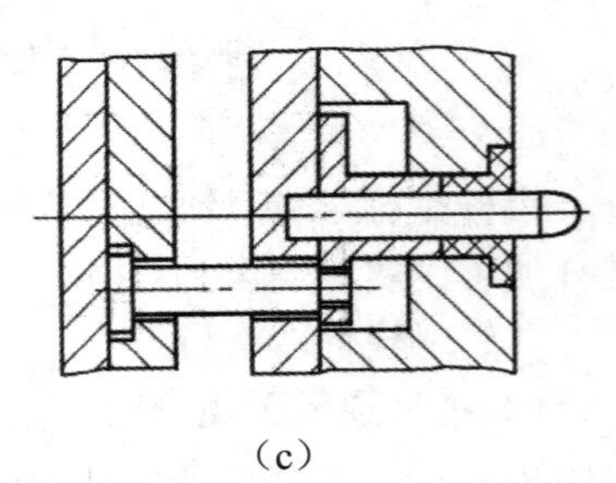

（c）

图 2-5-9　推管推出机构

（2）推管位置确定

推管是为了推出产品上的柱位而设计的，所以推管的位置就是产品柱位的位置，不具有独立性，这是推管推出最突出的特性。

（3）推管安装及配合

柱位型芯在整个推出过程中保持不动，利用无头螺钉或压板固定在动模座板上，推管固定在推杆固定板上，具体结构如图 2-5-10 所示。柱位型芯较小时常采用无头螺钉固定；型芯直径较大或在一小片范围内有多根推管时常采用压板固定。

推管的配合如图 2-5-11 所示。推管的内径与型芯的配合，当直径较小时选用 H8/f7 的配合，当直径较大时选用 H7/f7 的配合；推管外径与模板上孔的配合，当直径较小时采用 H8/f8 的配合，当直径较大时采用 H8/f7 的配合。推管与型芯的配合长度一般比推出行程大 3～5mm，推管与模板的配合长度一般取推管外径的 1.5～2 倍，推管固定端外径与模板有单边 0.5mm 的装配间隙；推管的厚度也有一定要求，一般取 1.5～5mm；推管的材料、热处理硬度要求及配合部分的表面粗糙度要求与推杆相同。

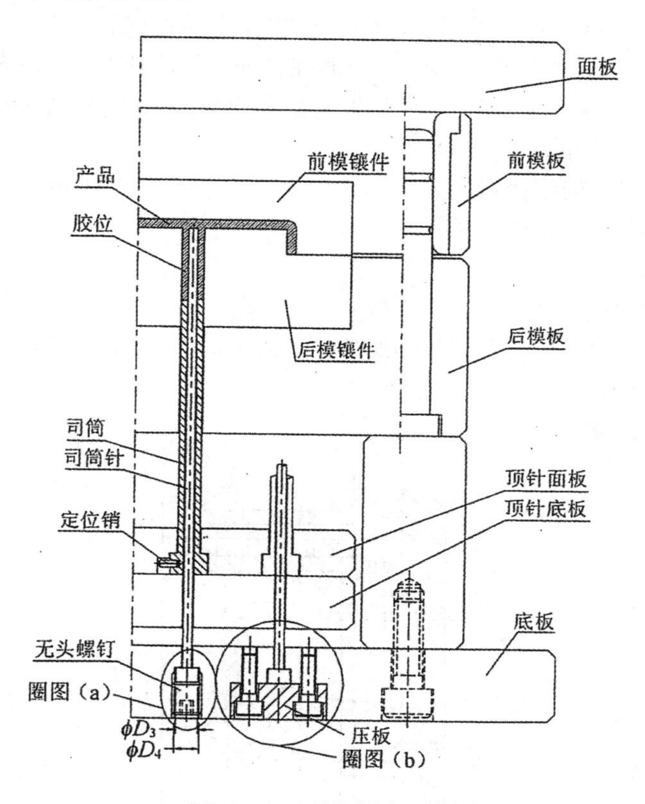

图 2-5-10　推管固定示意图

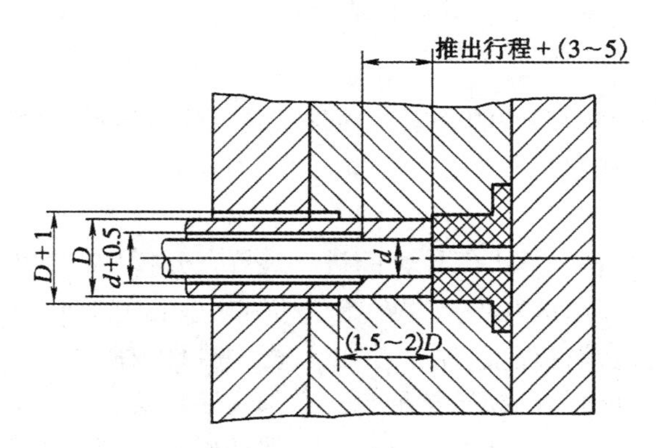

图 2-5-11　推管的配合

3. 推件板

推件板推出机构是由一块与型芯按一定配合精度相配合的模板和推杆（亦可起复位杆作用）所组成。随着推出机构开始工作，推杆推动推件板，推件板从塑件的端面将其从型芯上推出。因此，推件板推出机构的特点是推出力大，且推出力的作用面积大而均匀，运动平稳，塑件上没有推出的痕迹。推件板推出机构适用于薄壁容器、壳形塑件以及表面不允许有推出痕迹的塑料制件，但对于非圆截面的塑件，推件板与型芯的配合部分加工比较困难。

（1）推件板推出机构的形式

典型的推件板推出机构结构形式如图 2-5-14 所示。推杆与推件板用螺纹相连接的形式，防止推件板在推出过程中从导柱上脱落。

（2）推件板设计的注意事项

1）减少推件板和型芯摩擦

为了减少推出过程中推件板和型芯的摩擦，可采用如图 2-5-12 所示的结构，在推件板和型芯间留有 0.20～0.25mm 的间隙，并采用 3°～5°的锥面配合，其锥度起到辅助定位作用，防止推件板偏心而引起溢料。

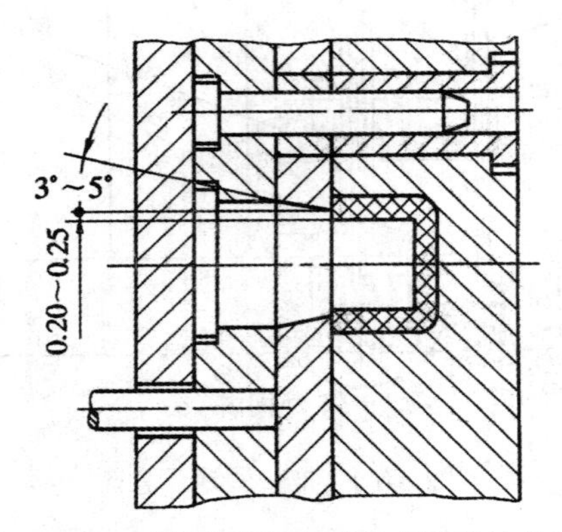

图 2-5-12　减少推件板和型芯摩擦的结构形式

2）设置进气装置

如果成型的塑件为大型深型腔的容器，并且还采用软质塑料成型，当推件板推出塑件时，在型芯与塑件中间易出现真空，从而造成脱模困难，甚至使塑件变形损坏，这时应考虑增设进气装置。

图 2-5-13 所示的结构是依靠大气压力的进气装置，开模后，推件板推出时，大气压力克服弹簧的弹力将进气阀抬起而进气，塑件就能顺利地从型芯中推出。

3）推件板与顶杆通过螺钉连接，防止推出过程中推件板脱离。

4）订购模架时，推件板与动模导柱配合孔必须安装导套。

5）推件板推出机构通常采用球形拉料杆，为保证脱模后产品不滞留在推件板上，分流道通常开设在定模型腔板上，如图 2-5-14 所示。

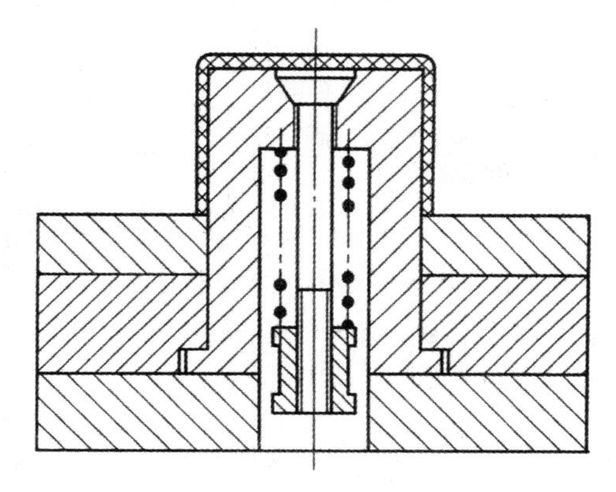

图 2-5-13　推件板推出机构的进气装置

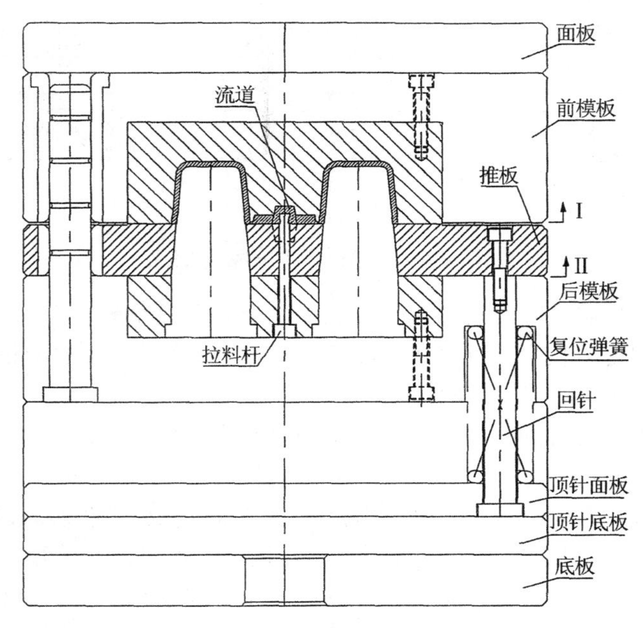

图 2-5-14　推件板推出流道开设位置

二、推出机构的导向与复位

推出机构在注射模工作时，每开合模一次，就往复运动一次，除了推杆和复位杆与模板的滑动配合以外，其余部分均处于浮动状态。推杆固定板与推杆的重量不应作用在推杆上，而应该由导向零件来支承，大中型模具尤其如此。同时，推出机构往复运动必须灵活和平稳。因此，必须设计推出机构的导向装置。推出机构在开模推出塑件后，为顺利完成下一次的注射成型，还必须使推出机构复位。

1. 推出机构的导向

推出机构的导向装置通常由推板导柱和推板导套组成，简单的模具也可以由推板导柱直接与推杆固定板上的孔组成，对于型腔简单、推杆数量少的小模具，还可以利用复位杆作为推出机构的导向。

常用的导向形式如图 2-5-15 所示。图 2-5-15（a）推板导柱固定在动模座板上；图 2-5-15（b）推板导柱的一端固定在支承板上，另一端固定在动模座板上，适于大型注射模；图 2-5-15（c）推板导柱固定在支承板上，且直接与推杆固定板上的导向孔相配合。

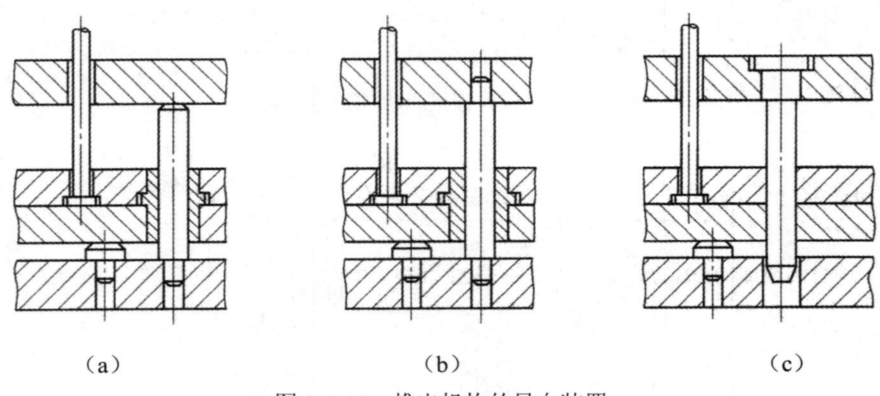

图 2-5-15　推出机构的导向装置

前两种形式的导柱除了起导向作用外，还支承着动模支承板，大大提高了支承板的刚性，从而改善了支承板的受力状况。当模具较大时，或者型腔在分型面上的投影面积较大时，最好采用这两种形式。第三种形式的推板导柱不起支承作用，适于批量较小的小型模具。对于中小型模具，推板导柱可以设置两根，而对于大型模具则需安装四根。

2. 推出机构的复位

推出机构复位最简单、最常用的方法就是在推杆固定板上安装复位杆，也叫回程杆，如图 2-5-2 中的件 8 所示。开模时，复位杆与推出机构一同推出；合模时，复位杆先于推杆与定模分型面接触，合模过程中，推出机构在复位杆的作用下与动模产生相对移动直至分型面贴合，推出机构回至原来的位置。复位杆为圆形截面，模架确定后，其位置和尺寸也相应确定了。

三、二次推出机构

有些塑件因形状特殊或生产自动化的需要，在一次推出后，塑件难以保证从型腔中脱出或不能自动坠落，这时必须增加一次推出动作，称为二次推出。为实现二次推出而设置的机构称为二次推出机构。有时为避免塑件受推出力过大，产生变形或破裂，也采用二次推出分散推出力，以保证塑件质量。下面以一简单的图例说明二次推出的工作原理和工作过程。

图 2-5-16 所示为一幅二次推出机构的模具，它是利用压缩弹簧的弹力进行第一次推出，

然后再由推板推动推杆进行第二次推出。

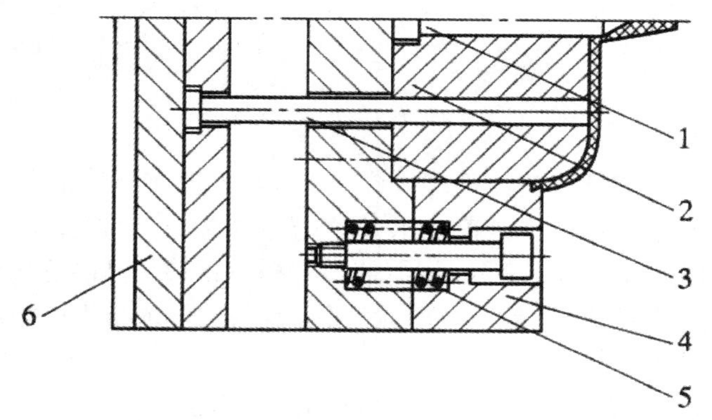

1—小型芯；2—型芯；3—推杆；4—动模板；5—弹簧；6—推板

图 2-5-16　二次推出机构

图 2-5-16 中所示的塑件，其边缘有一个倒锥形的侧凹，如果直接采用推杆推出，塑件将无法推出，采用图中的弹簧式二次推出机构，就能够顺利地推出塑件。模具闭合时，模具注射成型后打开，压缩弹簧 5 弹起，使动模板推出，将塑件脱离型芯 2 的约束，使塑件边缘的倒锥部分脱离型芯 2，如图 2-5-17 所示，完成第一次推出。模具完全打开后，推板 6 推动推杆 3 进行第二次推出，将塑件从动模板 4 上推落，如图 2-5-18 所示。

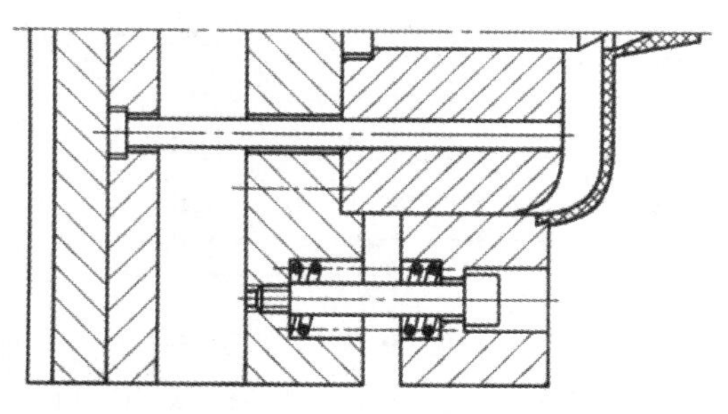

图 2-5-17　一次推出动作

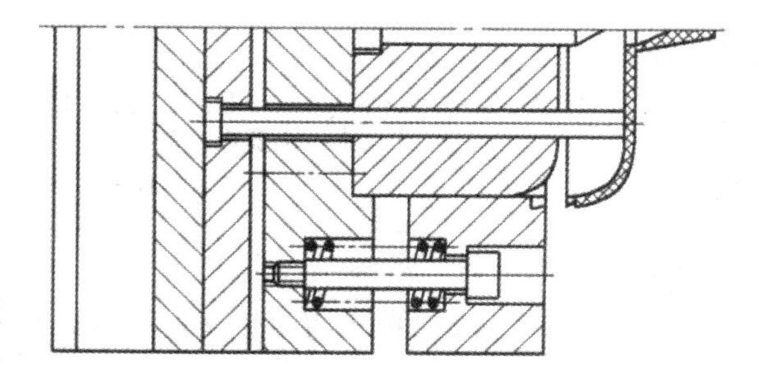

图 2-5-18　二次推出动作

上面通过一个简单的图例说明了二次推出的工作过程及原理，二次推出机构还有很多其他类型，如摆块式二次推出机构、斜楔滑块式二次推出机构、滚珠式二次推出机构、滑块式二次推出机构、液（气）压缸二次推出机构、摆钩式二次推出机构等，这里不再赘述。

四、顺序推出机构

在实际生产中，有些塑件因其结构形状特殊，开模后既有可能留在动模一侧，也有可能留在定模一侧，或者塑件就滞留在定模一侧，使塑件脱模困难。为此，需采用定、动模双向顺序推出机构。即在定模部分增加一个分型面，在开模时确保该分型面首先定距打开，让塑件先从定模部分脱出，留在动模部分。然后，模具分型，动模部分的推出机构推出塑件。下面以一简单的图例说明顺序推出过程及原理。

如图 2-5-19 所示，产品成型后，由于收缩作用，产品会包在型芯 3 上，留在定模，要想产品顺利脱出，必须在定模部分设置推出机构，如图 2-5-19 中的零件 5。

开模时，定模推板 5 在弹簧 7 的作用下，将产品从型芯 3 上刮下，使产品留在动模，然后利用动模设置的推杆 1 将产品推出。定模推板 5 移动的距离由圆柱销 8 和限位板 9 控制。

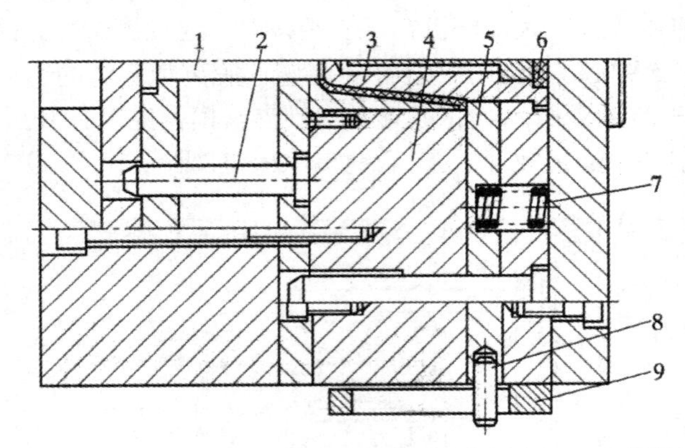

1—推杆；2—导柱；3—型芯；4—动模型腔板；5—定模推板

6—密封垫；7—弹簧；8—圆柱销；9—限位板

图 2-5-19　顺序推出机构

以上通过一个简单的图例说明了顺序推出的工作过程及原理，顺序推出机构还有很多其他的类型，如摆钩式顺序推出机构、滚轮、挂钩式顺序推出机构、滑块式顺序推出机构等，在这里就不再赘述。

五、脱螺纹机构

螺纹有外螺纹和内螺纹两种，外螺纹通常采用滑块脱螺纹，其结构与滑块侧抽芯类似；内螺纹通常采用模内旋转脱螺纹。

使用旋转方式脱螺纹，塑件与螺纹型芯之间要有周向的转动和轴向的相对移动，因此，螺纹塑件必须有止转的结构，如图 2-5-20 所示。图 2-5-20（a）在塑件外表设置凸楞止转；图 2-5-21（b）在塑件内表面设置凹槽止转；图 2-5-20（c）在塑件端面上设置凸起止转。

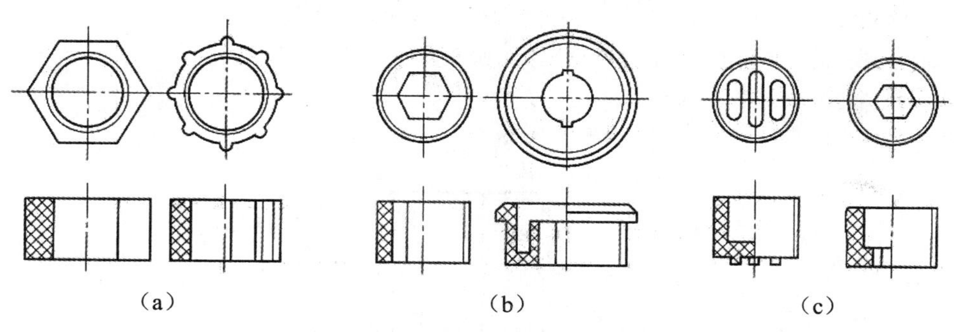

图 2-5-20　螺纹塑件的止转结构

下面以一简单的图例说明旋转脱螺纹的工作原理和过程。

如图 2-5-21 所示，开模时，安装在定模板上的齿条 1 带动齿轮 2，通过轴 3 及齿轮 4－齿轮 7 的传动，使螺纹型芯 8 按旋出方向旋转，拉料杆 9 随之转动，从而使塑件与浇注系统凝料同时脱出。塑件与浇注系统凝料同步轴向运动，依靠浇注系统凝料防止塑件旋转，使螺纹塑件脱出。设计该机构时，应注意螺纹型芯与拉料杆上的螺纹旋向相反，而螺距相等。

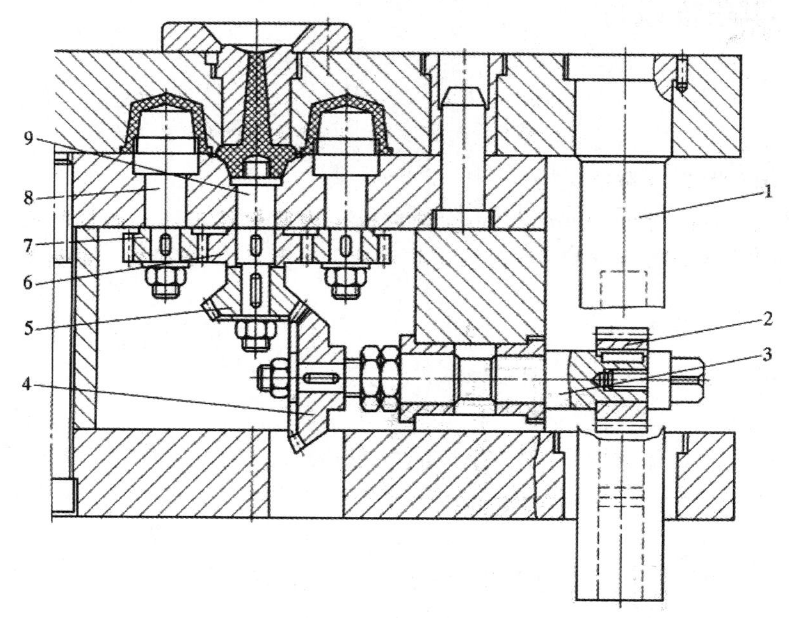

1－齿条；2－齿轮；3－轴；4、5、6、7－齿轮；8－螺纹型芯；9－拉料杆

图 2-5-21　脱螺纹机构

思考题和习题

1．一次推出机构有几种形式？各自的特点及适用场合是什么？

2．为什么要设置推出机构的复位装置？复位装置通常有哪几种类型？

3．设计如图 2-5-22 所示的顶出机构，设计要点如下：

（1）一模两腔；

（2）潜伏式浇口。

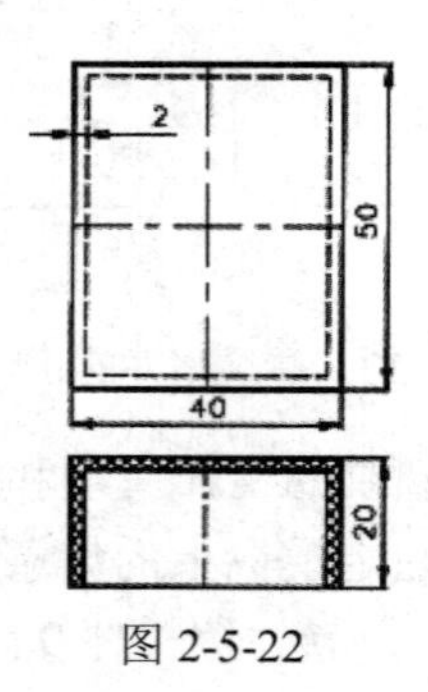

图 2-5-22

模块六　冷却系统设计

知识目标

1．了解模具温度对塑料成型的影响。

2．掌握冷却装置的结构设计，并能理论联系实际。

3．掌握冷却装置的设计要点。

能力目标

1．会分析模具温度对塑件质量的影响。

2．能够合理选择冷却装置结构。

3．能够根据产品具体结构及尺寸合理布置冷却装置。

素质目标

1．培养学生专业实践能力，使学生对专业职业能力有深入的了解，尤其使学生理解模具温度对产品质量的影响。

2．通过教学，培养学生团队协作精神和认真对待工作的职业素养。

注塑过程中，塑料熔体温度通常达到200℃以上，但产品推出时温度常常只有50℃～60℃，在短时间内满足此要求，必须对模具进行冷却。

常用的模具冷却方法有油冷却、风冷却和水冷却三种。油冷就是注塑机本身的轻油，经油泵增压后流经模具，循环流动带走热量；风冷就是通过空气压缩机压缩空气，使空气带有一定的压力，然后使之在模具中通行或直接吹到模具上进行冷却；水冷就是通过普通自来水增压后流经模具并循环流动带走热量，是最常用的冷却方法。

冷却形式通常有直接冷却和间接冷却两种。直接冷却是指冷却水直接流经需要冷却的零件；间接冷却是指冷却水没有直接流经需要冷却的零件，而是从邻近模料中流过，只能通过辐射、对流和间接传导把热量带走，冷却效果较直接冷却差很多，应尽量少用。

一、常用冷却水道形式

冷却水道的设计要依据产品的大小、深浅、模具结构的空间等，形式众多，下面介绍几种常用的冷却水道形式。

（1）直通式冷却水道

直通式冷却水道就是水道直接贯穿模板，其结构如图2-6-1（a）所示。这种水路穿过模仁，容易漏水，为防止漏水，需采用加长水嘴，水嘴的螺纹锁在模仁上。这些单独的水道也可通过外接水管串接起来，具体结构形式如图2-6-1（b）所示。

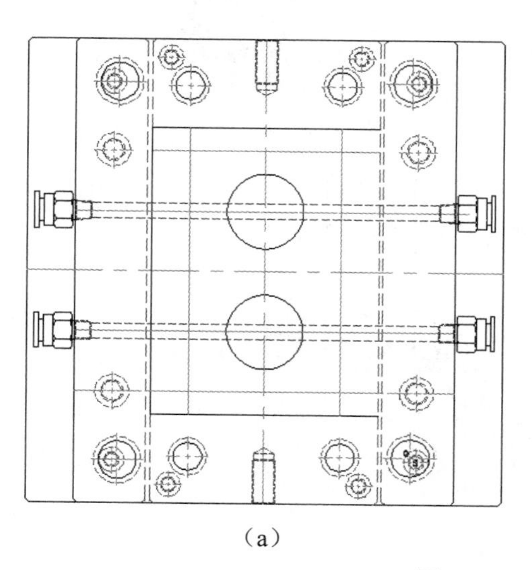

（a）

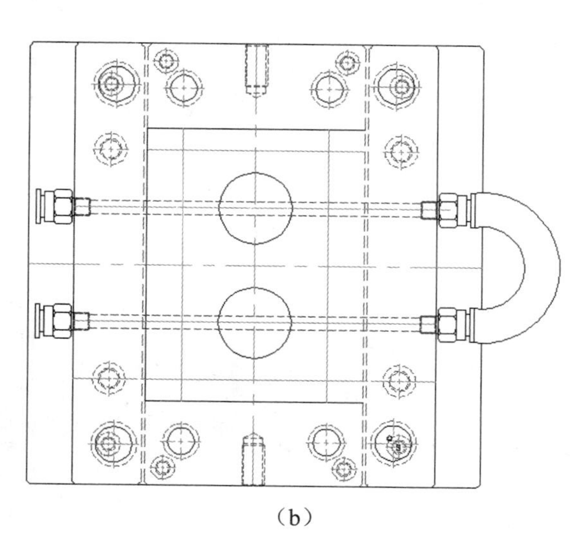

（b）

图2-6-1 直通式冷却水道

（2）单层环形冷却水道

小型模具通常采用一组环形冷却水道绕产品一周即可，具体结构形式如图2-6-2所示。

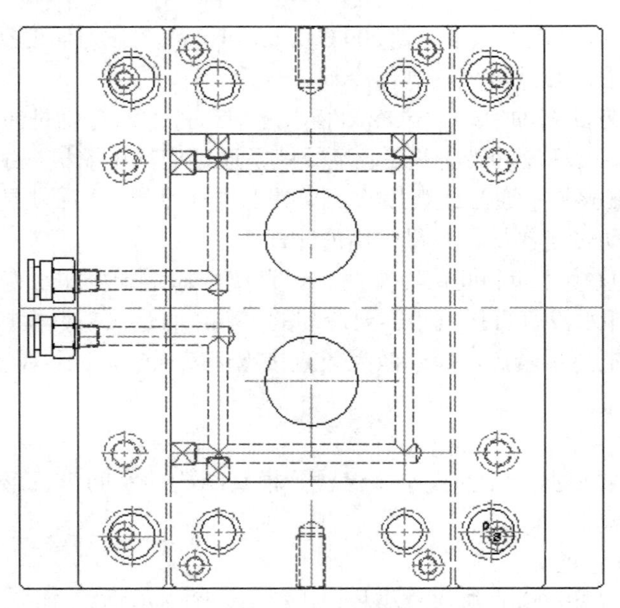

图 2-6-2　小型模具上常用的环形冷却水道

中型模具随着模具尺寸加大，仅采用一组环形冷却水道绕产品一周，冷却不够充分，所以采用两组或两组以上独立的循环水道进行冷却，具体结构形式如图 2-6-3 所示。

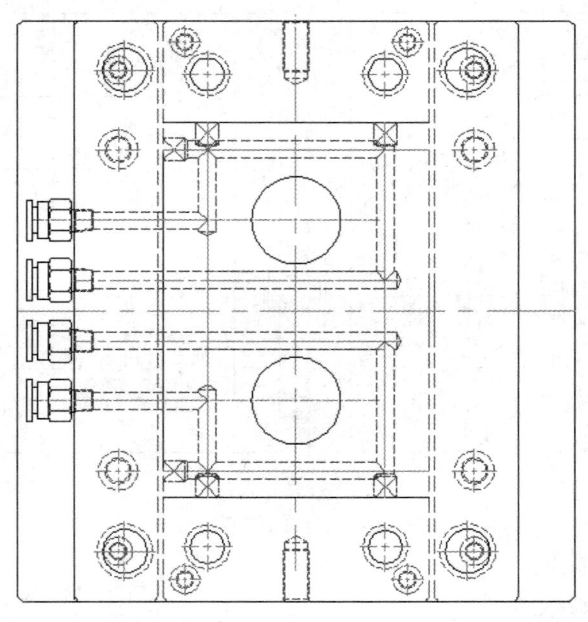

图 2-6-3　中型模具上常用的环形冷却水道

（3）多层环形冷却水道

大型深腔产品模具型腔通常采用多层冷却水道，这种冷却水道与单层环形冷却水道相似，只是多了几层，这几层水道是串接在一起的，只有一个进水口和一个出水口，具体结构形式如图 2-6-4 所示。

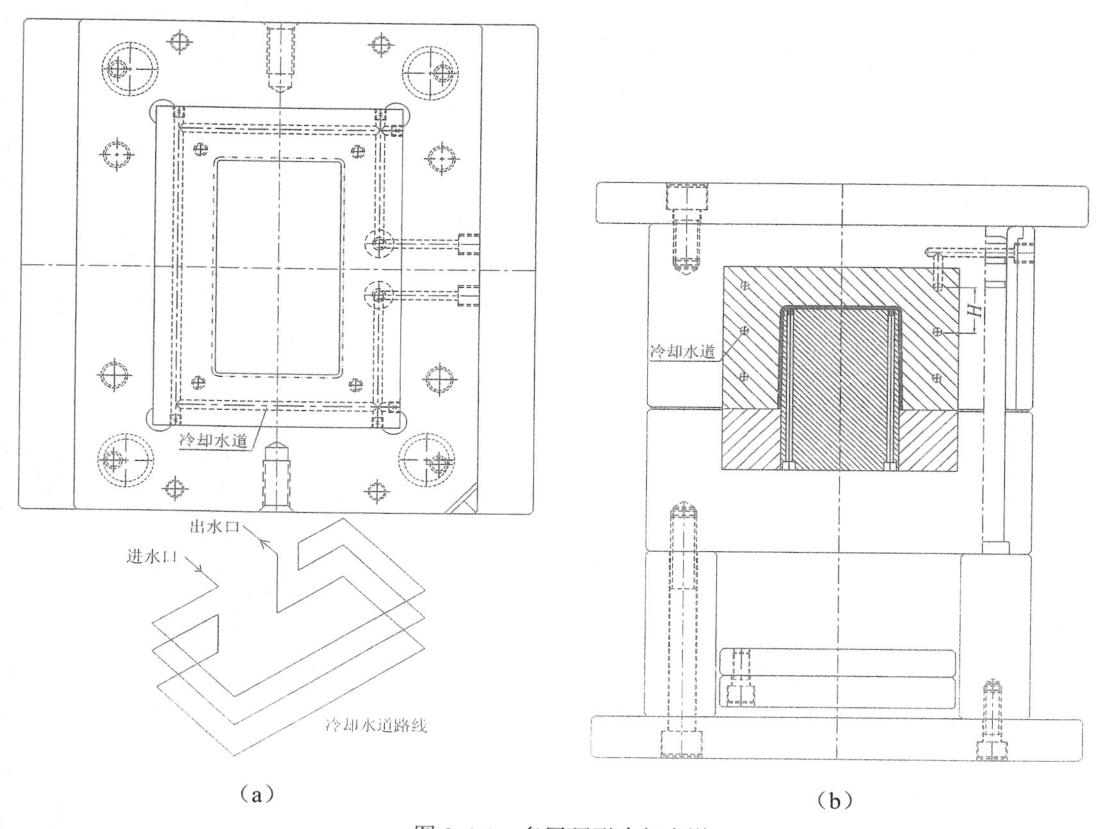

（a）　　（b）

图 2-6-4　多层环形冷却水道

（4）镶件底部环形冷却水道

镶件底部环形冷却水道通常在大型模具上使用，因为模具尺寸非常大，在模具上钻长水孔时容易断钻头，所以采用在镶件底部铣水槽，具体结构形式如图 2-6-5 所示。

（5）隔板式冷却水道

大型深型腔产品模具型芯通常采用隔板式冷却水道，这种水道就是在模仁里面挖了几个较大较深的水孔，然后用隔水片把水孔一分为二，运用小的水路把这些大水孔联通，具体结构形式如图 2-6-6 所示。

(a)

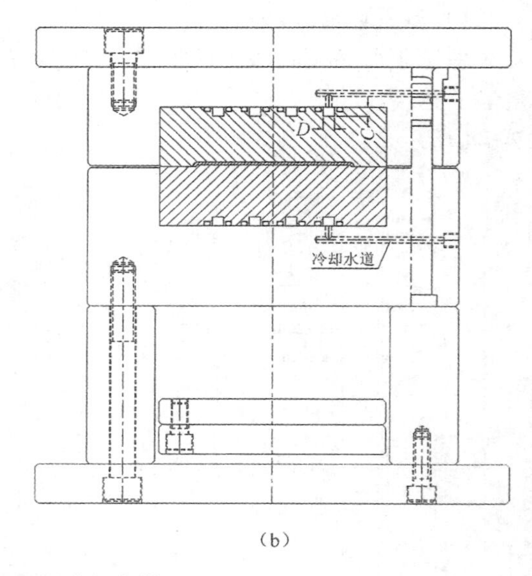

(b)

图 2-6-5　镶件底部环形冷却水道

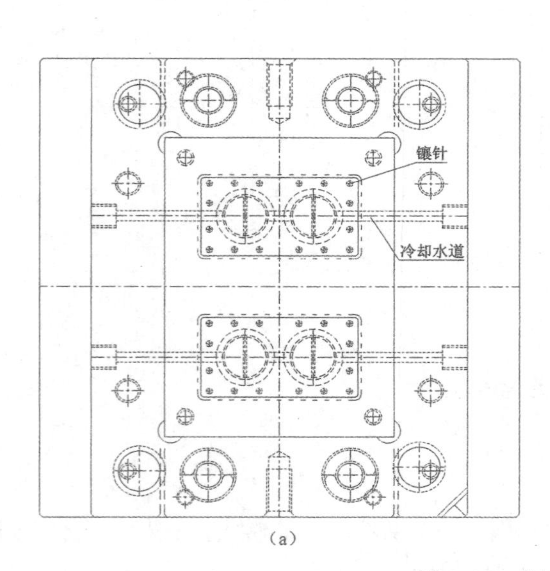

(a)

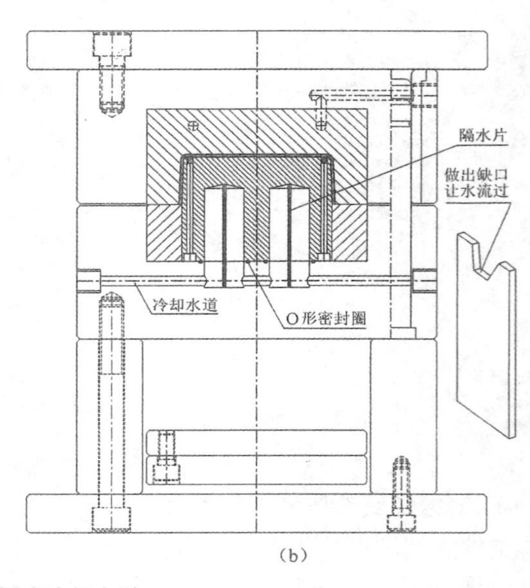

(b)

图 2-6-6　隔板式冷却水道

（6）盘旋式冷却水道

对于大型特深型腔的塑件，可在对应的镶拼件上开设螺旋槽，镶件中心钻孔，冷却水从中心孔进入，然后沿螺旋槽盘旋直至流出，在此过程中对产品进行冷却，冷却效果特别好，具体结构形式如图 2-6-7 所示。

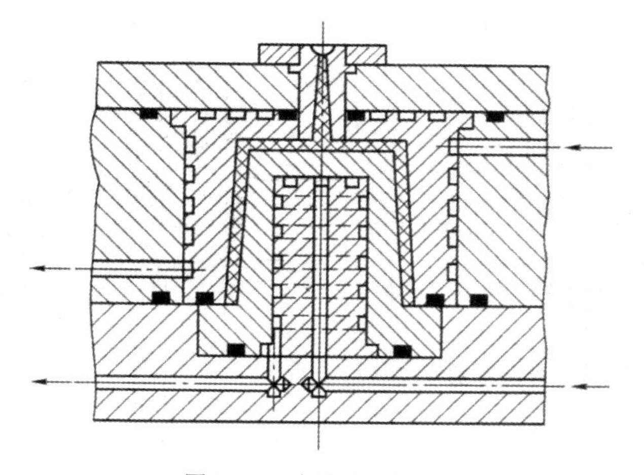

图 2-6-7　盘旋式冷却水道

（7）喷射式冷却水道

空心细长塑件需要使用细长的型芯，在细长的型芯上开设冷却水道是比较困难的。当塑件内孔相对比较大时，可采用喷射式冷却，如图 2-6-8 所示，即在型芯的中心制出一个盲孔，在孔中插入一根管子，冷却水从中心管子流入，喷射到浇口附近型芯盲孔的底部对型芯进行冷却，然后经过管子与型芯的间隙从出口处流出。

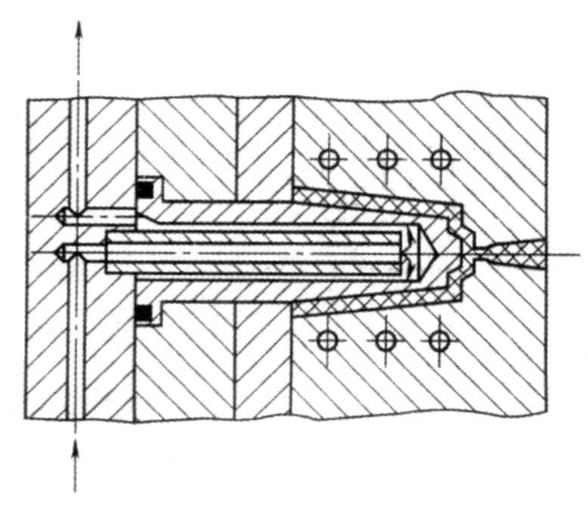

图 2-6-8　喷射式冷却水道

（8）铍铜合金冷却水道

对于型芯更加细小的模具，可采用间接冷却的方式进行冷却。图 2-6-9（a）所示为冷却水喷射在铍铜合金制成的细小型芯的后端，依靠铍铜合金良好的导热性能对其进行冷却；图 2-6-9（b）所示为在细小型芯中插入一根与之配合接触良好的铍铜合金杆，在其另一端加工出翅片，用它来扩大散热面积，提高水流的冷却效果。

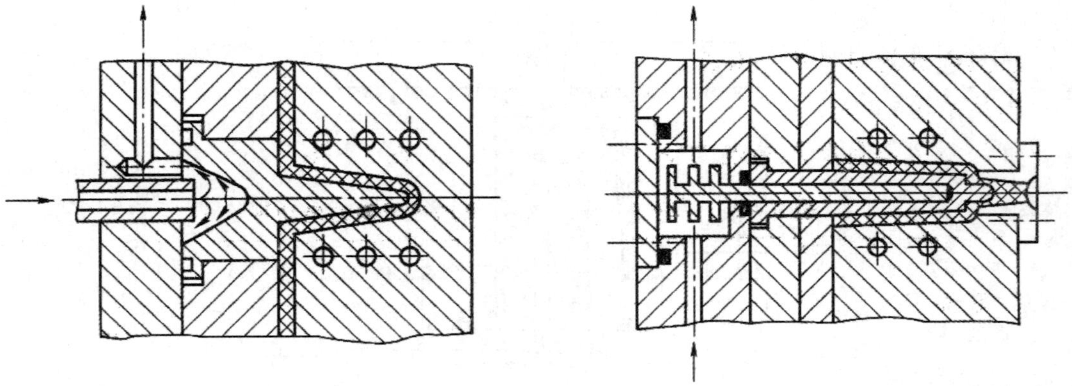

（a）　　（b）

图 2-6-9　细长型芯的间接冷却

以上介绍了冷却回路的各种结构形式，在设计冷却水道时必须对结构问题加以认真考虑，但另外一点也应该引起重视，那就是冷却水道的密封问题。模具的冷却水道穿过两块或两块以上的模板或镶件时，在它们的结合面处一定要用密封圈加以密封，以防模板之间、镶拼零件之间渗水，影响模具的正常工作。

二、冷却水道设计要点

（1）尽量减小进出水口的温差

为了缩小出入口冷却水的温差，应根据型腔形状的不同进行水道的排布。图 2-6-10（a）的形式比图 2-6-10（b）的形式要好，因为缩短了冷却水道长度，从而降低了出入口温差，加强了冷却效果。

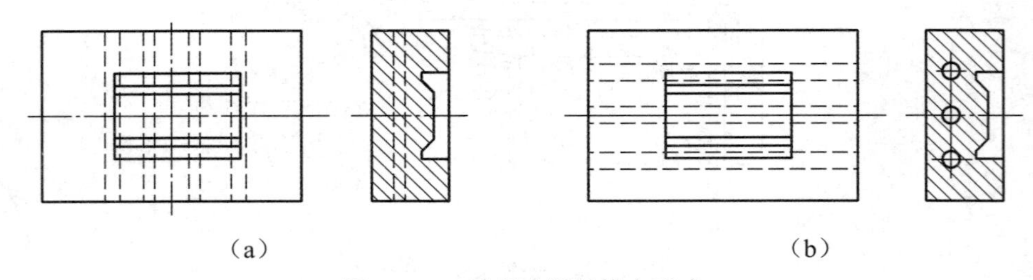

（a）　　（b）

图 2-6-10　冷却水道的排布形式

（2）冷却水道应沿着塑料收缩方向设置

对于聚乙烯、聚丙烯等收缩率大的塑料，冷却水道应尽量沿着塑料收缩的方向设置。

（3）冷却水道的布置应避开塑件易产生熔接痕的部位

塑件易产生熔接痕的地方，本身的温度就比较低，如果在该处再设置冷却水道，就会更加促使熔接痕的产生。

（4）水嘴不要安排在模具顶端或底端，通常安排在操作员的对面，即非操作侧

安装在顶端，拆装水路时，冷却水易流入型腔；安装在底端，产品顶出时，容易挂在水管上；安装在操作员侧，可能影响操作员工作，如图 2-6-11 所示。

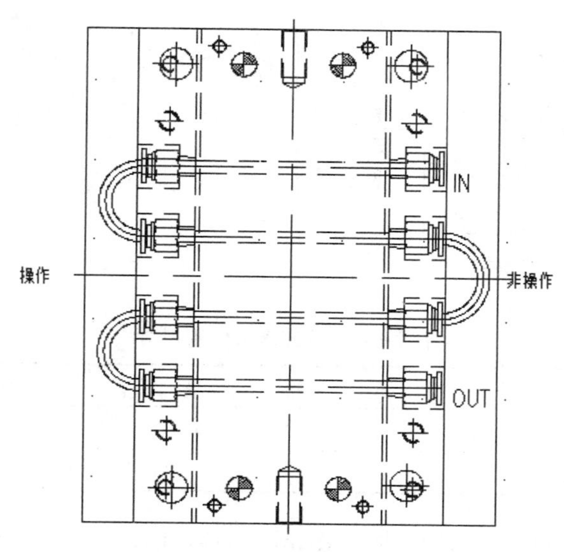

图 2-6-11 水嘴安装位置

（5）冷却水道应畅通无阻

冷却水道不能有太长死角，以免影响冷却水回流效果，如图 2-6-13 所示。

（6）冷却水道直径确定

冷却水道直径受很多因素影响，一般采用经验数值$\phi 6$～$\phi 14$mm，具体值通常根据模仁的大小确定，如表 2-6-1 所示。

表 2-6-1 冷却水道直径

模仁尺寸（mm）	冷却水道直径（mm）
小于 100	$\phi 4$～$\phi 6$，一般取$\phi 5$
100～180	$\phi 5$～$\phi 8$，一般取$\phi 6$
180～250	$\phi 6$～$\phi 10$，一般取$\phi 8$
250～320	$\phi 8$～$\phi 12$，一般取$\phi 10$
大于 320	$\phi 10$～$\phi 16$，一般取$\phi 12$

（7）冷却水道位置确定

冷却水道应沿产品均匀布置，使模具温度均匀，离产品不能太近也不能太远，太远冷却效果不佳，太近影响模具的强度，具体经验数据参见图 2-6-12 和表 2-6-2。

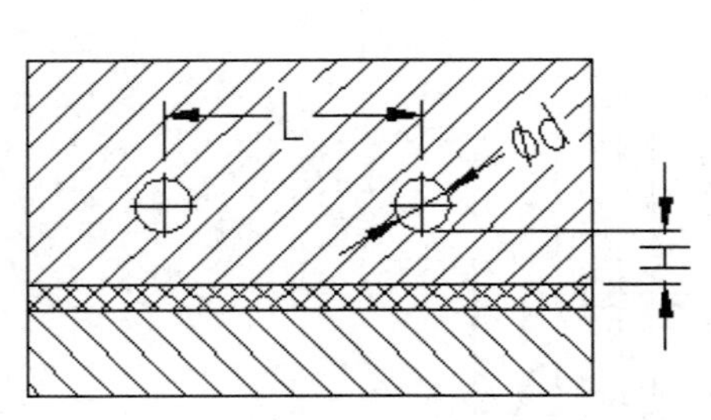

图 2-6-12　冷却水道位置 1

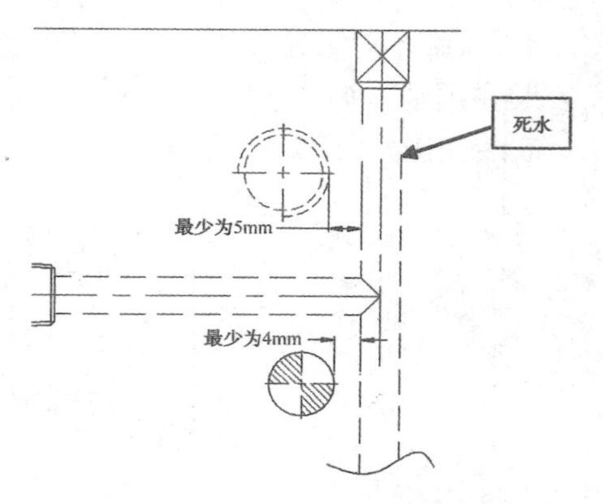

图 2-6-13　冷却水道位置 2

表 2-6-2　冷却水道位置尺寸

水道直径 d（mm）	6	8	10	12
水道间距 L（min，mm）	30	40	50	60
水道壁与产品距离 H（mm）	（1.5～2）d，一般不大于 20			

冷却水道离推杆、镶件的距离至少要 4mm，离螺钉的距离至少 5mm，如图 2-6-13 所示。考虑到扳手空间问题，A 通常取 20mm 左右，B 通常取 25mm 左右，如图 2-6-14 所示。

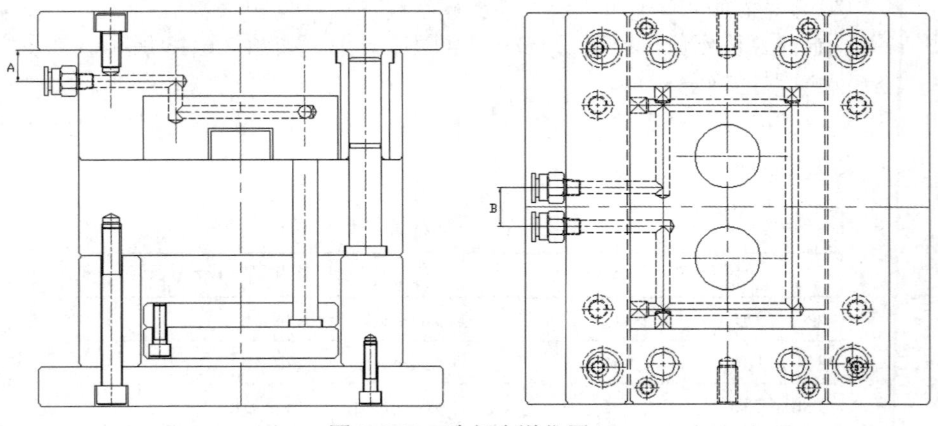

图 2-6-14　冷却水道位置 3

思考题和习题

1．在注射模中，为什么要设置冷却系统？

2．冷却水回路布置的基本原则有哪些？

3．常见冷却系统的结构形式有哪几种？分别适用于什么场合？

模块七 标准模架及标准件的选用

知识目标

1．熟悉模具结构零部件的功能。
2．掌握模架的分类及各类标准模架的应用范围。

能力目标

会合理选择合适的标准模架。

素质目标

1．培养学生，的专业实践能力，让学生会合理选择标准模架。
2．通过教学，培养学生团队协作精神和认真对待工作的职业素养。

模架是设计、制造塑料注射模的基础部件。为提高模具质量，缩短模具制造周期，组织专业化生产，我国于1990年由国家技术监督局批准实施《塑料注射模中小型模架》和《塑料注射模大型模架》等国家标准。

为适应大规模成批量生产塑料成型模具、提高模具精度和降低模具成本，模具的标准化工作是十分重要的。注射模具的基本结构有很多共同点，所以模具标准化的工作现在已经基本形成。市场上有标准件出售，这为制造注射模具提供了便利条件。

1．标准模架介绍

（1）模架类型

1）基本型

基本型分为A_1、A_2、A_3、A_4共四种，如图2-7-1所示。模架的组成、功能及用途见表2-7-1。

表2-7-1 基本型模架的组成、功能及用途

型号	组成、功能及用途
A_1型	定模采用两块模板，动模采用一块模板，无支承板，推杆或推管推出。适用于单分型面模具，可设计成多种浇口形式的单型腔或多型腔注射模
A_2型	定模和动模均采用两块模板，有支承板，推杆或推管推出。适用于单分型面模具，可设计成多种浇口形式的单型腔或多型腔注射模，还可设计成斜导柱侧抽芯注射模
A_3、A_4型	A_3型定模采用两块模板，动模采用一块模板，无支承板，采用推件板推出机构。 A_4型定模和动模均采用两块模板，有支承板，采用推件板推出机构。 A_3、A_4型均适用于成型薄壁壳形塑件，以及塑件表面不允许留有推杆痕迹塑件的注射模具

注：根据使用要求选用导向零件和安装形式。

A_1 型

A_2 型

A_3 型

A_4 型

图 2-7-1　基本型中小型模架

2）派生型

派生型分为 P_1～P_9 共 9 个品种，如图 2-7-2 所示，其模架的组成、功能及用途见表 2-7-2。

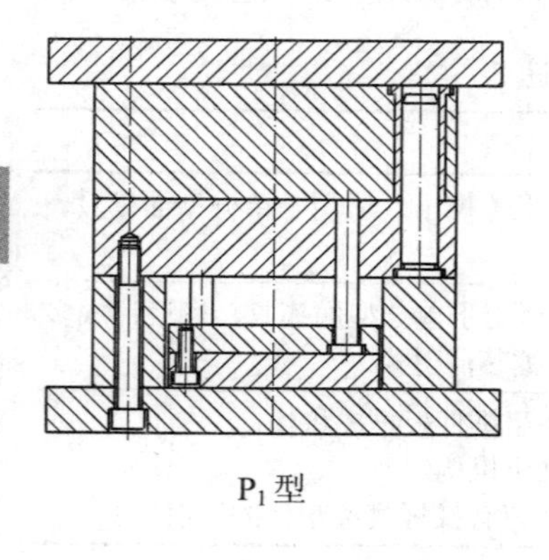

P_1 型

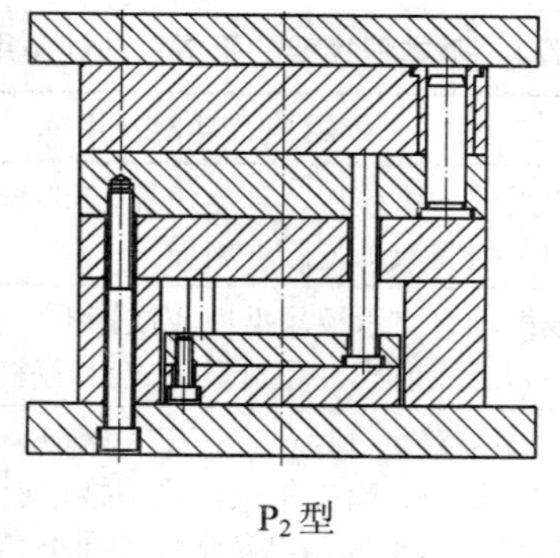

P_2 型

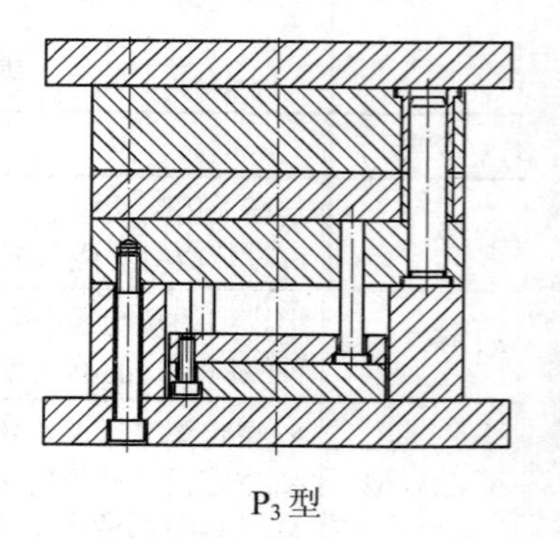

P_3 型

图 2-7-2　派生型中小型模架

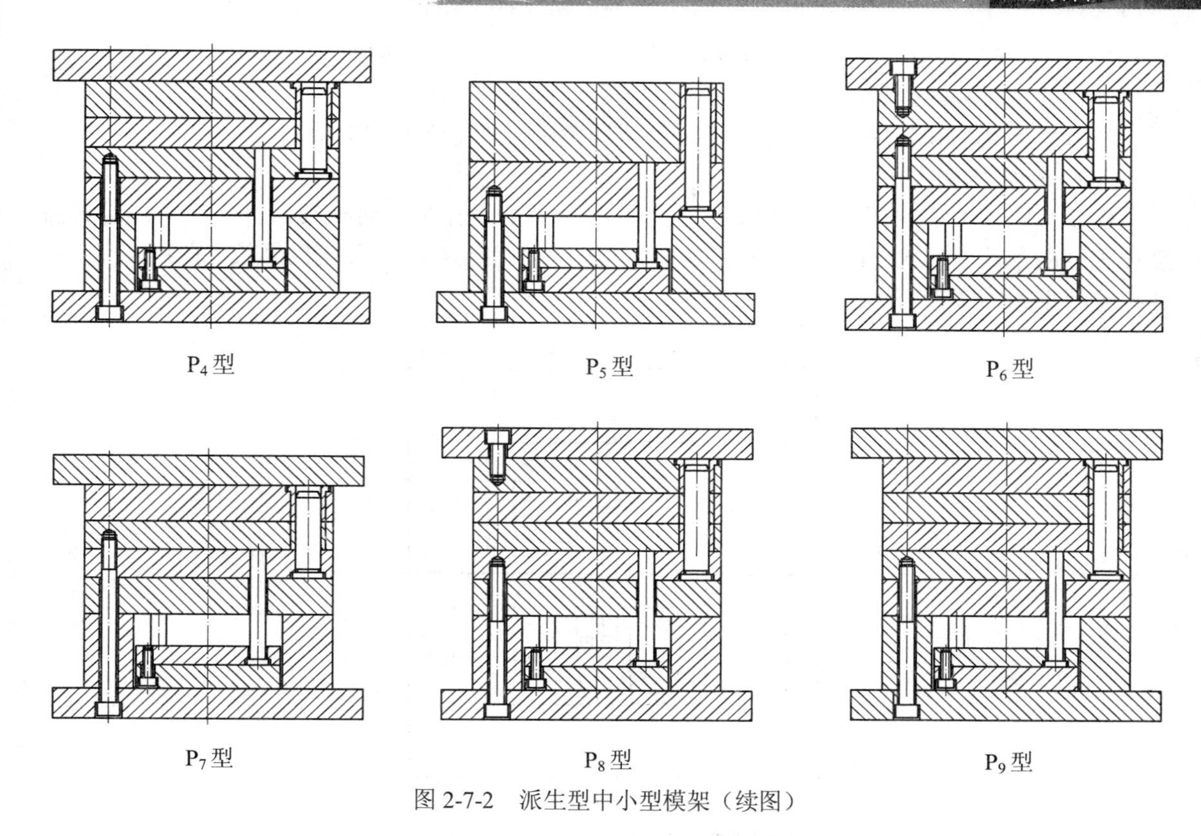

图 2-7-2　派生型中小型模架（续图）

表 2-7-2　派生型模架的组成、功能及用途

型号	组成、功能及用途
P_1～P_4型	P_1～P_4型由基本型 A_1～A_4对应派生而成，结构形式上的不同点在于去掉了 A_1～A_4型定模板上的固定螺钉，使定模部分增加了一个分型面，多用于点浇口形式的注射模
P_5型	由两块模板而成，主要适用于直接浇口、简单整体型腔结构的注射模
P_6～P_9型	其中 P_6与 P_7，P_8与 P_9是互相对应的结构，P_7和 P_9相对应于 P_6和 P_8只是去掉了定模座板上的固定螺钉。这些模架均适用于复杂结构的注射模，如定距分型自动脱落点浇口式注射模等

注：派生型 P_1～P_4型模架组合尺寸系列和组合要素均与基本型相同，其模架结构以点浇口、多分型面为主，适用于多动作的复杂注射模。

（2）模架代号

以 SC1530A60B70C90 为例说明模架代号的含义。

SC 为模架厂家的代号；1530 为模具的宽×长是 150mm×300mm；A60 为型腔板的厚度是 60mm；B70 为型芯板的厚度是 70mm；C90 为垫块的高度是 90mm。

2. 标准模架选型

（1）确定模架的类型

结合模具结构和各种标准模架的特点及适用范围，确定模架的类型。

（2）确定模架大小

模架大小主要取决于塑件的结构、大小、型腔数目及排位，对模具而言，在保证足够强度和刚度的条件下，结构越紧凑越好。确定模架的大小主要是确定各模板的长、宽和高度。具体经验数据如图 2-7-3 所示。

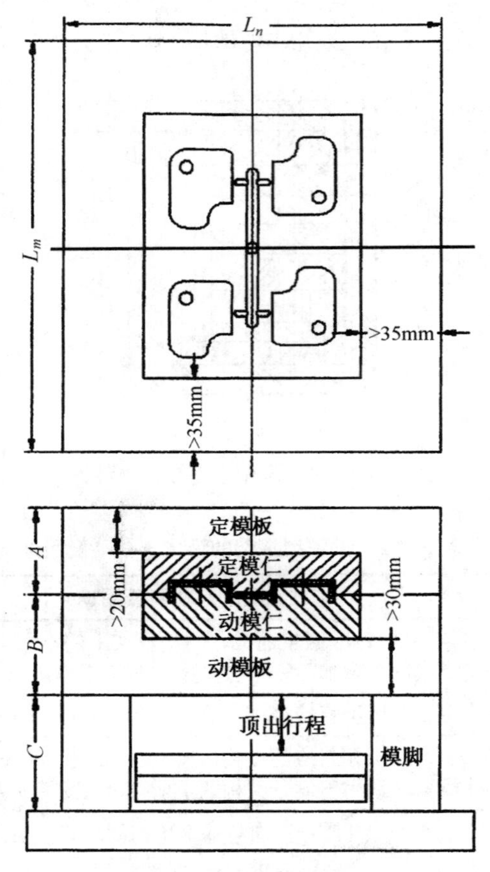

图 2-7-3　模架经验数据

1）模仁与模板之间安装有复位杆、导柱导套、螺钉等零件，所以模仁边缘到模板边缘之间的距离不小于 35mm，常取 50mm 以上；

2）定模仁底面到定模板底面之间有冷却水道通过，考虑到模板的强度，定模仁底面到定模板底面之间的距离不小于 20mm，常取 30mm 以上；定模仁嵌入到定模板里面的厚度不得超过定模板厚度的三分之二；

3）动模仁底面到动模板底面之间有冷却水道通过，考虑到模板的强度，所以动模仁底面到动模板底面之间的距离不小于 30mm，常取 35mm 以上；动模仁嵌入到动模板里面的厚度不得超过动模板厚度的三分之二；

4）顶出行程=产品的总高度+（10～20）mm 的最小安全量；垫块高度 C=顶出行程+推杆固定板和推板厚度+5mm。

结合上述经验数据和前面讲的模具排位，很容易计算出模架的尺寸，再对照标准模架尺寸选择模架大小。

（3）校核

模架初步选定后，还需校核一些参数，如模具厚度、拉杆间距等。

模架选定后各模板的厚度就已知了，模具总厚度 H 就确定了，H 应在注塑机最大模厚和最小模厚之间；模架外形尺寸应至少有一边小于注射机拉杆的间距，方便模具在注塑机上的安装。

3. 标准模架选型案例分析

如图 2-7-4 所示的塑件，一模两腔，请选用合适的模架。

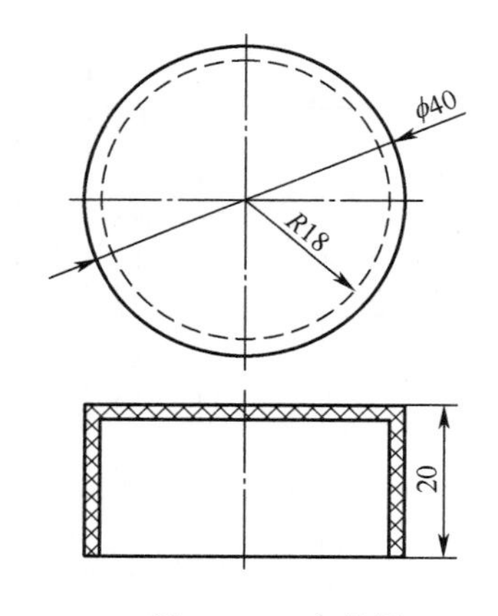

图 2-7-4　产品图

该产品采用单分型侧浇口推杆推出模具成型，所以选 A_1 或 A_2 型模架。

（1）根据排位设计的经验数据，取两型腔之间的间距为 25mm。

（2）根据图 2-7-3 所示的经验数据，并结合冷却水道的布局和产品尺寸，取定模仁的长、宽、高分别为 120mm、155mm、40mm；动模仁的长、宽、高分别为 120mm、155mm、40mm；A 板的高度取 80mm；B 板的高度取 60mm。

（3）为了保证产品顺利推出，推出行程（垫块的高度-推杆固定板的高度-推板的高度）必须大于产品包紧型芯的高度，故取垫块高度 C 为 70mm。

综上分析，取模架长度为 200mm，宽度为 250mm。各模板的尺寸如图 2-7-5 所示。

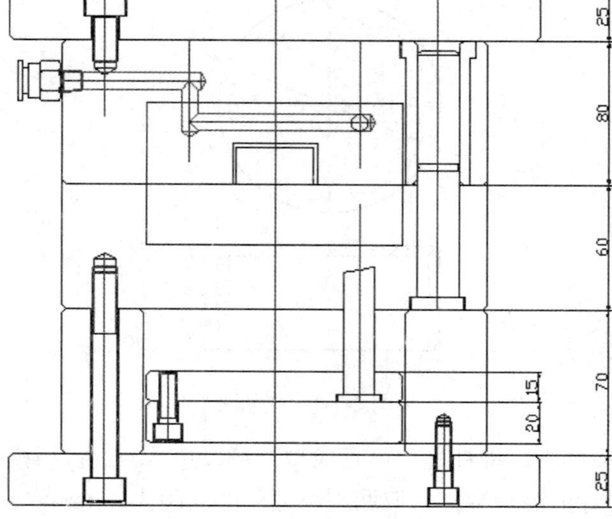

图 2-7-5　模架尺寸

思考题和习题

1．双分型面注射模的模架有几种形式？各有何特点？

2．单分型面模具模架与双分型面模具模架的区别是什么？

3．我国关于注射模模架的标准有哪几种？标准模架的选用要点是什么？

模块八　滑块设计

知识目标

掌握滑块的类型、组成、工作原理、相关计算、锁紧及定位方式、滑块镶件的连接方式、滑块的导滑形式。

能力目标

会根据产品的具体情况，设计滑块机构。

素质目标

1．培养学生的专业实践能力，让学生会合理设计滑块。
2．通过教学，培养学生团队协作精神和认真对待工作的职业素养。

产品内部需要侧面抽芯运动的机构，称为侧向抽芯机构，简称侧抽芯，或滑块、行位。根据滑块的形式可以分为内抽芯、斜抽芯、前模抽芯、二次抽芯、螺丝抽芯、延迟抽芯、哈夫滑块等。另外有一种侧向抽芯机构称为斜顶，将在模块九作详细介绍。本模块主要讲解滑块的类型与组成、相关配件的参数等。

一、滑块类型

（1）活动滑块。也可称为手动抽芯，即依靠人工手动拆除滑块。活动滑块人工强度比较大，生产效率低，一般不建议采用，但有些产品结构特殊，在无法采用自动抽芯的方式时，会采用活动滑块的方法。

（2）机动滑块。它是利用注塑机开合模的运动力实现滑块侧向抽芯运动的。机动滑块生产效率高，抽芯力大，加工简单，所以在实际工作中应用广泛。但它的抽芯力和抽芯距受到模具结构的限制，一般适用于抽芯力不大及抽芯距较小的场合，常用的机动滑块类型有斜导柱滑块、斜销滑块、齿轮齿条滑块。

（3）附件滑块。附件运动作为抽芯力，实现滑块的运动，如液压抽芯、气动抽芯、电机抽芯等。在模具上安装液压系统、气动系统或电机等附件，通过附件运动带动滑块。此类型滑块抽芯行程大，运动力大，应用也比较多，但由于附件需要另外连接线路且需要专门针对附件进行配套加工，因此尽量避免使用附件滑块。

二、滑块的组成

滑块一般由成型零件、运动零件、传动零件、锁紧零件、限位零件等部分组成。

成型零件：一般与产品有直接接触的部分称为成型零件。成型零件可以是一个大的镶块，也可以由多个镶块或镶件装配组成。

运动零件：作为成型零件的基座带动成型零件运动，如滑块座、压条等。

传动零件：起传动作用，利用运动原理带动滑块完成抽芯动作，如斜导柱、拔块等。

锁紧零件：起锁紧滑块的作用，防止滑块由于注塑压力的作用导致产品飞边、尺寸误差等缺陷，如铲基。

限位零件：使滑块运动后能在指定位置定位，保证各零件运动正常，如波珠螺丝、限位块等。

三、滑块的原理与参数

利用成型机的开模动作，使斜导柱与滑块产生相对运动趋势，使滑块沿开模方向及水平方向运动，脱离倒扣。如图 2-8-1 所示。

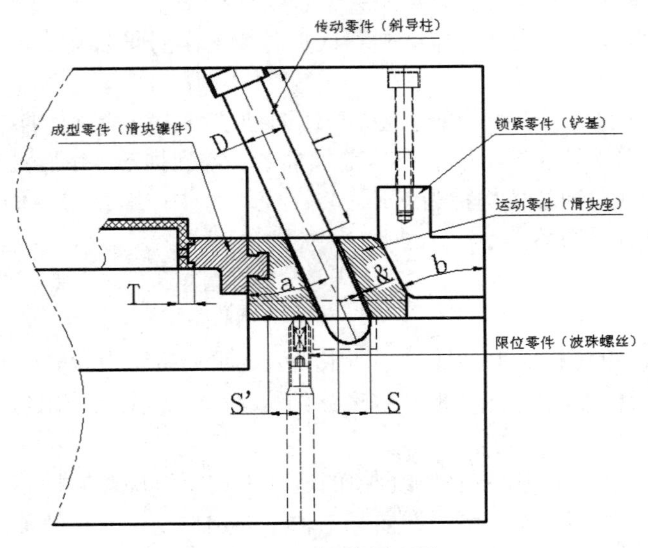

图 2-8-1　滑块原理图

图 2-8-1 中：

$b=\alpha+2^\circ \sim 3^\circ$，防止合模产生干涉以及减少开模摩擦；

$15^\circ \leqslant \alpha \leqslant 25^\circ$，$\alpha$为斜导柱倾斜角度；

$L>1.5D$，L 为配合长度；

$S=S'=T+$（2～3mm），S 为滑块需要水平运动距离即滑块行程；T 为产品倒扣尺寸；

&为斜导柱与滑块间的间隙，一般为 0.5mm。

拔块是一种将斜导柱和铲基的功能合为一体的一种机构，如图 2-8-2 所示，既可以作为铲基锁紧，又可以实现斜导柱的功能。拔块是利用成型机的开模动作，使拔块与滑块产生相对运动趋势，拔块动面B拔动滑块，使滑块沿开模方向及水平方向运动，脱离倒扣。

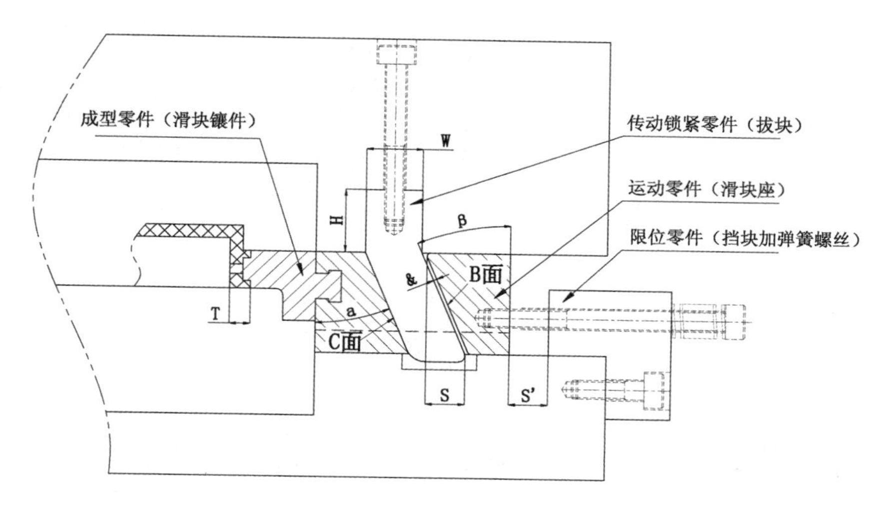

图 2-8-2　拔块

图 2-8-2 中：

15°≤β=α≤25°，α为拔块倾斜角度；

H≥1.5W，H为配合长度；

S=S'=T+（2～3mm），S为滑块需要水平运动距离；T为产品倒扣尺寸；

&为斜边与滑块间的间隙，一般为0.5mm。

C为止动面，锁紧滑块，所以铲基块形式一般不需要装止动块（不能有间隙）。

斜导柱和拔块都是为了让滑块运动，先抽开侧面镶件，平时的工作中斜导柱用得相对多一点，但它们各有优缺点，要根据不同产品和不同的模具结构来确定。

有时成型零件和运动零件是一个整体；有时锁紧零件直接由前模板加工出来；有时传动零件还可以是方销或弹簧；有时限位零件可以是螺丝或挡块。总之，这些零件组成了侧抽芯机构，且根据产品的不同和模具的实际情况，相关的零件都可以进行适当的变化。

四、滑块相关的计算

1. 斜导柱长度的计算

（1）斜导柱与滑块斜导柱孔零配合

S=T+（2～5）mm

&=0mm

A=34mm，D=10mm，a=23°

$L=L_1+L_2+L_3+L_4=A/\cos a+D/2\times\tan a+S/\sin a+D/2=34/\cos23°+10/2\times\tan23°+6/\sin23°+5$

$=36.94+2.12+15.36+5=59.42$mm

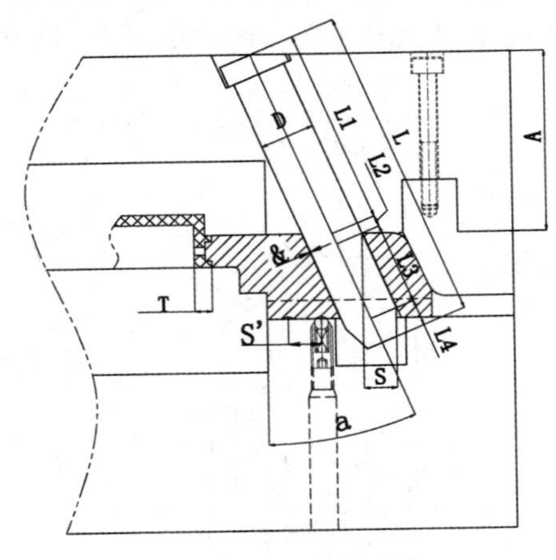

图 2-8-3　斜导柱计算 1

（2）斜导柱与滑块斜导柱孔单边 0.5mm 间隙配合，忽略滑块斜导柱孔和斜导柱上的圆角

$S=T+$（2～5）mm

&=0.5mm

$L=L_1+L_2+L_3+L_4+L_5=A/\cos a+D/2\times\tan a+S/\sin a+0.5/\sin a+D/2$

$=34/\cos23°+10/2\times\tan23°+6/\sin23°+0.5/\sin23°+5$

$=36.94+2.12+15.36+1.28+5=60.7$mm

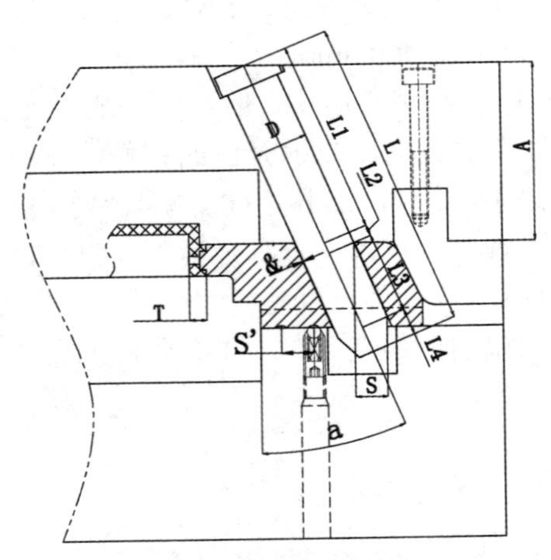

图 2-8-4　斜导柱计算 2

（3）斜导柱与滑块斜导柱孔单边 0.5mm 间隙配合，考虑孔和斜导柱上的圆角，计算将非常的麻烦，通常用 AutoCAD 软件把图绘制出来进行测量。

2. 抽芯力的计算

抽芯力的计算同脱模力计算相同。对于侧向凸起较少的塑件，抽芯力往往比较小，仅仅是克服塑件与侧型腔的粘附力和侧型腔滑块移动时的摩擦阻力。对于侧型芯的抽芯力，往往采用如下公式进行估算：

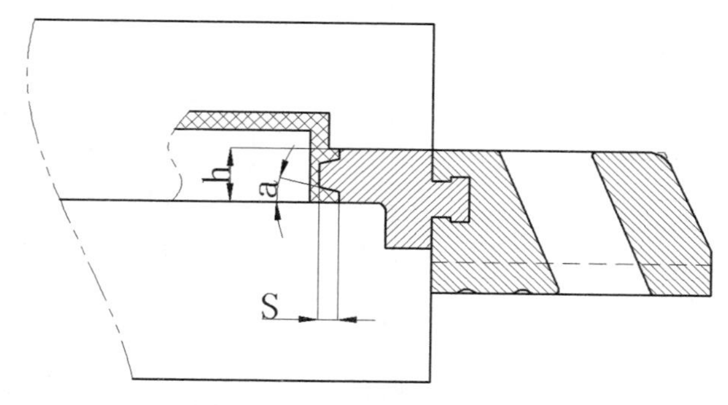

图 2-8-5 产品滑块的抽芯距

$$F_c = chp(\mu\cos\alpha - \sin\alpha) \tag{2-8-10}$$

式中：F_C——抽芯力，N；

c——侧型芯成型部分的截面平均周长（m）；

h——侧型芯成型部分的高度（m）；

p——塑件对侧型芯的收缩应力（包紧力），其值与塑件的几何形状及塑料的品种、成型工艺有关，一般情况下模内冷却的塑件 p=（8～12）$\times 10^6$ Pa，模外冷却的塑件 p=（24～39）$\times 10^6$ Pa；

μ——塑料在热状态时对钢的摩擦系数，一般$\mu = 0.15$～0.2；

α——侧型芯的脱模斜度（°）。

3. 斜导柱的受力分析与直径计算

（1）斜导柱的受力分析

斜导柱在抽芯过程中受到弯曲力 F_w 的作用，如图 2-8-6 所示。为了便于分析，先分析滑块的受力情况。在图中：F_t 是抽芯力 F_c 的反作用力，与 F_c 大小相等、方向相反；F_k 是开模力，它通过导滑槽施加于滑块；F 是斜导柱通过斜导孔施加于滑块的正压力，其大小与斜导柱所受的弯曲力 F_w 相等；F_1 是斜导柱与滑块间的摩擦力，F_2 是滑块与导滑槽间的摩擦力。另外，假定斜导柱与滑块、滑块与导滑槽之间的摩擦系数均为μ。

$\Sigma F_x=0$，则 $F_t+F_1\sin a+F_2-F\cos a=0$

$\Sigma F_y=0$，则 $F\sin a+F_1\cos a-F_k=0$

式中 $F_1=\mu F$；$F_2=\mu F_k$

由以上方程解得

$$F = \frac{F_t}{\sin\alpha + \mu\cos\alpha} \times \frac{\tan\alpha + \mu}{1 - 2\mu\cot\alpha - \mu^2}$$

（a）斜导柱的受力情况

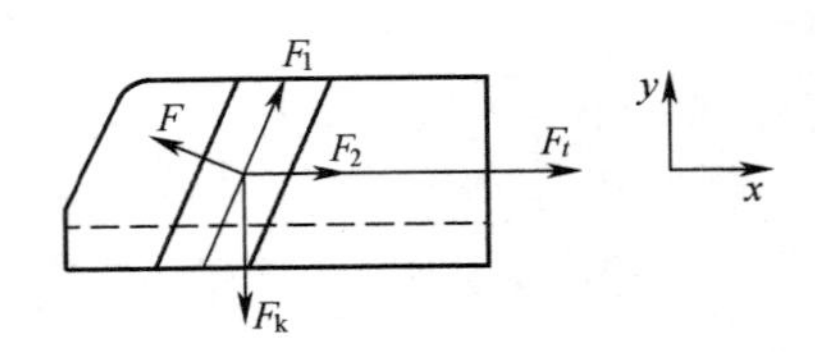

（b）滑块的受力图

图 2-8-6　斜导柱受力情况

由于摩擦力和其他力相比较小，常常可略去不计（即μ=0），这样上式为

$$F = \frac{F_t}{\cos\alpha}$$

即

$$F_w = \frac{F_c}{\cos\alpha} \tag{2-8-2}$$

（2）斜导柱的直径计算

斜导柱的直径主要受弯曲力的影响，如图 2-8-6 所示，斜导柱所受的弯矩为

$$M_w = F_w L_w$$

式中：M_w——斜导柱所受弯矩；

L_w——斜导柱弯曲力臂。

由材料力学可知

$$M_w = [\sigma_w]W \tag{2-8-3}$$

式中：$[\sigma_w]$——斜导柱所用材料的许用弯曲应力；

W——抗弯截面系数。

斜导柱的截面一般为圆形，其抗弯截面系数为

$$W = \frac{\pi}{32}d^3 \approx 0.1d^3$$

所以斜导柱的直径为

$$d = \sqrt[3]{\frac{F_w L_w}{0.1[\sigma_w]}} = \sqrt[3]{\frac{10F_t L_w}{[\sigma_w]\cos\alpha}} = \sqrt[3]{\frac{10F_c H_w}{[\sigma_w]\cos^2\alpha}} \tag{2-8-4}$$

式中：H_w——侧型芯滑块受的脱模力作用线与斜导柱中心线的交点到斜导柱固定板的距离，它并不等于滑块高的一半。

由于计算比较复杂，有时为了方便，也可以用查表方法确定斜导柱的直径。方法是：先按抽芯力 F_c 和斜导柱倾斜角α在表 2-8-1 中查出最大弯曲力 F_w，然后根据 F_w、H_w 以及α在表 2-8-2 中查出斜导柱直径。

表 2-8-1 最大弯曲力 F_w、抽芯力 F_c 和斜导柱倾斜角 α 的关系

最大弯曲力 F_w/kN	斜导柱倾角 α/°					
	8	10	12	15	18	20
	脱模力(抽芯力) F_t/kN					
1.00	0.99	0.98	0.97	0.96	0.95	0.94
2.00	1.98	1.97	1.95	1.93	1.90	1.88
3.00	2.97	2.95	2.93	2.89	2.85	2.82
4.00	3.96	3.94	3.91	3.86	3.80	3.76
5.00	4.95	4.92	4.89	4.82	4.75	4.70
6.00	5.94	5.91	5.86	5.79	5.70	5.64
7.00	6.93	6.89	6.84	6.75	6.65	6.58
8.00	7.92	7.88	7.82	7.72	7.60	7.52
9.00	8.91	8.86	8.80	8.68	8.55	8.46
10.00	9.90	9.85	9.78	9.65	9.50	9.40
11.00	10.89	10.83	10.75	10.61	10.45	10.34
12.00	11.88	11.82	11.73	11.58	11.40	11.28
13.00	12.87	12.80	12.71	12.54	12.35	12.22
14.00	13.86	13.79	13.69	13.51	13.30	13.16
15.00	14.85	14.77	14.67	14.47	14.25	14.10
16.00	15.84	15.76	15.64	15.44	15.20	15.04
17.00	16.83	16.74	16.62	16.40	16.15	15.93
18.00	17.82	17.73	17.60	17.37	17.10	17.80
19.00	18.81	18.71	18.58	18.33	18.05	
20.00	19.80	19.70	19.56	19.30	19.00	18.80
21.00	20.79	20.68	20.53	20.26	19.95	19.74
22.00	21.78	21.67	21.51	21.23	20.90	20.68
23.00	22.77	22.65	22.49	22.19	21.85	21.62
24.00	23.76	23.64	23.47	23.16	22.80	22.56
25.00	24.75	24.62	24.45	24.12	23.75	23.50
26.00	25.74	25.61	25.42	25.09	24.70	24.44
27.00	26.73	26.59	26.40	26.05	25.65	25.38
28.00	27.72	27.58	27.38	27.02	26.60	26.32
29.00	28.71	28.56	28.36	27.98	27.55	27.26
30.00	29.70	29.65	29.34	28.95	28.50	28.20
31.00	30.69	30.53	30.31	29.91	29.45	29.14
32.00	31.68	31.52	31.29	30.88	30.40	30.08
33.00	32.67	32.50	32.27	31.84	31.35	31.02
34.00	33.66	33.49	33.25	32.81	32.30	31.96
35.00	34.65	34.47	34.23	33.77	33.25	32.00
36.00	35.64	35.46	35.20	34.74	34.20	33.81
37.00	36.63	36.44	36.18	35.70	35.15	34.78
38.00	37.62	37.43	37.16	36.67	36.10	35.72
39.00	38.61	38.41	38.14	37.63	37.05	36.66
40.00	39.60	39.40	39.12	38.60	38.00	37.60

表 2-8-2　斜导柱倾角α、高度 H_w、最大弯曲力 F_w 与斜导柱直径的关系

斜导柱倾角 α/°	H_w /mm	最大弯曲力F_W/kN																													
		1	2	3	4	5	6	7	8	9	10	11	12	13	14	15	16	17	18	19	20	21	22	23	24	25	26	27	28	29	30
		斜导柱直径d/mm																													
8	10	8	10	10	12	12	14	14	14	15	15	16	16	18	18	18	18	18	20	20	20	20	20	20	20	22	22	22	22	22	22
	15	8	10	12	14	14	15	16	16	18	18	18	20	20	20	20	20	22	22	22	22	24	24	24	24	24	24	24	25	25	25
	20	10	12	14	14	15	16	18	18	20	20	20	20	22	22	22	24	24	24	24	24	25	25	25	26	26	26	28	28	28	28
	25	10	12	14	15	18	18	18	20	20	22	22	22	24	24	24	24	25	25	26	26	26	28	28	28	28	28	30	30	30	30
	30	10	14	15	16	18	18	20	20	22	22	24	24	24	24	25	26	26	28	28	28	28	28	30	30	30	30	32	32	32	32
	35	12	14	16	18	18	20	20	20	22	24	24	25	25	26	26	28	28	28	30	30	30	30	30	32	32	32	34	34	34	34
	40	12	14	16	18	20	20	22	22	24	24	25	26	26	28	28	28	30	30	30	30	32	32	32	32	34	34	34	34	34	35
10	10	8	10	12	12	12	14	14	14	15	15	16	18	18	18	18	18	18	20	20	20	20	20	20	22	22	22	22	22	22	22
	15	8	12	12	14	14	15	16	16	18	18	18	20	20	20	20	22	22	22	22	22	22	24	24	24	24	24	24	25	25	25
	20	10	12	14	14	15	16	18	18	20	20	20	22	22	22	22	24	24	24	24	24	25	25	25	26	26	28	28	28	28	28
	25	10	12	14	15	18	18	18	20	20	22	22	22	24	24	24	24	25	25	26	26	28	28	28	28	28	30	20	30	30	30
	30	12	14	15	16	18	20	20	22	22	22	24	24	24	25	25	26	26	28	28	28	28	30	30	30	30	30	32	32	32	32
	35	12	14	16	18	20	20	20	22	22	24	24	25	25	26	26	28	28	28	30	30	30	30	32	32	32	32	32	34	34	34
	40	12	14	18	18	20	22	22	24	24	24	25	26	26	28	28	28	30	30	32	30	32	32	32	32	34	34	34	34	34	36
12	10	8	10	12	12	12	14	14	14	15	16	16	16	18	18	18	18	18	20	20	20	20	20	20	22	22	22	22	22	22	22
	15	8	12	12	14	14	15	16	16	18	18	18	20	20	20	20	22	22	22	22	22	22	24	24	24	24	24	24	24	25	25
	20	10	12	14	14	16	16	18	18	20	20	20	22	22	22	22	24	24	24	24	26	26	26	25	26	26	26	28	28	28	28
	25	10	12	15	16	18	18	20	20	20	22	22	22	24	24	24	24	25	25	26	26	26	28	28	28	28	30	30	30	30	30
	30	12	14	15	16	18	20	20	22	22	22	24	24	24	25	25	25	26	28	28	28	28	30	30	30	30	30	32	32	32	32
	35	12	14	16	18	20	20	22	22	24	24	24	25	25	25	28	28	28	28	30	30	30	30	32	32	32	32	32	34	34	34
	40	12	14	16	18	20	22	22	24	24	24	25	26	26	28	28	28	30	30	30	32	32	32	32	32	34	34	34	34	34	35

续表

斜导柱倾角 α/°	H_w /mm	最大弯曲力F_w/kN 1	2	3	4	5	6	7	8	9	10	11	12	13	14	15	16	17	18	19	20	21	22	23	24	25	26	27	28	29	30
		斜导柱直径d/mm																													
15	10	8	10	12	12	12	14	14	14	15	16	16	16	18	18	18	18	18	20	20	20	20	20	20	22	22	22	22	22	22	22
	15	10	12	12	14	14	15	16	16	18	18	20	20	20	20	20	22	22	22	22	22	24	24	24	24	24	24	25	25	25	25
	20	10	12	14	14	16	16	18	18	20	20	20	22	22	22	22	22	22	24	24	24	25	25	26	26	26	28	28	28	28	28
	25	10	12	14	16	18	18	20	20	20	22	22	22	24	24	24	24	25	25	26	26	28	28	28	28	28	30	30	30	30	80
	30	12	14	15	16	18	20	20	22	22	22	24	24	24	25	25	26	26	28	28	28	28	30	30	30	30	30	32	32	32	32
	35	12	14	16	18	20	20	22	22	24	24	24	24	25	26	28	28	28	28	28	30	30	30	32	32	32	32	32	34	34	34
	40	12	15	16	18	20	22	22	24	24	24	25	26	28	28	28	30	30	30	30	32	32	32	32	34	34	34	34	34	35	36
18	10	8	10	12	12	14	14	14	16	15	16	16	18	18	18	18	18	20	20	20	20	20	20	22	22	22	22	22	22	22	22
	15	10	12	12	14	14	14	16	18	18	18	18	20	20	20	20	22	22	22	22	22	24	24	24	24	24	24	25	25	25	25
	20	10	12	14	15	16	18	18	20	20	20	20	22	22	22	22	24	24	24	24	25	25	25	26	26	26	28	28	28	28	28
	25	10	14	14	16	18	18	20	20	20	22	22	22	24	24	24	25	25	26	26	26	28	28	28	28	28	30	30	30	30	30
	30	12	14	15	18	18	20	20	22	24	22	24	24	24	25	25	26	26	28	28	28	30	30	30	30	30	32	32	32	32	32
	35	12	14	16	18	20	20	22	24	24	24	24	24	26	26	28	28	28	30	30	30	30	30	32	32	32	32	34	34	34	34
	40	12	15	18	18	20	22	22	24	24	25	25	26	28	28	28	30	30	30	30	32	32	32	32	34	34	34	34	34	34	35
20	10	8	10	12	12	14	14	14	14	15	16	16	18	18	18	18	18	20	20	20	20	20	20	22	22	22	22	22	22	22	22
	15	10	12	12	14	14	15	16	18	18	18	18	20	20	20	20	22	22	22	22	22	24	24	24	24	24	25	25	25	25	25
	20	10	12	14	14	16	18	18	18	20	20	20	22	22	22	22	24	24	24	24	25	25	25	26	26	28	28	28	28	28	28
	25	10	14	14	16	18	18	20	20	20	22	22	22	24	24	24	25	25	26	26	26	28	28	28	28	30	30	30	30	30	30
	30	12	14	15	18	18	20	20	22	22	22	24	24	24	25	25	26	28	28	28	28	30	30	30	30	30	32	32	32	32	32
	35	12	14	16	18	20	20	22	22	24	24	24	24	26	26	28	28	28	28	30	30	30	32	32	32	32	32	34	34	34	34
	40	12	14	18	18	20	22	22	24	24	25	25	26	28	28	28	30	30	30	30	32	32	32	32	34	34	34	34	34	35	35

有些公司根据多年的工作经验，结合滑块的厚度和宽度尺寸，列出有一定指导意义的经验参数值，以便公司的设计师参考，斜导柱是有标准件可以购买的，所列的尺寸也是经常使用或有库存的，如表 2-8-3 所示。

表 2-8-3　滑块厚度、滑块宽度及斜导柱直径经验值

滑块厚度	滑块宽度	斜导柱直径
$H\leqslant 40$	$W\leqslant 40$	φ10～φ16
	$40<W\leqslant 80$	φ12～φ25 或 两支φ12～φ16
	$80<W\leqslant 120$	两支φ16～φ20
	$120<W\leqslant 160$	两支φ16～φ25
	$160<W\leqslant 200$	两支φ20～φ30
$40<\mathrm{H}\leqslant 80$	$W\leqslant 60$	φ12～φ16
	$60<W\leqslant 120$	φ16～φ30 或 两支φ16～φ20
	$120<W\leqslant 180$	两支φ16～φ25
	$180<W\leqslant 240$	两支φ20～φ30
	$240<W\leqslant 300$	两支φ25～φ35
$80<H\leqslant 120$	$W\leqslant 60$	φ16
	$60<W\leqslant 120$	φ16～φ30 或 两支φ16～φ25
	$120<W\leqslant 180$	两支φ20～φ30
	$180<W\leqslant 240$	两支φ20～φ35
	$240<W\leqslant 300$	两支φ25～φ40

五、斜导柱锁紧方式及使用场合

斜导柱锁紧方式及使用场合见表 2-8-4。

表 2-8-4　斜导柱锁紧方式及使用场合

简图	参数	说明
	斜导柱常用直径为 10、12、14、16、20	适宜用在模板较薄且上码模板与 A 板不分开的情况下，配合面较长，稳定性较好，常用结构

续表

简图	参数	说明
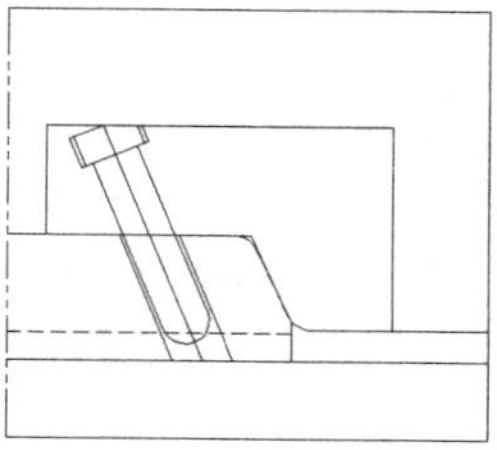	斜导柱配合面 $L \geqslant 1.5D$（D 为斜撑销直径）	适宜用在模板厚、模具空间大的情况下，且两板模、三板模均可使用，稳定性较好
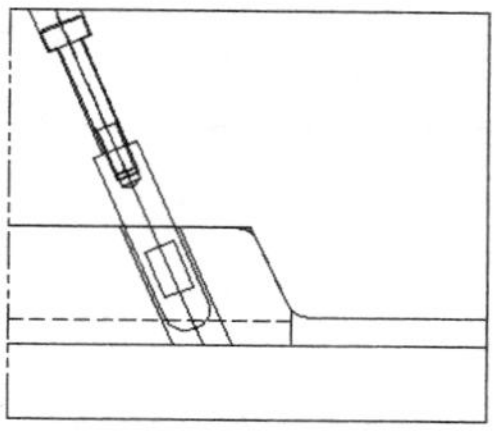	斜导柱配合面 $L \geqslant 1.5D$（D 为斜撑销直径）	适宜用在模板较厚的情况下，且两板模、三板模均可使用，稳定性不好，加工困难
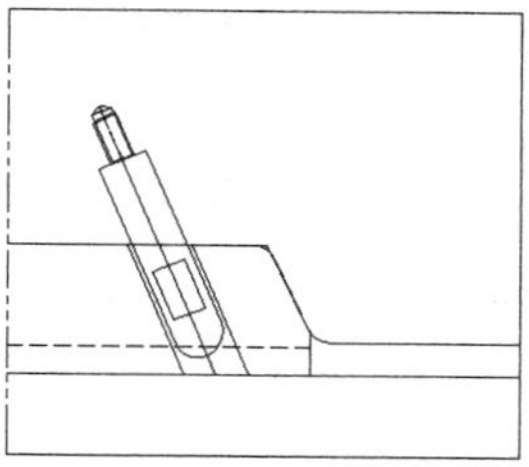	斜导柱配合面 $L \geqslant 1.5D$（D 为斜撑销直径）	适宜用在模板较厚的情况下，且两板模、三板模均可使用，稳定性不好，加工困难
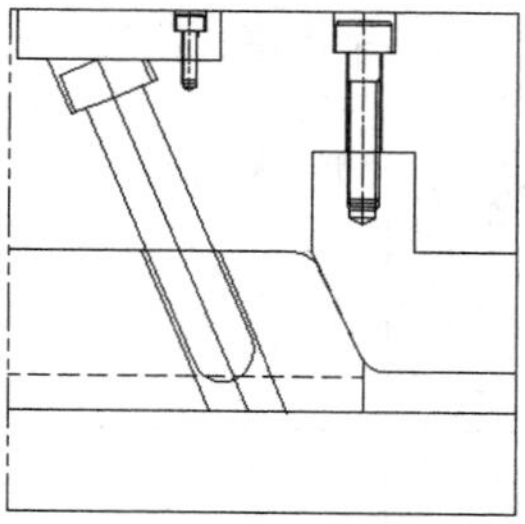	斜导柱压板厚度 $H \geqslant 8$mm，需用螺丝锁住	适宜用在三板模中，模板较薄且上固定板与前模板可分开的情况下，配合面较长，稳定较好，常用结构

六、滑块的锁紧及定位方式

注射产品时会产生很大的压力，为防止滑块与活动芯受到压力而位移，从而影响成品的尺寸及外观（如跑毛边），应采用锁紧定位机构锁紧滑块，通常称此机构为止动块、铲基或锁紧块。

常见的锁紧方式见表 2-8-5。

表 2-8-5　常见的锁紧方式

简图	说明	简图	说明
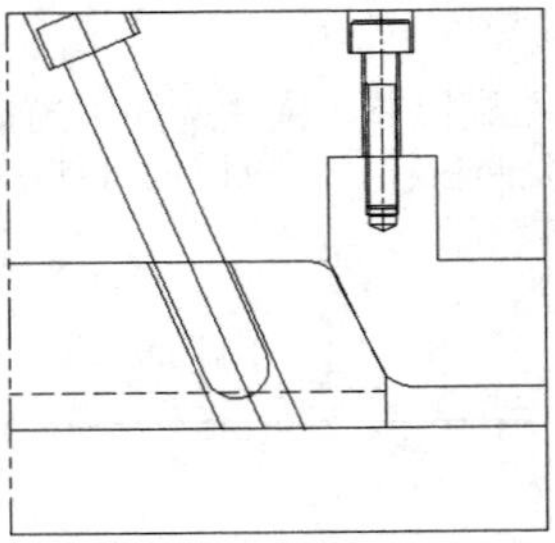	滑块采用镶拼式锁紧方式，结构强度好，很常用	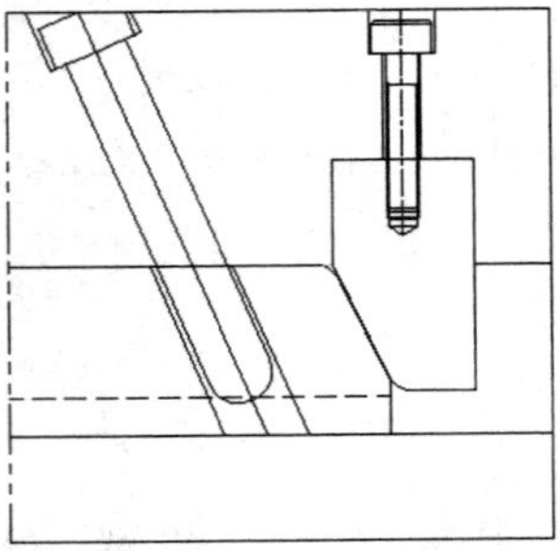	采用嵌入式锁紧方式，适用于较宽的滑块
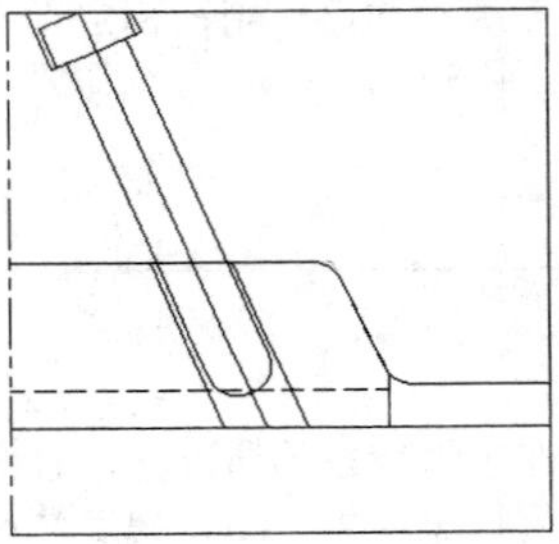	滑块采用整体式锁紧方式，结构刚性好，但加工困难	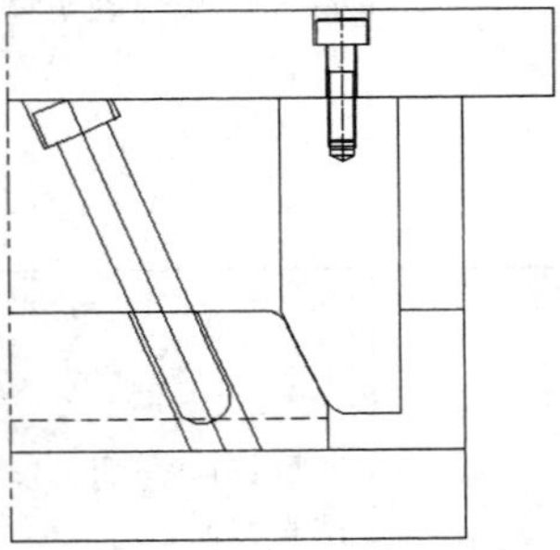	采用嵌入式锁紧方式，适用于较宽的滑块
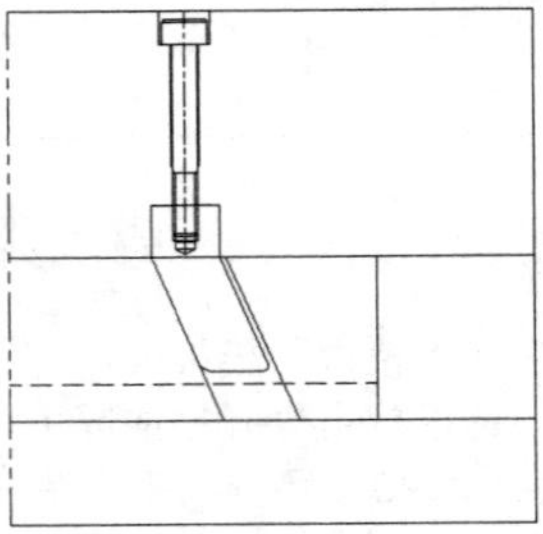	采用拔动兼止动，稳定性较差，一般用在滑块空间较小的情况下	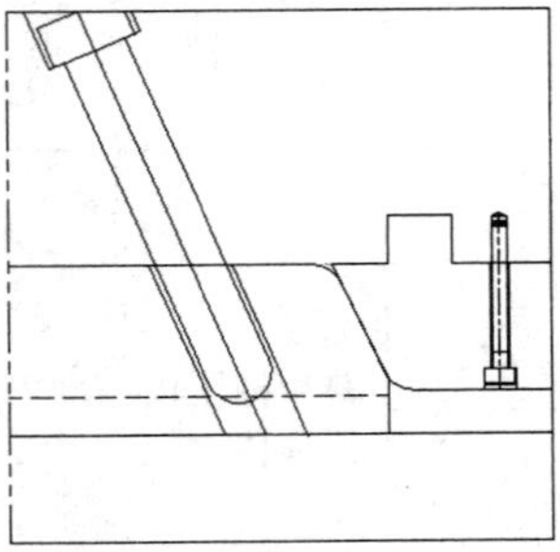	采用镶式锁紧方式，刚性较好，一般适用于空间较大的场合
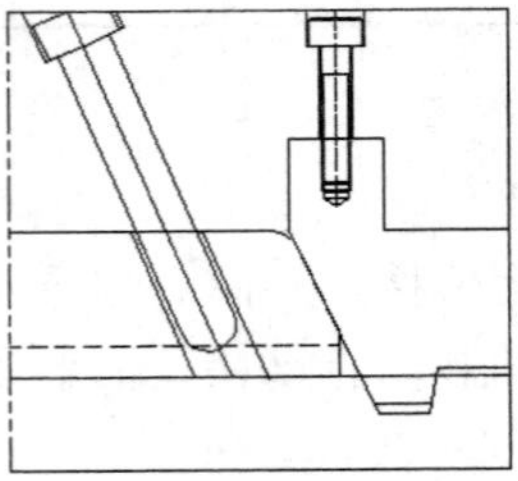	滑块采用镶拼式锁紧方式，并有反铲结构，结构强度好，非常常用	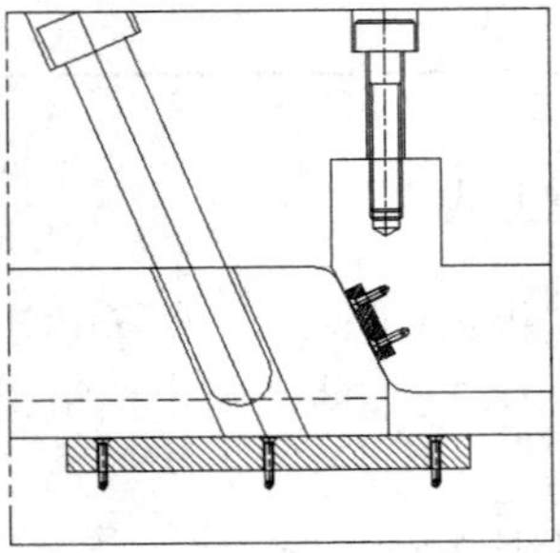	滑块采用镶拼式锁紧方式，并在滑块底部和铲基上加入耐磨块，结构强度好，耐磨性好，适用于大批量、要求高的模具，很常用

滑块在开模过程中要运动一定距离，要使滑块能够安全回位，必须给滑块安装定位装置，且定位装置必须灵活可靠，保证滑块在原位不动。常见的定位装置如表 2-8-6 所示。

表 2-8-6 常见的定位装置

简图	说明
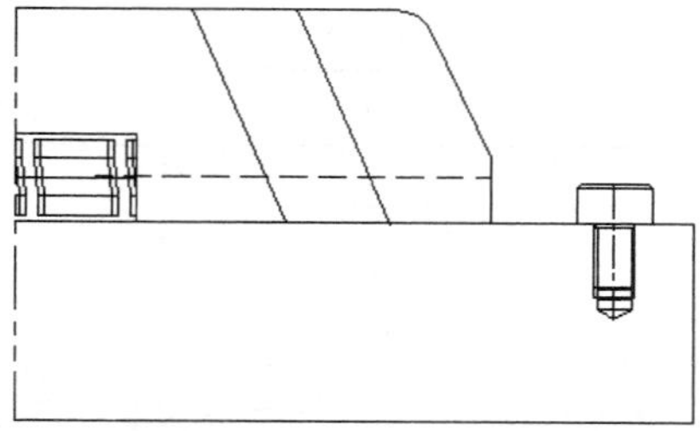	利用弹簧螺钉定位，弹簧强度为滑块重量的 1.5～2 倍。适用于滑块空间较大的场合
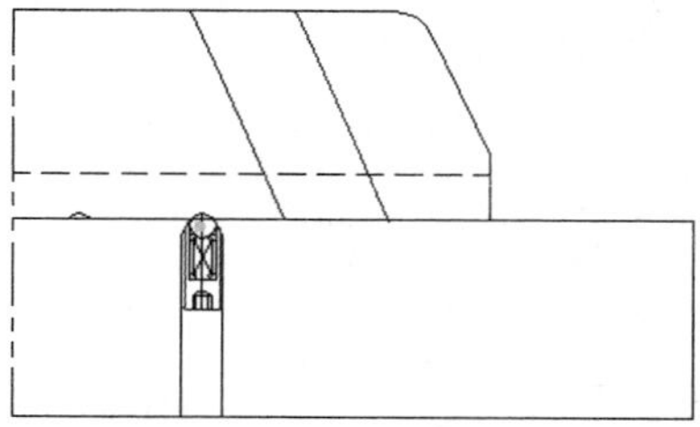	利用波珠螺丝定位，一般用于较小滑块 两侧抽芯，向上和向下的滑块不太适用，波珠如有损坏，滑块会掉落
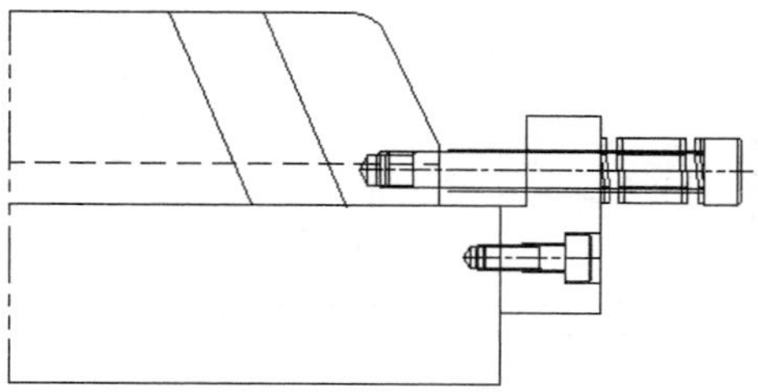	利用弹簧螺钉和挡板定位，弹簧强度为滑块重量的 1.5～2 倍
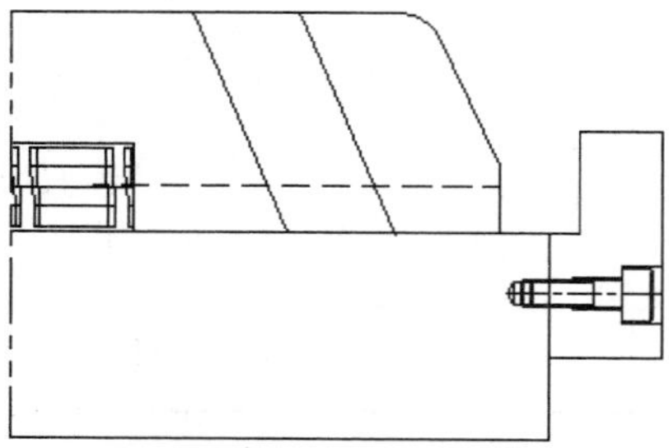	利用弹簧挡板定位，弹簧的强度为滑块重量的 1.5～2 倍，适用于滑块空间较大的场合

七、滑块镶件的连接方式

滑块头部镶件的连接方式由成品决定，不同的成品，滑块镶件的连接方式可能不同，具体镶件的连接方式如表 2-8-7 所示。

表 2-8-7　常见的滑块镶件连接方式

简图	说明	简图	说明
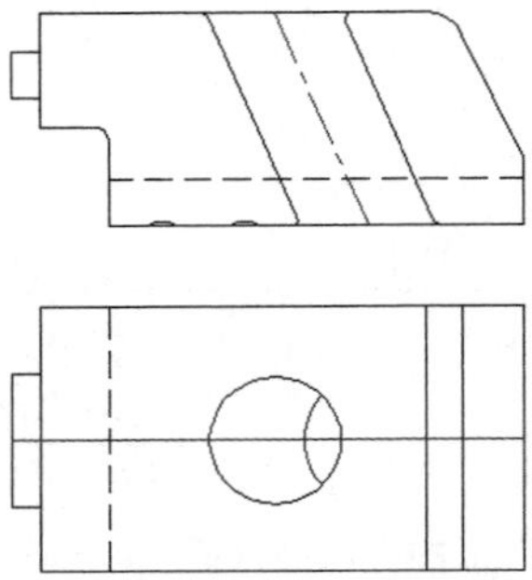	滑块采用整体式结构，一般适用于胶位结构简单、型芯较大、强度较好的场合	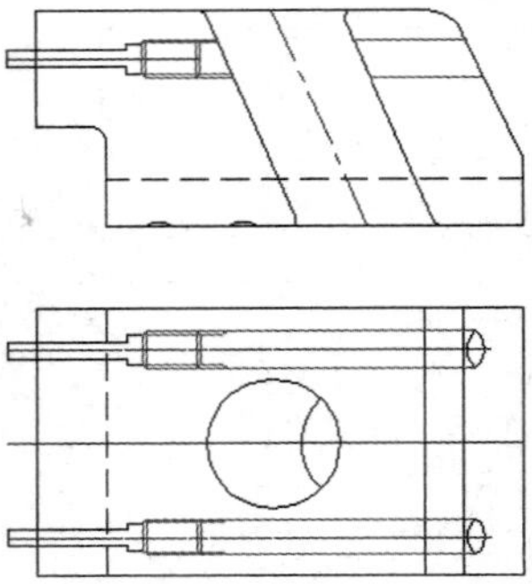	采用螺钉固定，一般适用于型芯为圆形且型芯较小场合
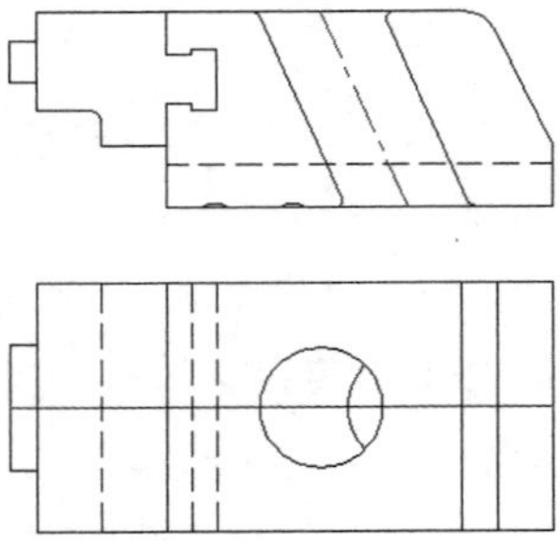	滑块采用侧面 T 槽镶拼式结构，滑块镶件可使用更好的材料，镶件加工更方便	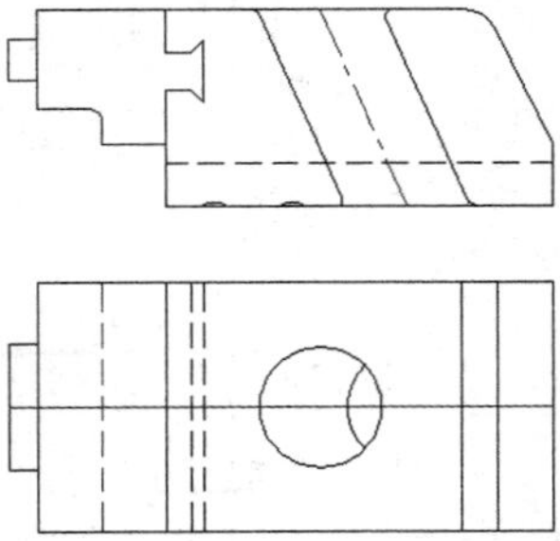	滑块采用侧面燕尾槽镶拼式结构，滑块镶件可使用更好的材料，镶件加工更方便
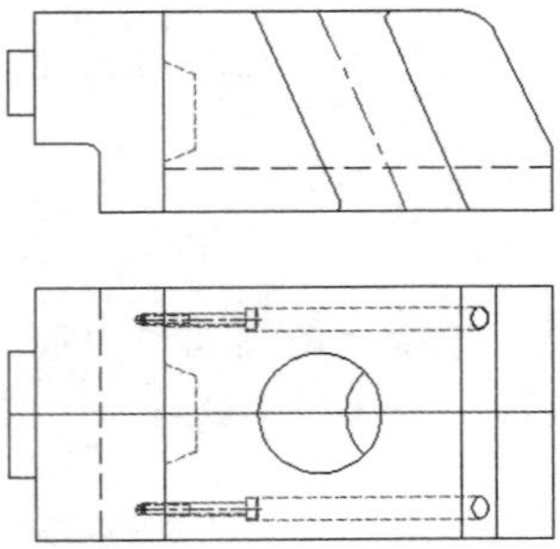	滑块采用冬菇头镶拼式结构，并用螺丝锁住，结构强度好，稳定	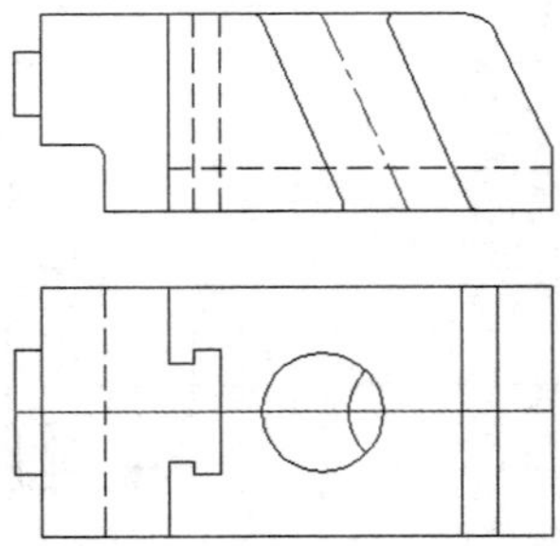	滑块采用垂直面 T 槽镶拼式结构，滑块镶件可使用更好的材料，镶件加工更方便

续表

简图	说明	简图	说明
	采用凹槽与螺丝销钉的固定形式，拆装方便		采用压板螺丝固定，能固定住滑块上的多个镶件，加工和拆装方便

八、滑块的导滑形式

滑块在导滑中，活动必须顺利、平稳，才能保证滑块在模具生产中不发生卡滞或跳动现象，否则会影响成品质量、模具寿命等。

常用的导滑形式如表 2-8-8 所示。

表 2-8-8　常用的滑块导滑形式

简图	说明	简图	说明
	采用整体式加工困难，一般用在模具较小、要求不高的模具中		采用压板，中央导轨形式，一般用在滑块较长和模温较高的场合下
	用矩形的压板形式，加工简单，强度较好，一般要加销孔定位，应用广泛		采用 T 型槽，且装在滑块内部，一般用于容间较小的场合
	采用“7”字形压板，加工简单，强度较好，一般要加销孔定位，应用广泛		采用“7”字形压板镶入模板，加工较难。强度较好，精度高，稳定性较好，较常用

滑块的锁紧、定位、连接、导滑等都是非常重要的，针对不同的模具结构和产品类型要做出相应的选择。滑块在设计中要考虑与其他零件是否有干涉，特别是与顶出机构是否会有干涉，例如在滑块下面设有顶针，那么顶针必须先复位，滑块才能再合上，如果在生产过程中顶针断裂而没有复位，那么滑块合上会压坏，甚至会压坏整套模具，因此，滑块下面尽量不要布置顶针。滑块座和压条的滑动面都应该加工油槽，以便生产过程中的润滑。

模块九　斜顶设计

知识目标

掌握斜顶的组成、结构形式、连接方式、相关参数计算、斜顶设计原则。

能力目标

会根据产品的具体情况，设计斜顶机构。

素质目标

1．培养学生的专业实践能力，让学生会合理设计斜顶。
2．通过教学，培养学生团队协作精神和认真对待工作的职业素养。

在模具中，既可做侧向抽芯动作又可以做顶出动作的机构叫斜顶，又称斜梢。斜顶也是侧向抽芯机构的一种形式，用来成型产品内部或外部的倒扣或侧孔，但在设计中优先考虑采用滑块机构，因为滑块抽芯时，产品还固定在模芯上，不会变形和移动。而斜顶在顶出的过程中侧向抽芯移动，会使产品产生变形和移动等不确定因素，所以滑块比斜顶更稳定，但有很多产品的结构无法用滑块机构抽芯，必须用到斜顶机构来完成产品的侧向抽芯动作。本模块主要讲解斜顶的工作原理、结构形式、相关参数、设计原则等。

一、斜顶的组成

斜顶由成型部分、封胶基准部分、主体导向部分、导向块部分和推出连接部分组成。在顶出过程中，斜顶在顶出产品的同时因导向斜度而横向移动，而产品由于有型芯、顶针等管制向上运动使倒扣脱离斜顶。斜顶与滑块不同的是：滑块是利用前后模开模的力转换为滑动力进行抽芯，而斜顶是利用顶出力转换为侧向移动实现抽芯。

二、斜顶的结构形式

斜顶与滑块一样，成型部分必须与产品一致，但其他部分却可以有多种形式，按组合形式分为整体式和组合式，按斜顶位置分为前模斜顶、后模斜顶、滑块斜顶。前模斜顶与滑块斜顶比较复杂，这里不做介绍，本模块主要讲后模斜顶。

1．整体式

斜顶为整体结构，直接与顶针板连接。整体式结构简单紧凑，加工比较方便，但尺寸不能太小，宽和厚都不要低于 8mm，否则容易变形和断裂，如图 2-9-1 至图 2-9-3 所示。

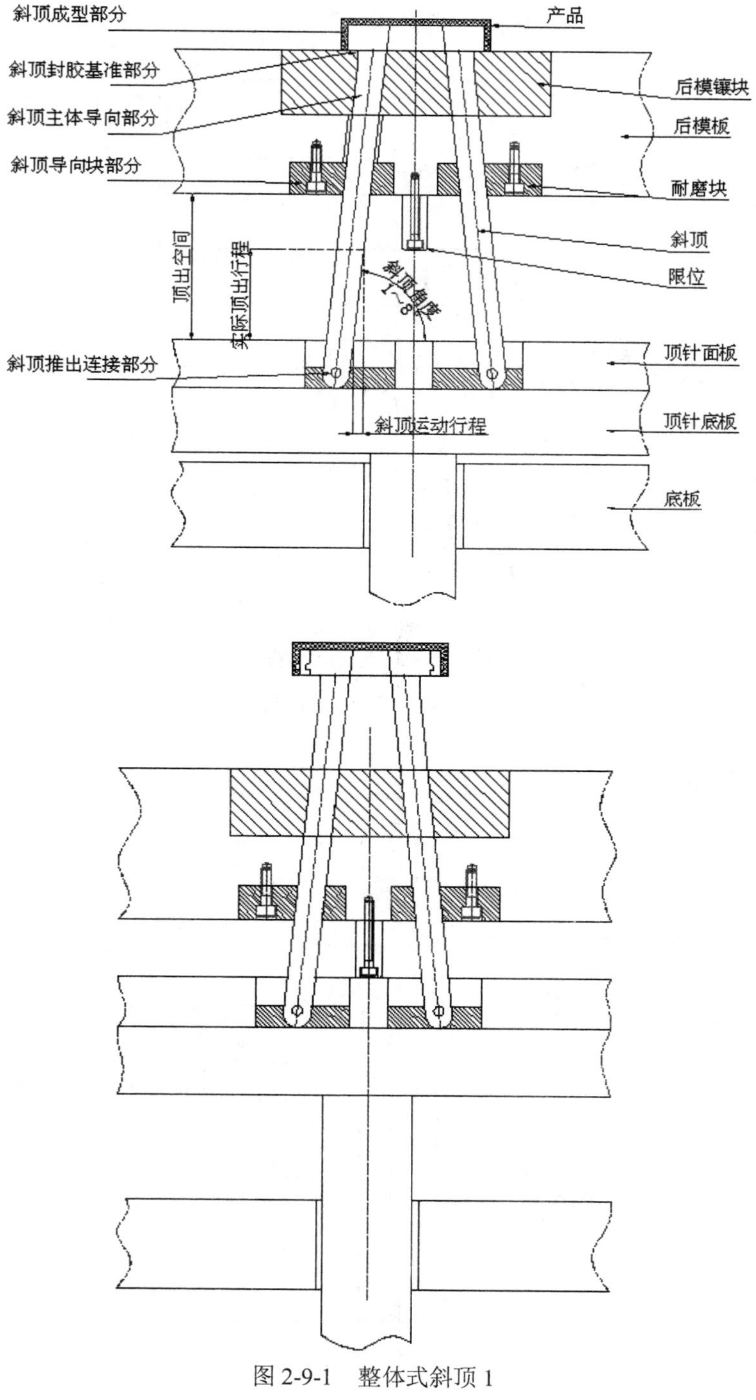

斜顶成型部分
产品
斜顶封胶基准部分
后模镶块
斜顶主体导向部分
后模板
斜顶导向块部分
耐磨块
斜顶
顶出空间
实际顶出行程
限位
斜顶角度
1～8
斜顶推出连接部分
顶针面板
斜顶运动行程
顶针底板
底板

图 2-9-1　整体式斜顶 1

斜度运动位置差距

1~3mm

顶出后的斜顶

向上运动的距离

固定的模板

顶出前的斜顶

向上推出力

图 2-9-2　整体式斜顶 2

斜顶为整体式，斜顶与顶针板连接用销钉的方式，形式简单，加工容易。中部有导向件，加强了斜顶的强度

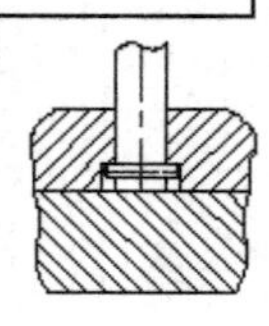

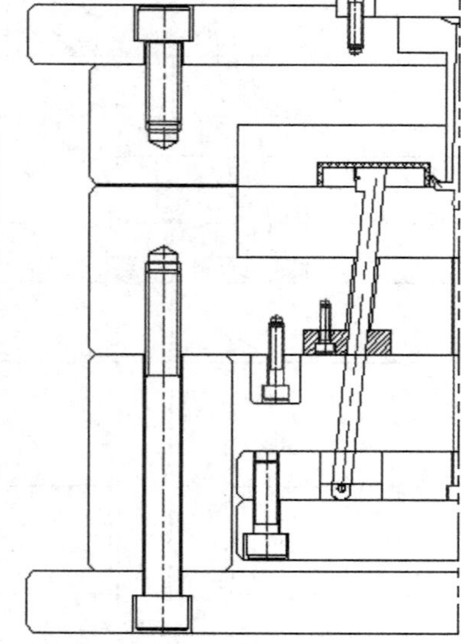

图 2-9-3　整体式斜顶 3

2. 组合式

斜顶为组合形式，有些成型部分做成镶件，有些将斜顶一分为二，甚至一分为三。组合式结构减少了斜顶的长度，降低了斜顶的变形量，连接方式更牢靠，导滑方式有更多选择，但加工难度会大些。如图 2-9-4 所示。

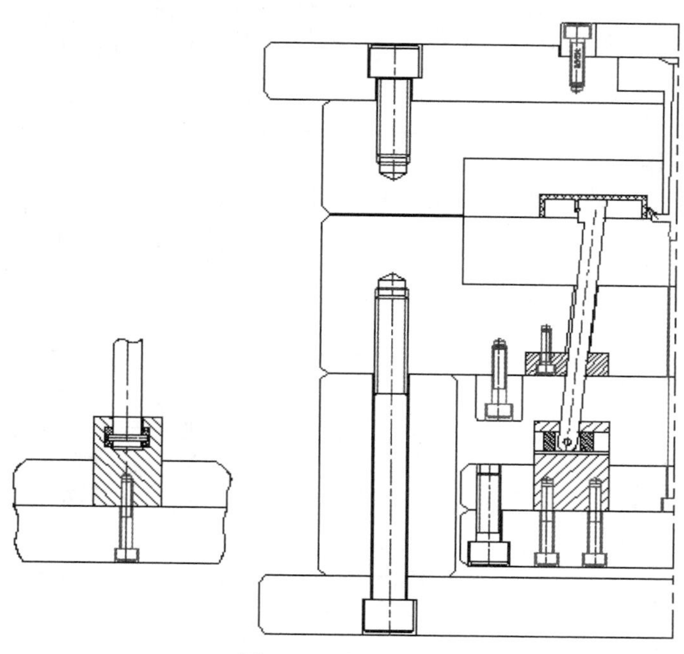

图 2-9-4　组合式斜顶

三、斜顶设计形式

在设计斜顶时，需要根据产品的结构，设计合理的结构形式。

1. 斜顶结构形式

如表 2-9-1 所示为常见的斜顶结构形式。

表 2-9-1　常见的斜顶结构形式

图片	优缺点	说明	使用情况
	优点：形状简单，加工方便，修改容易 缺点：容易产生断差	竖直面封胶，与下平面作为斜顶基准，斜顶包住扣位，方便修正扣位的尺寸	常用

续表

图片	优缺点	说明	使用情况
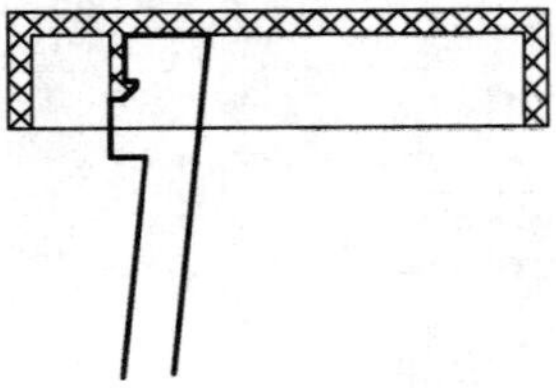	优点：加工容易，修改容易 缺点：容易变形，粘模	竖直面封胶，与下平面作为斜顶基准，胶位都在斜顶上，不便脱模	少用
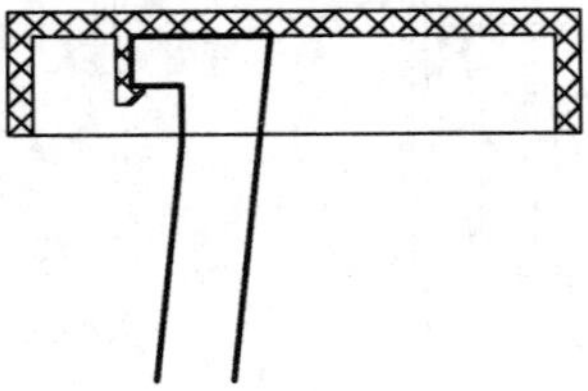	优点：形状简单，加工简易，无断差 缺点：容易产生飞边，转角容易断裂	平面封胶，与竖直面作为斜顶基准，平面在扣位平面上，不便于扣位的尺寸修正	一般
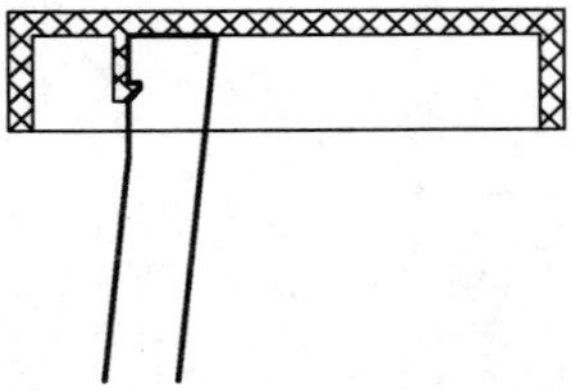	优点：形状简单，加工方便，修改容易 缺点：容易产生断差	竖直面封胶并作为斜顶基准，没有平面基准，一般以斜顶顶面代替	常用
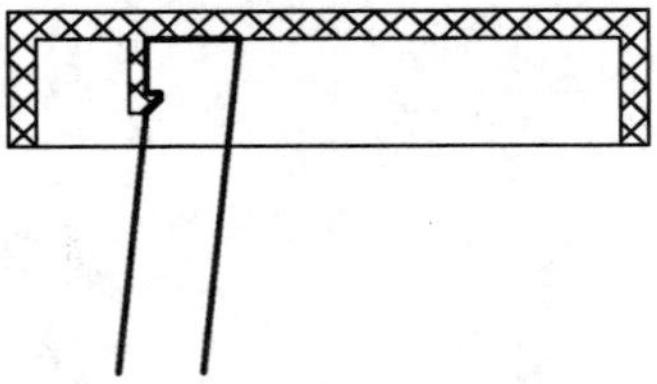	无基准，导滑面封胶容易跑飞边	无	禁用
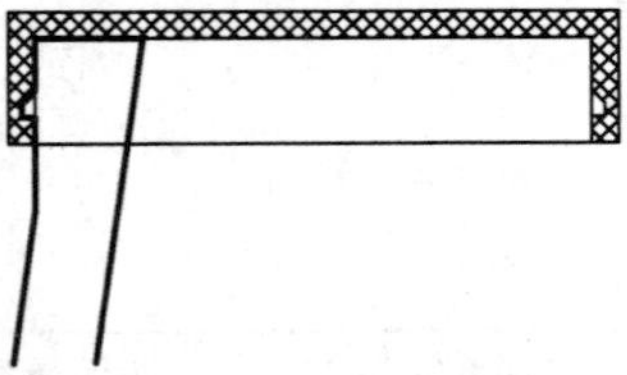	优点：形状简单，加工方便，修改容易 缺点：容易产生飞边	竖直面封胶并作为斜顶基准，没有平面基准，一般以斜顶顶面代替	常用
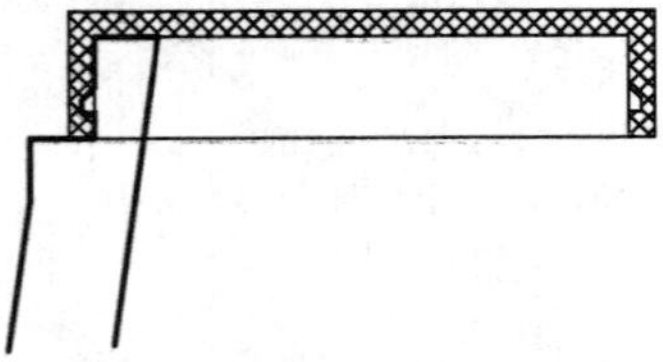	优点：合模可压复位，比较强壮 缺点：容易产生断差	平面封胶，与竖直面作为斜顶基准，斜顶强度尺寸有保证，并可合模压复位，但在产品上产生印痕	一般

续表

图片	优缺点	说明	使用情况
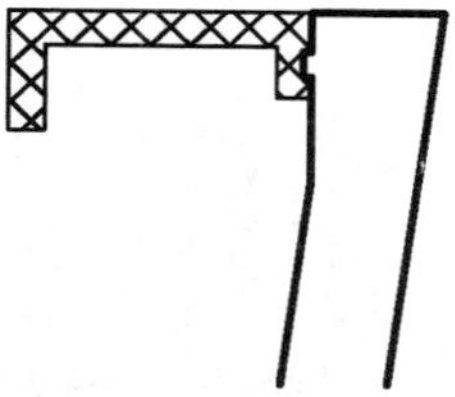	优点：斜顶成型面包含倒扣位，便于倒扣位的修改 缺点：容易产生断差	斜顶顶面与分型面平	一般
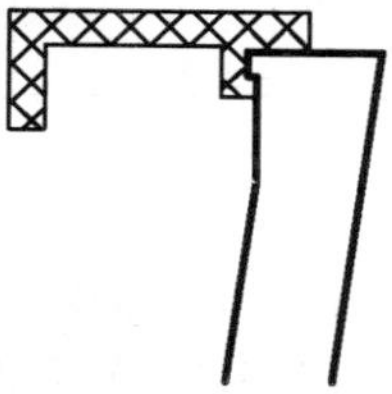	优点：容易保持产品外观整体性 缺点：倒扣位的修改不方便	斜顶顶面与分型面平	一般
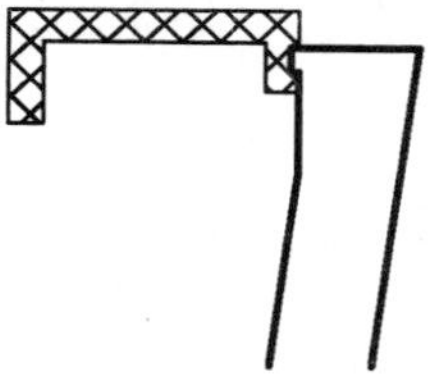	优点：容易保持产品外观整体性 缺点：倒扣位的修改不方便	斜顶顶面与分型面平	一般
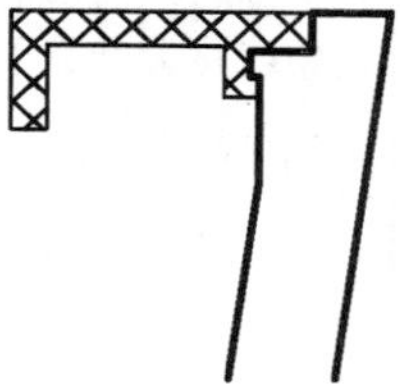	优点：斜顶成型面包含倒扣位，便于倒扣位的修改 缺点：容易产生断差	斜顶顶面与分型面平	少用

2. 斜顶失效形式

如表 2-9-2 所示为常见的斜顶失效形式。

表 2-9-2　常见的斜顶失效形式

图片	说明
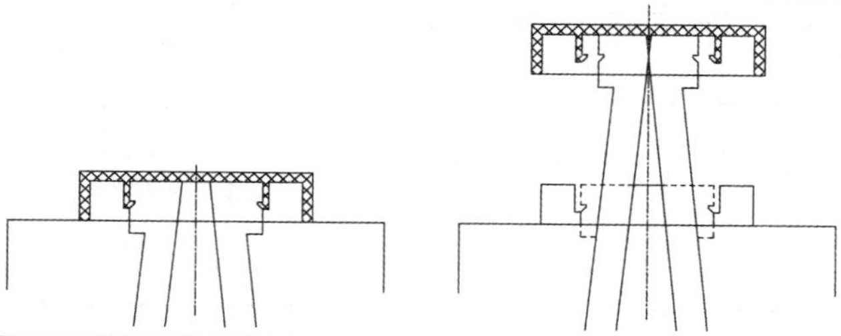	两斜顶干涉。 产品设计中两倒扣距离不能太近，若产品两倒扣空间不够，可通过更改斜顶结构形式来改善

续表

图片	说明
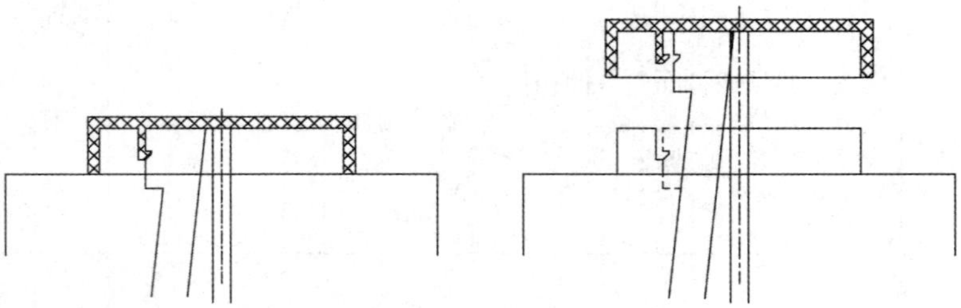	斜顶与顶针干涉。 斜顶有顶出功能，斜顶周边是不需要再重复放置顶针的，若确需放置顶针，要计算顶出后是否干涉
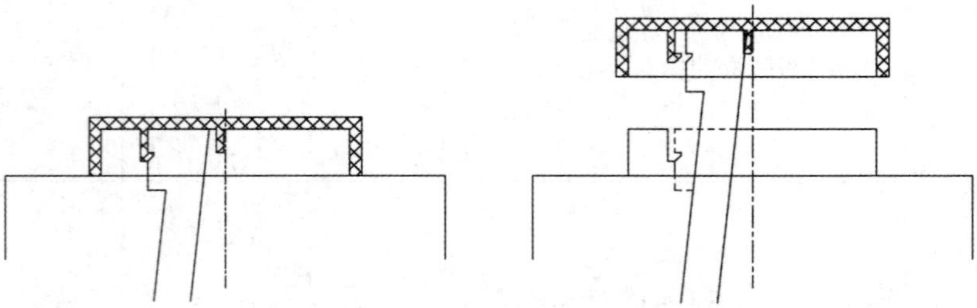	斜顶行程空间不够。 斜顶背面产品筋位挡住，斜顶横向移动空间不足
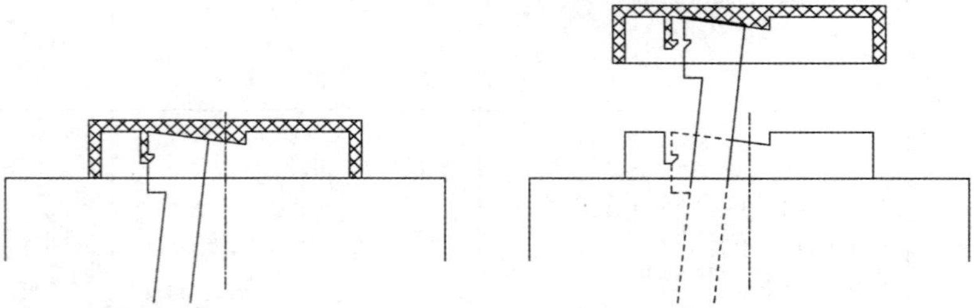	斜顶平移干涉。 斜顶顶平面为斜面，若为锐角，将会产品干涉，斜顶会有铲胶问题；若为钝角则不会有影响
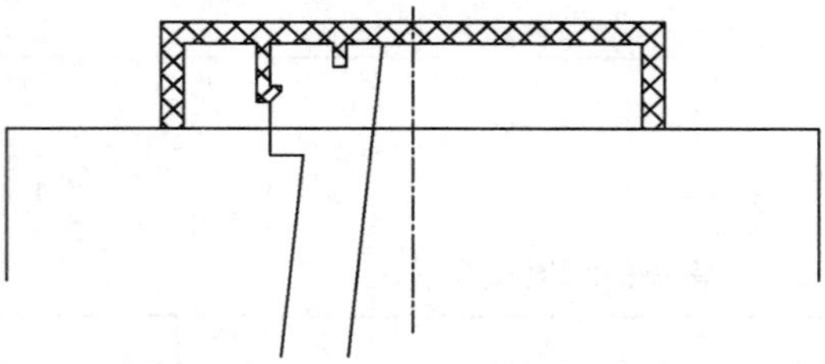	斜顶无法平移。 产品筋位将斜顶卡住
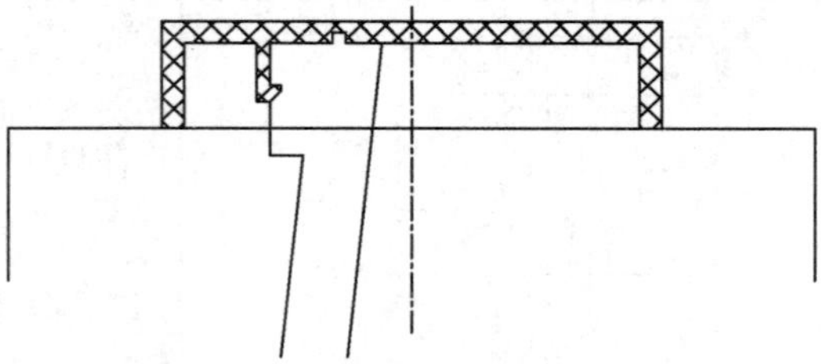	斜顶无法平移。 产品凹槽导致斜顶需凸出而无法横向移动

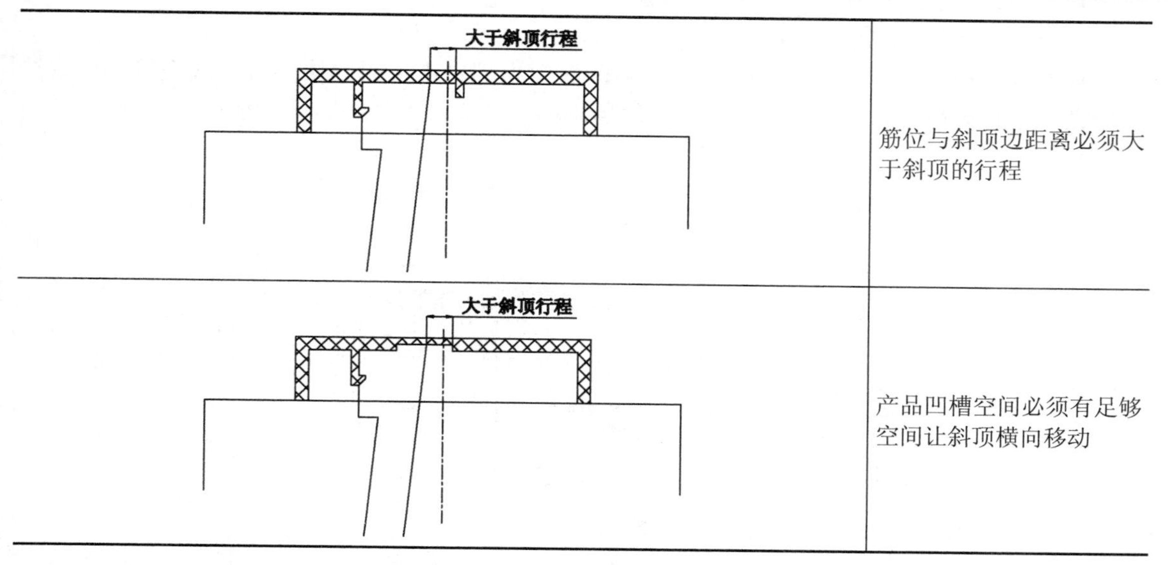

	筋位与斜顶边距离必须大于斜顶的行程
	产品凹槽空间必须有足够空间让斜顶横向移动

四、斜顶的连接方式

1．销钉连接

销钉连接简单方便，容易加工，但为圆柱面接触，接触面积小，容易磨损，一般用在小型模具上，如图 2-9-5 所示。

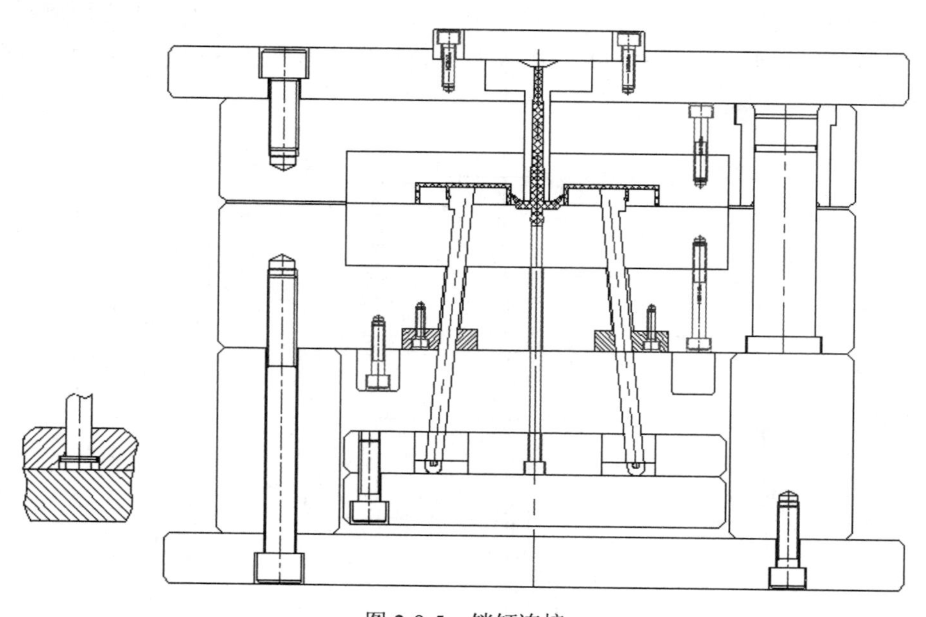

图 2-9-5　销钉连接

2. 底座与销钉连接

减少斜顶长度，降低斜顶的变形量，斜顶底部用销钉连接耐磨块，再与底座接触，耐磨块与底座是面接触，耐磨性和刚性好，一般用于中大型模具。如图 2-9-6 所示。

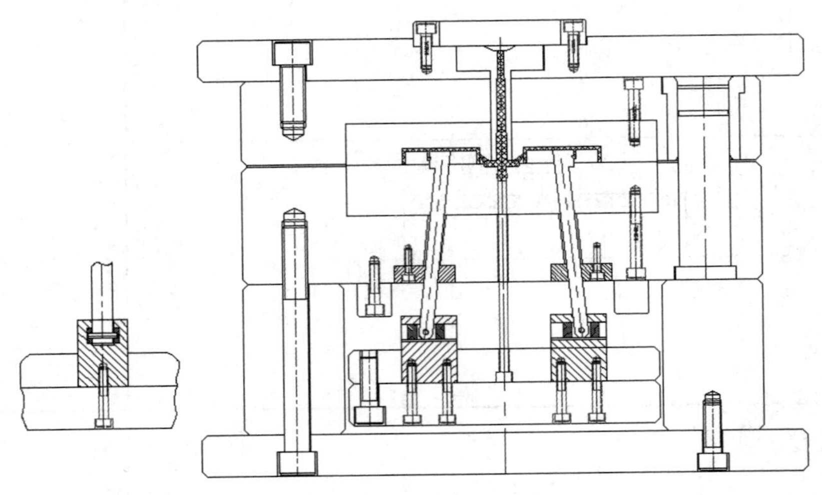

图 2-9-6 底座与销钉连接

3. 顶针 T 槽连接

半截斜顶，下半部分用顶针代替，减少斜顶长度，顶针直径一般不小于 6mm，因此斜顶不能太小，要能挂住顶针。用顶针 T 槽连接还需要验证顶针顶出距离是否会脱离斜顶，或与模板镶块干涉。顶针挂台需要做定位，顶针 T 型位置需要削边，这样才方便模具的装配。如图 2-9-7 所示。

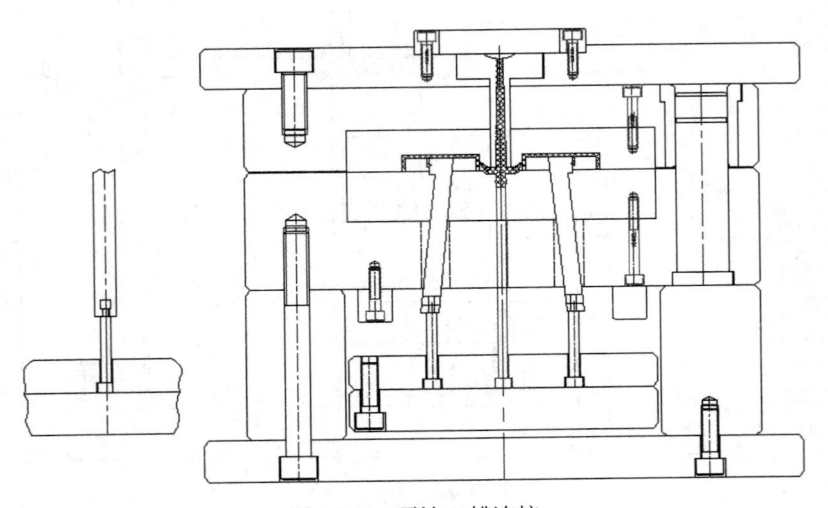

图 2-9-7 顶针 T 槽连接

4. 底座 T 槽连接

与顶针 T 槽连接类似，不过底座 T 槽可以连接比较小的斜顶，底座 T 槽连接强度较好，也比较稳固。如图 2-9-8 所示。

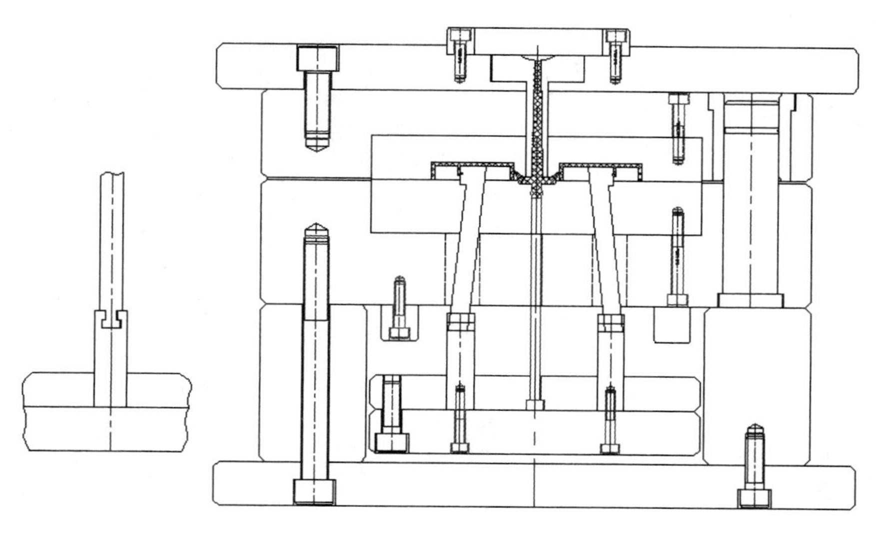

图 2-9-8　底座 T 槽连接

5. 底座 L 槽连接

与底座 T 槽连接同理，底座尺寸可以做得较小，但连接方式没有 T 槽稳固。如图 2-9-9 所示。

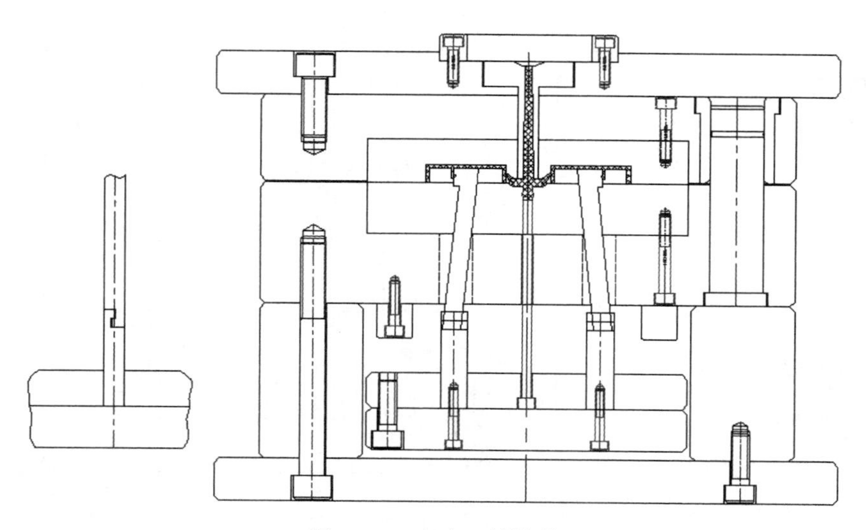

图 2-9-9　底座 L 槽连接

6. T型斜顶

T型斜顶比较强壮，T型槽导向，一般用顶针T槽连接方式，顶针形状同样需要削边和止转。由于T型斜顶一般不长，顶出时要特别注意不能将斜顶完全顶出了。如图2-9-10所示。

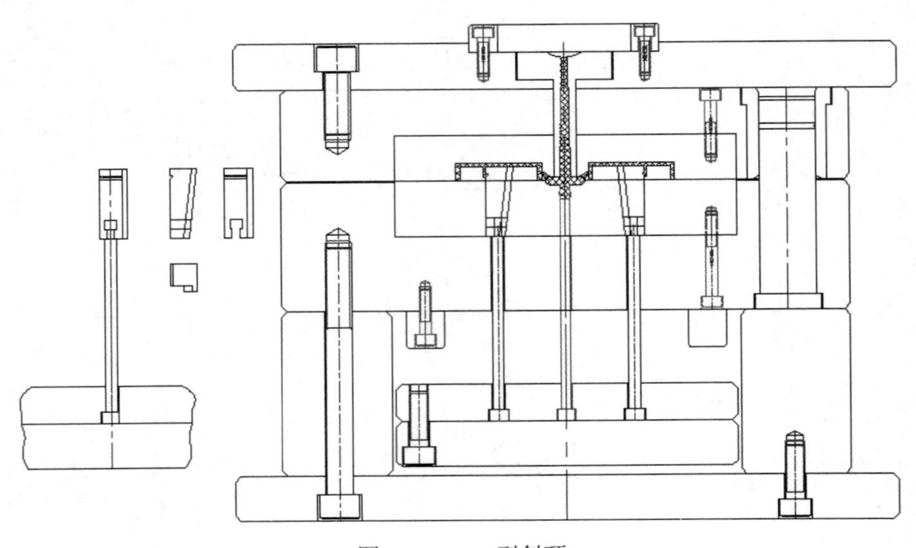

图2-9-10　T型斜顶

7. 直顶

此种结构的斜顶用在产品的倒扣比较小（倒扣≤2mm）、结构空间也比较小的情况下，也可以将它称为小倒扣斜顶。如图2-9-11所示。

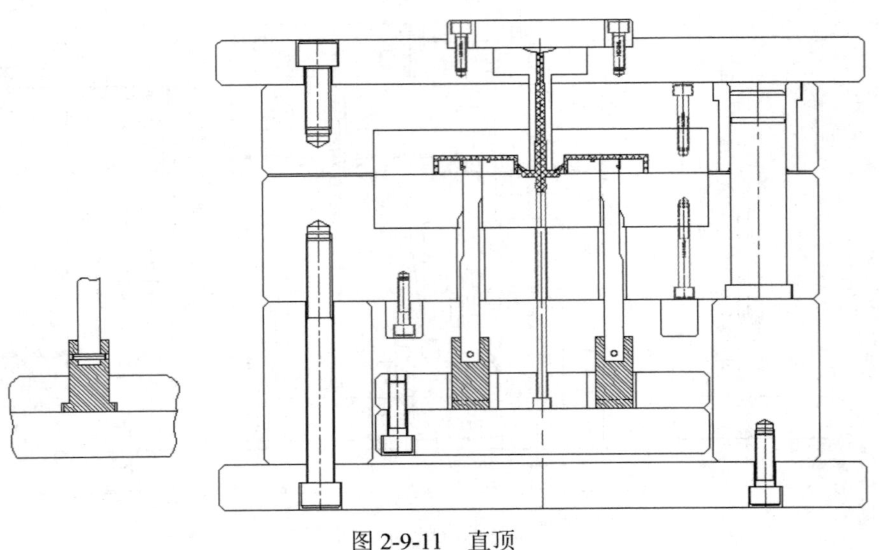

图2-9-11　直顶

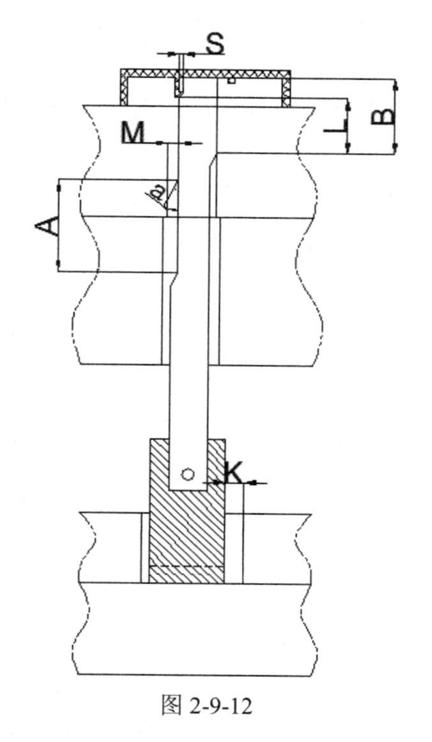

图 2-9-12

尺寸参数：直顶角度 $a \leqslant 30°$，$A \geqslant B+3\text{mm}$，$M \geqslant S+2\text{mm}$，$K \geqslant M+3\text{mm}$，$L \geqslant 10\text{mm}$。

五、斜顶的相关参数

封胶位>3mm；基准位 G>3mm，一般取 5mm；角度 $A<12°$，一般取 8° 以下；行程 S=倒扣 s'+（2～5mm）；顶出高度 L_2<最大顶出行程 L_1；行程 $S = L_2 \times \tan A$。

例如：倒扣 s'=1mm，产品高度 15mm，产品完全顶出 20mm 即可，因此顶针板顶出高度 L_2=20mm，若取斜面角度为 8°，斜顶行程 $S=20 \times \tan 8° \approx 2.8\text{mm}$，斜顶行程符合要求。

六、斜顶的设计原则

1．斜顶角度一般不超过 8°，若有必要可适当加大，但不要大于 12°。
2．斜顶宽度可与产品扣位宽度一致，产品扣位宽度过小时，斜顶宽度应>6mm。
3．斜顶导向部分不小于 15mm，斜顶不可完全顶出镶块，至少有 15mm 留在镶块内。
4．斜顶在运动中可能会带动产品偏移，可将顶针凸出模芯面 0.5mm 左右作为定位。
5．斜顶顶部一般比模芯略低 0.05mm，防止斜顶顶出时铲坏或带动产品。
6．斜顶上如果胶位比较复杂，应增加脱模角，便于斜面胶位脱模。
7．大斜顶为防止顶出时可能出现的摆动力量，最好做 T 型槽。

8．当有斜顶时，加装顶针板导柱（EGP）顶出会更顺畅。

9．组合式斜顶不可以让斜顶完全顶出。

10．斜顶可以没有导向块部分，但有导向块时斜顶会更可靠。

11．斜顶一般用强度和韧性比较好的材料，并作氮化处理。

12．斜顶导向部分需加工油槽。如图 2-9-13 所示。

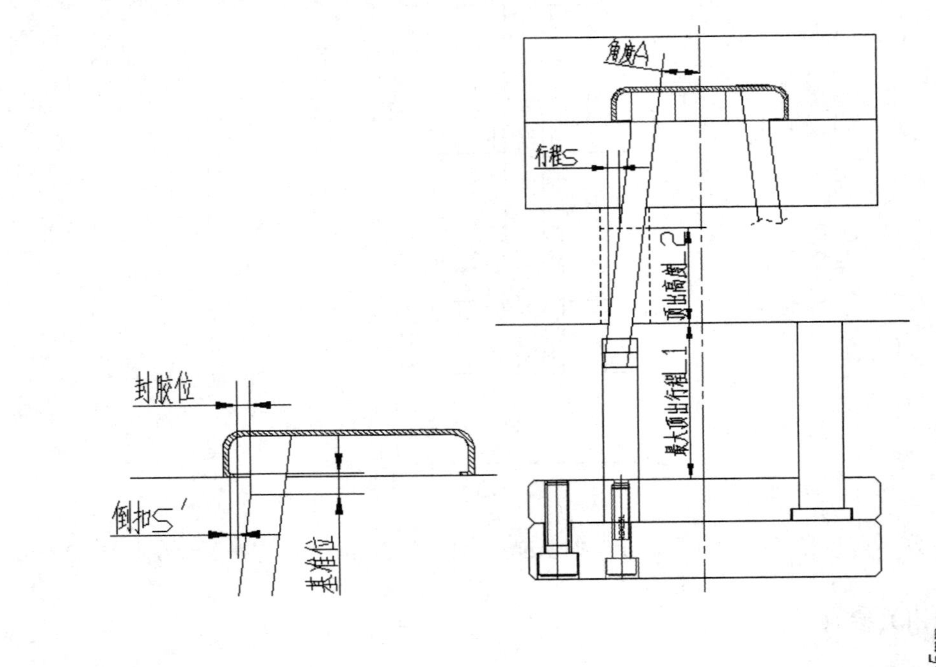

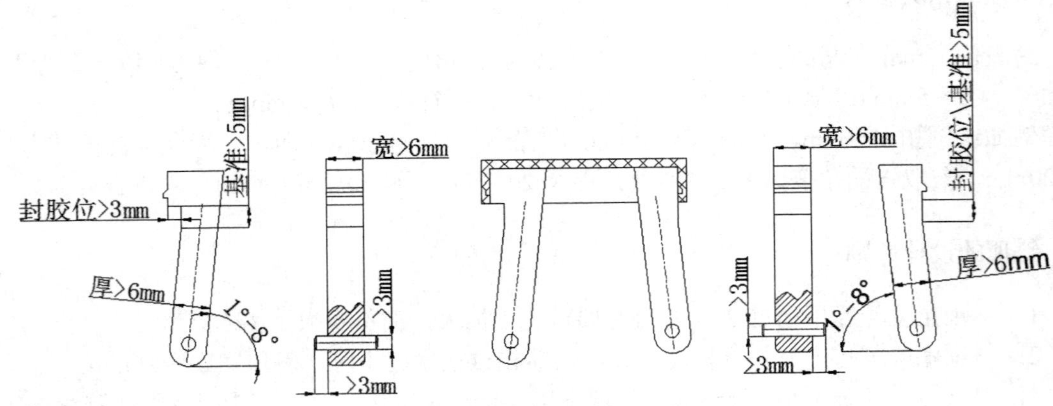

图 2-9-13　加工油槽

七、其他斜顶结构

还有一些结构如斜顶上顶针、斜顶上活动镶件、滑块中斜顶、前模斜顶等，如图 2-9-14

所示。不管结构如何变化，斜顶的形状和原理都是类似的，只要掌握了斜顶的基本工作原理和必要的一些技术参数，就能设计出合理的斜顶。

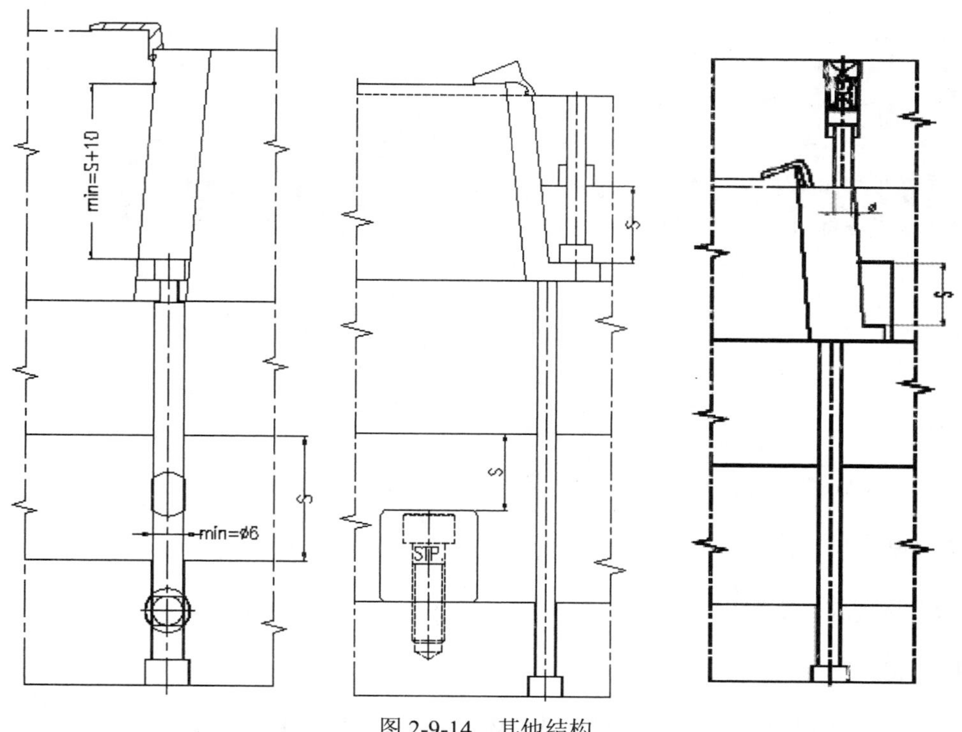

图 2-9-14　其他结构

在斜顶的设计过程中要特别注意要留给斜顶足够的滑块空间，否则斜顶会出现铲胶或干涉现象，甚至损坏模具。斜顶的大小也要注意，可根据模具的大小和斜顶的空间来确定，一定要保证它的强度。斜顶一般会在 AutoCAD 排位图中设计好尺寸，利用 AutoCAD 软件可以很容易地得到顶出行程、斜顶角度等技术参数。

项目三

利用软件设计注塑模的程序

知识目标

了解各类公司的设计流程；掌握塑料模具设计的流程。

能力目标

会利用软件设计塑料模。

素质目标

1. 培养学生的专业实践能力，让学生会利用软件设计塑料模具。
2. 通过教学，培养学生团队协作精神和认真对待工作的职业素养。

每个企业都有相应的工作管理制度，制度确定了每位员工的工作内容，也规定了每项工作需要遵守的工作流程。根据不同的工作内容，不断优化相应的工作流程，合理、简明的工作流程能让员工认真快速地完成本职工作。有了工作流程就有了工作标准，就能提高工作效率，减少失误，从而实现更好的管理。

工作流程也可以说是工作过程的顺序导向，工作流程中的每个工作节点相互之间的关系是动态的，它们有些是并行的，有些是串行的。对于相同的工作，不同企业的工作流程主线过程是一致的，但由于企业本身的文化、规模等因素，又有各自的特色。而对于塑料模具设计的流程，也同样如此。下面，我们先一起来学习不同企业的一些塑料模具设计的流程。

一、企业塑料模具设计流程

1. 中小企业塑料模具设计流程

中小企业人员配置精简，而且不是很完整，工作流程也不详细，且大部分的文件管理不完善。一些微小企业甚至没有设计部门，只有一个设计员，模具设计的流程也是非常的简单。中小型企业塑料模具设计流程如图 3-1-1 所示。

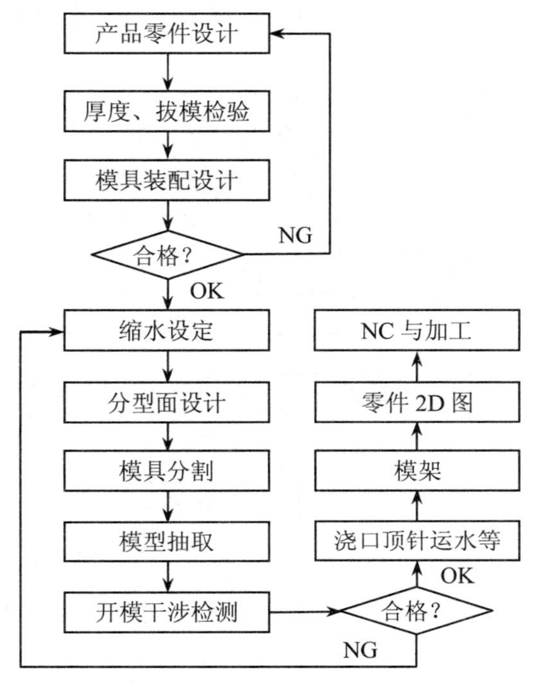

图 3-1-1　中小型企业塑料模具设计流程

中小型公司、私营企业，对设计人员的综合知识水平要求较高，很多公司一人担当，效率和出错率根据设计师的水平而定，人工成本低。例如某私营企业管理架构如图 3-1-2 所示。

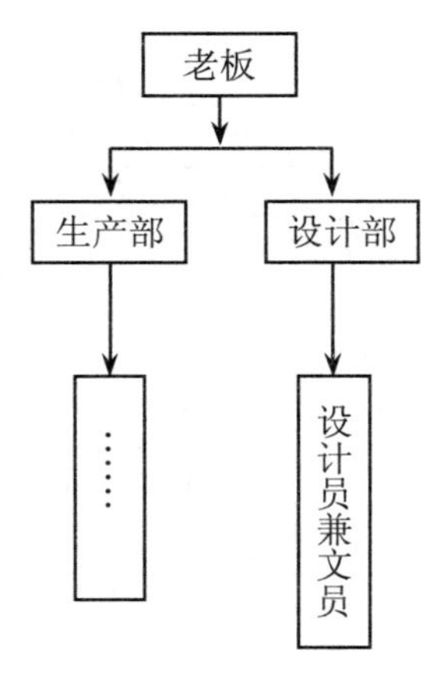

图 3-1-2　某私营企业管理架构

由于公司规模小，需要控制成本，因此人员也非常精简，设计部门就一人，从产品测绘到模具设计，到出图纸，最后连图纸的发放都由一人完成。有些更小的公司或者个体户，老板自己兼职做设计员，因此，设计师的技术水平决定了设计过程中的效率和正确率。

2. 大中型企业塑料模具设计流程

大中型企业有实力，有规模，人员配置齐全，工作流程详细，企业的文件管理有专人负责。大中型企业塑料模具设计流程如图 3-1-3 所示。

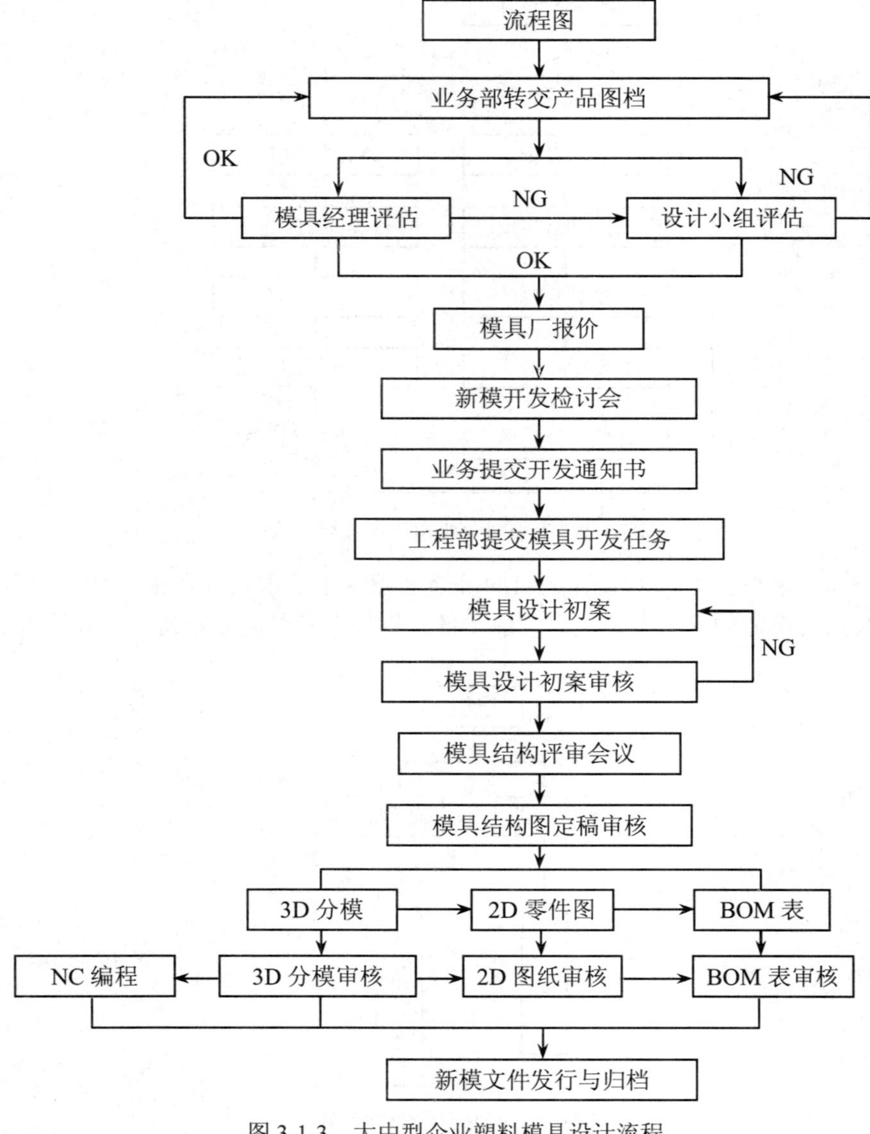

图 3-1-3　大中型企业塑料模具设计流程

大中型公司，管理体系完善，设计人员专业性强，分工细，效率高、出错率低，但人工成本高。例如某大型企业模具公司的管理架构如图 3-1-4 所示。

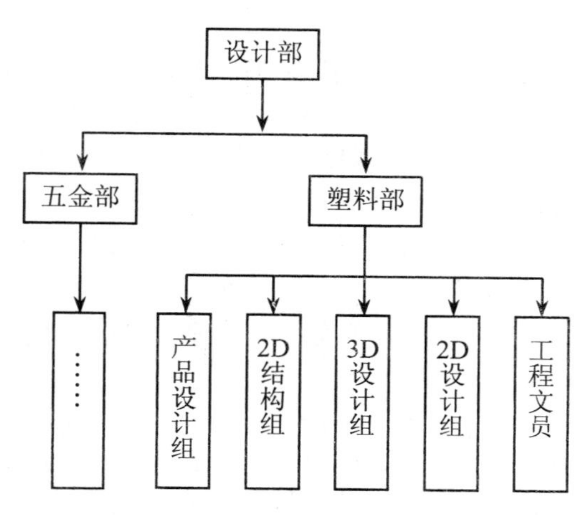

图 3-1-4　某大型企业模具公司的管理架构

广东某模具厂，专业设计与制造机壳类模具，模具公司总人数约 200 人，设计部人员约 20 人，设计部部长 1 人，负责本部门总体工作；副部长 2 人，1 人负责五金模具，1 人负责塑料模具；塑料模部组长 4 人，每组成员若干；工程文员 1 人，负责本部门的所有文档工作。当设计部接到模具的定单时，首先会组织相关人员进行评审，再根据设计人员的工作能力进行工作分工，责任到人，制定详细的工作计划等，大家各司其职，完成的设计图需要上级进行审核和核准，检查是否有错误，最后再下发到相关的加工部门。由于分工细，根据员工的工作能力进行了分工，且责任到人，最后还经过了多级审批，因此工作效率高，出错率也低。

二、模具设计流程

作为初学者，我们需要了解模具设计环节的所有流程，这样才能找准自己的位置，为自己的学习确定方向。

第一步：初始资料分析

（1）产品的技术要求

接受任务后，先要消化客户的产品技术要求，如产品的材料和缩水、产品材料的工艺性能、产品的重量、产品的结构形状、产品的尺寸精度、产品的外观要求、产品的装配关系和要求等，通过分析，确定产品生产的可行性，就产品的优化意见与客户进行沟通。

（2）产品的生产量

产品的产量与模具的结构、模穴数、模具的材料、自动化程度等都密切相关，而产品的产量大小需要根据产品的大小、价格、生产工艺等来确定，比如汽车的装饰面板，年产量十万已经是大批量了，而衣服上的小钮扣年产量百万也不算大批量。而对于大批量的产品，模具的材料要选用好的钢材，甚至需要进行热处理，模穴数要一模多腔，且尽可能地全自动化生产，以缩短产品的生产周期，提高生产效率。

（3）确定生产设备

作为公司的设计人员，需要掌握公司的实际生产条件，如生产设备的情况、生产工艺标准等，根据公司的实际情况再来确定模具的结构类型、模具的规格等。在设计过程中要分析本公司的现有设备是否能满足模具的生产需要，如果不能，是否有配套的供应商。

第二步：模具结构方案制定

通过一些基础的分析，确定了模具制作的可行性，接下来需要制定出模具的结构方案。

（1）确定模具模穴数与排位方式

根据产品的产量和产品结构特点、技术要求等确定模具的穴数，并确定产品的排位方式。

（2）确定模具的分型面

分型面的位置首先要确保产品能顺利脱模，其次要有利于模具的加工、产品生产过程中的排气、产品的精度和外观等，分型面的位置需要根据客户要求和实际情况综合考虑。

（3）确定侧向分型机构

侧向分型机构尽量做到简单牢靠、便于加工、保证强度、分析是否有干涉情况等。

（4）确定镶块尺寸和模架尺寸

根据产品的结构、产量等确定模具镶块和模架的尺寸，这是模具设计的关键环节，镶块和模架尺寸的大小直接关系到模具的成本、刚性、生产过程可持续性，需要仔细分析后确定。

（5）确定浇注系统

确定采用热流道还是冷流道，采用细水口还是大水口，确定流道的尺寸、形状、排位、进胶点位置等。

（6）确定顶出方式和位置

根据产品的形状、结构等特点，均匀布置顶杆，尽量布置在能承受较大顶出力的受力部位，顶杆尽量简单且容易加工装配，常用的顶杆有圆柱形、方形、丝筒，尽量以圆顶杆为主。

（7）确定模具的温控方式

塑料模具在连续生产过程中需要进行温度的调节，有些需要冷却，有些却需要加热。根据产品结构、材料、工艺以及模具结构等，综合考虑模具温控的方式、形状和位置。

（8）确定排气系统

根据产品的结构、材料、模具的结构等，确定排气方式和位置。有些需要在可能困气的部位增加顶针或镶件，有时甚至会在试模后根据实际困气情况进行排气设置。

（9）确定模具的材料与热处理

模具的材料是模具的主要成本之一，必须综合考虑产品的产量、精度、结构等。比如镜面产品，模具镶块需要采用高硬度、高抛光性、耐腐蚀性的模具材料；普通机壳类产品，模具镶块可采用有良好加工性能的预硬钢；模具的插穿位置需要采用热处理后强度和韧性良好的钢材。

（10）绘制模具排位图

根据确定的模具结构方案绘制出详细的模具排位图。目前最常用的绘制软件是 AutoCAD，并配合二次开发的外挂，如燕秀工具箱，可以快速详细地绘制出模具的排位图。

模具的 2D 排位图完成后，需要进行评审，确定模具的设计方案。

第三步：模具 3D 设计

根据绘制的模具 2D 排位图，绘制出模具的 3D 图，包括模具镶块、模具内部小镶件、侧向抽芯机构、模架、流道、顶针、运水等，3D 图中展示的就是一套加工完成后的模具模型。3D 图甚至可以将模具的附件都绘制上去，生产部门根据图档完成所有的加工，就可以得到与 3D 图中一模一样的模具。常用的模具设计软件有 Pro/E、UG 等。

模具 3D 图完成后，同样需要进行评审，并可以利用软件进行一些模拟分析，比如模具生产过程的模拟，确保模具设计无误。

第四步：模具 2D 出图

根据模具 3D 图，绘出详细的 2D 工程图。在公司中目前有两类出图方式，一是直接利用 3D 软件的 2D 工程图功能，将 3D 零件图转为 2D 图，并进行尺寸标注、技术参数和图框绘制，实现全 3D 出图；二是将 3D 零件图转为 2D 图后再转入到其他的软件中，比如在 AutoCAD 中进行尺寸标注、技术参数和图框绘制。全 3D 出图可以实现 3D 和 2D 图档同步，便于模具更改后图档的更新，而 AutoCAD 中出 3D 图更新后 2D 图不能同步，但 AutoCAD 出图更灵活，软件操作学习更容易一些。

第五步：图档全面审核

当所有图档完成后，需要再次进行审核，这次评审需要对所有的技术参数（包括客户资料、实际生产条件等）进行一次全面的评审，以确保模具完成后能正常顺利地生产。首先是自检，其次要小组评审，最后还要核准。

（1）自检

可以制作一个自检表，自检表的内容基本上就是前面模具分析中的内容再进行一些细化，根据表中的项目逐项检查。

（2）小组评审

评审的内容和自检内容基本上一致，但会更多地关注整体的结构、生产工艺性、实际加工过程情况等。

（3）核准

一般由部门最高负责人担任核准人，但基本上只对模具的大体结构、生产可行性等进行核准。

表 3-1-1 为东莞某模具厂的模具设计流程。

表 3-1-1　东莞某模具厂的模具设计流程

<table>
<tr><td rowspan="13">设计前</td><td rowspan="12">客户资料审查</td><td rowspan="2">产品样品</td><td rowspan="2">3D 产品设计</td><td rowspan="12">结果反馈客户</td><td rowspan="12">客户确认</td><td rowspan="12">模具设计与开发计划的制订、设计参数的审核与分析</td><td rowspan="6">产品参数评审</td><td>1．产品用在何处（外观要求）；怎样使用（力学性能要求）</td></tr>
<tr><td>2．成型塑料的收缩率是多少？</td></tr>
<tr><td rowspan="2">产品CAD图</td><td rowspan="2">3D 产品设计</td><td>3．产品是否有装配（公差要求）？</td></tr>
<tr><td>4．产品结构脱模角分别是多少？</td></tr>
<tr><td rowspan="2">产品 3D 图</td><td rowspan="2">3D 审查</td><td>5．浇口位置、顶出痕、熔接线、流痕要求？</td></tr>
<tr><td>6．产品外观有无特殊要求：咬花、蚀纹？</td></tr>
<tr><td rowspan="2">产品 3D 与样品</td><td rowspan="2">图样对比</td><td rowspan="6">模具参数评审</td><td>1．客户指定产品成型塑料的模塑特性如何？</td></tr>
<tr><td>2．预期产量多少？</td></tr>
<tr><td rowspan="2">产品 CAD 与样品</td><td rowspan="2">图样对比</td><td>3．预期成型周期多长？</td></tr>
<tr><td>4．需要何种类型的流道系统：冷流道（二板或三板）、热流道或两者结合</td></tr>
<tr><td rowspan="2">产品 3D 与产品 CAD</td><td rowspan="2">图样对比</td><td>5．模具的布局，上下方向的选择</td></tr>
<tr><td>6．产品出模方式的选择：手动或自动落下；机械顶出、液压顶出或气压顶出；是否使用机械手</td></tr>
<tr><td>设计规划</td><td colspan="7">设计日程的确定；该项目设计小组指定、技术负责人指定</td></tr>
<tr><td rowspan="7">设计中</td><td rowspan="7">模具结构设计</td><td colspan="2">1．产品能否从模腔中拉出？能否顶出？</td><td colspan="5">确定出模方向：产生根据产品结构确定出模方向，若无法正常成型和脱模则考虑设计斜顶、内（外）滑块侧面抽芯；如果产品有肉片螺纹结构，还需设计方法一：以液压缸驱动齿轮、螺杆旋出；方法二：以齿条借助开模力、开模行程驱动齿轮、螺杆旋出</td></tr>
<tr><td colspan="2">2．确定分型面</td><td colspan="5">以模具制造加工条件的要求为根据，满足产品外形要求来确定模具分型面位置，便利简化磨削、铣削、CNC 加工</td></tr>
<tr><td colspan="2">3．产品模穴布局平衡吗？</td><td colspan="5">针对产品模穴布局不平衡问题（如一模一穴，进料点偏离模具中心一定距离；一模两穴，大小差别较大的两个产品），解决方法一：设计模锲作为模腔、模芯的一部分来平衡这些力；方法二：采用倾斜式唧嘴</td></tr>
<tr><td colspan="2">4．设计合理的浇口位置、浇口形状以及浇口数量</td><td colspan="5">针对产品大小、成型材料的粘度、流动性能、可能出现的料流结合线、模塑周期的长短；借用 CAE 模流分析软件来确定浇口位置、大小、形式（针点、侧边状、搭接式、锥型状等）、数量。浇口的设计决定料流结合线，而结合线的汇集将使内应力集中，这对产品将是一个致命的破坏因素</td></tr>
<tr><td colspan="2">5．镶件和成孔销的设计</td><td colspan="5">针对一些精巧细小的部件，采取模仁镶件的方法，如成型深而小的孔位；模仁成型面在工作过程中容易磨损破坏的结构；在分型面下方深处无法加工或难以加工的结构；深/厚>5 的筋位</td></tr>
<tr><td colspan="2">6．排气结构设计</td><td colspan="5">针对产品一些尖锐薄的位置，在注塑过程因排气不良而容易形成真空以致注射压力损失大且粘料难以充饱产生射出产品缺胶现象，我们需在该处设置固定排气销，开设镶件孔或将顶针置于该处</td></tr>
<tr><td colspan="2">7．顶出机构设计</td><td colspan="5">确定合适的顶出方法（脱模板、顶杆、直推块、气动顶出阀）</td></tr>
</table>

续表

设计中	模具结构设计	8．冷却水路设计	我们根据预期生产量、模塑周期来确定是否设置冷却水路的：①对于较低生产量的样件模，可以不设冷却水路；②对预期生产量上万的模具，我们精确地设计合理高效的冷却条件，避免出现冷却不均匀甚至有些地方无法被冷却的现象。注意前后模水路要相互配合、不能重叠平行，防止塑料分子键的取向一致
		9．公母模仁定位装置设计	将模腔/模芯/斜顶进行良好的定位，可以补偿制造误差、热膨胀、磨损等失效因素；公母模仁可用卡入模座之定位销保证定位准确；对于分型面落差较大的小型模具，用导柱定位即可，而对于大型模具/非平衡高保压力模具、分型面平整无咬合的模具，我们还可以采用方型/圆型导柱辅助器、T 型辅助器、锥形锁、模锲等添加结构来确保可靠的定位
		10．滑块抽芯驱动机构、锁紧机构的设计	我们在给予滑块足够的抽芯力和足够的抽芯距离的同时，应根据滑块的体积大小和所需的抽芯距离，设计适合的滑块驱动机构以及滑块复位锁紧机构：①斜导柱（驱动件）配合铲基；②斜导柱配合模板斜面；③斜拔块开 T 型槽（兼抽芯与锁紧作用）
		11．滑块定位装置设计	滑块抽芯行程的定位使用较多的两种方式：①采用弹簧波珠定位；②采用压力弹簧配合停止销定位
		12．开模次序机构的设计	我们在设计三板模、多板模时，至少有三个以上的开模面，如何保证它们按照我们的设计意愿次序开模至关重要，我们可以根据模具大小、产品粘模度来设置标准的外部钢质开闭器、内部塑胶开闭器配合行程拉杆来保证开模顺序
		13．三板模流道脱出装置的设计	针对三板模料头贯穿流道板（脱料板）、A 板、母模仁，如何完全地从模具中脱落，我们需在前模面板上设置流道小拉杆，当流道板从前模板（A 板）分开时，将下沉料头从前模中拉出，然后人工钳出流道凝料；对于自动化要求高的模具，还可以在流道上设计自动弹料机构
		14．模具压板的厚度设置	①一般情况下，我们可采用模架制造商提供的标准值；②根据客户提供的要求值设计，如配合注塑机的快速夹模装置需要特定的面、底板厚度
		15．唧嘴规格选择	根据下沉料槽的长度、模具大小来确定所用唧嘴规格，若无所需的类型，则设计唧嘴零件图自行加工
		16．定位环规格选择	根据所用唧嘴大小、注塑机喷头尺寸，选择适合规格的定位环
		17．模仁尺寸的确定	视产品大小给定模仁长、宽、高尺寸：小件（模仁周边距产品轮廓最近处长/宽方向单边 25～40mm；高度方向 30～40mm）；大件（模仁周边距产品轮廓最近处长/宽方向单边 40～60mm；高度方向 40～55mm）
		18．A/B 板尺寸确定	视产品大小给定 A/B 板长、宽、高尺寸：小件（A/B 板周边距模仁轮廓长/宽方向单边 45～50mm；高度方向 A 板 20～30mm；B 板 28～35mm）；大件（A/B 板周边距模仁轮廓长/宽方向单边 50～100mm；高度方向 A 板 30～40mm；B 板 40～60mm）
		19．模脚高度确定	以产品顶出所需距离（=产品高度+顶出面板厚度+顶针底板厚度+垃圾钉厚度+20mm 安全值）和斜顶抽芯行程计算顶针板的推动行程 L 来确定所需模脚的高度
		20．K.O 孔大小/数量的确定	根据客户注塑机条件，按客户机台的要求、模具大小来设置 K.O 孔的大小、数量以及布局
		21．复位、先复位机构设计	在无特殊要求的情况下，顶针板的复位一般采用弹簧加复位杆由前模合模时推动复位；但在一些特殊情况下（如滑块与顶针行程干涉时）必须采用顶针板先复位机构

续表

设计中	模具结构设计	22．螺丝的设置	调整模具上的螺丝位置，避开水路；斜顶、滑块行程，防止发生干涉现象；锁公母模仁的螺丝，设计时越多越好，且需平均分配，使模仁与模座接触面更密合，且须为公制规格
		23．导柱的设置	在设置导柱时为了防呆，必须有一支导柱在 X、Y 方向偏移 5mm
		24．确定模具的最小外形尺寸	根据产品出模方向的投影面积和成型结构部件的布局，确定模架的最小外形尺寸，选择最接近尺寸的标准模架或非标准模架
	会审	阶段性设计审查	组织加工执行单位（CNC、钳工）代表在适当阶段参与设计评审工作，对进行到目前为止的所有工作做分型面的讨论与确定，对需要改进的方案做相关的记录并交付设计人员执行
	结构、材质确认	最终确定模架外形尺寸并确定模具各零部件的材质	成型部件的结构确认：模架规格确定，前/后模仁、滑块、斜顶、斜销、垫块、耐磨块、镶件的材质确定
	3D 组立	3D 分模及模具零件构建	使用 UG、Pro\E 等软件进行模具 3D 组立构建
	2D 组立	绘制组立（装配）图纸	保证所有零件的工作位置、装配关系以及工作状况等信息在视图上都表达清楚明了，要求视图以第三视角摆放，图层的使用要严格
	模具 2D 零件图绘制	绘制零件图	模胚图、公模水路图、母模水路图、公模机加工图、母模机加工图、模仁线割图、顶针位置图、电极加工图、放电位置图、模仁螺丝/销钉位置图、公（母）模仁检测图等加工、检测之所需 2D 图面的绘制，必须依照制订的 2D 图面要求规范进行绘图作业，图层的使用要严格
	BOM	零件 BOM 建立	附于装配图纸上，将所有模具零部件编号列表，详细列出每一个零件的名称、编号、尺寸、材质、备注说明
设计评审	设计评审及设计确认	对设计进行重审，这是推敲图纸以及在模具细节设计和开始制造之前更改设计的最后机会	1．零件图尺寸标识是否完整？有无过标、漏标尺寸？尺寸格式是否统一？精度要求为 0.01
			2．零件图所标示的尺寸是否符合钳工机加工、品管检测的便利？
			3．冷却水路的直径和分布合理吗？有没有与其他模具结构产生干涉现象？有没有模仁存在冷却不均匀、冷却不到现象，需要做水栓沉头吗？使模具表面平整，沉头规格为 ϕ35×25L，在水栓位必须标示 IN#\OUT#字样（#表示流水号）
			4．结合 3D 组立检查模具活动部件的设计是否正确？电极放电位置的 2D 图面尺寸标注是否详细无误？运水是否安全？
			5．结合 3D 组立斜顶、滑块抽芯行程足够吗？锁块、铲基锁紧强度可靠吗？所有活动构件的材料选择合理吗？
			6．产品脱模是否可靠？顶出机构（顶针、推块、推板）的选择与数量布局是否合理？
设计输出	图纸发行	填好标题档并完成图纸	正式图纸的标题档信息要求完整：模具编号、产品名称、成型原料、原料收缩率、图纸比例、图纸版次、图纸完成日期、审核日期、交付车间日期、设计变更档填写及设计者/审核者/核准者签名

三、利用软件进行模具设计的流程

作为一名模具设计师，如何利用自己熟悉的软件进行模具设计呢？本项目将为大家详细地讲解。本项目使用的3D软件为Pro/E，Pro/E的模架外挂为EMX4.1；2D软件为AutoCAD，AutoCAD外挂用燕秀工具箱（燕秀工具箱可在网上下载，具体的使用方法比较简单，请参考工具箱的使用说明学习）。

1. 文件夹建立

优秀的模具设计师一定会明白文件归类的重要性，有些公司还会对文件归类进行标准制定，这样便于文件的管理和查找。而对于模具设计软件，也对工作文件夹有要求，比如Pro/E，装配文件必须在同一个文件夹下，否则下次打开装配文件时会出现错误。

2. 产品分析

接受任务后，首先是要对产品和产品图进行详细的分析，了解客户对产品的要求、产品的交货时间、产品用在哪里；产品的外观要求；掌握产品的结构，产品的装配关系和精度要求，产品的材料特性和颜色，产品成型后是否还有后续加工，生产的批量大小，生产的自动化程度，生产工艺，生产设备情况等。根据客户提供的基本信息，初步确定模具的大小、布局、穴数、顶出方式等，还可以利用软件分析产品的壁厚、拔模角、产品尺寸、产品重量等参数，也可以对产品进行模流分析，如果没有准确的3D图，则需要进行绘制后再分析。如果客户已经有了明确的要求，要通过分析，审视客户的要求是否合理，如有必要可与客户协商进行修改。

3. 产品绘制

有些公司提供准确的3D图档和2D图档，并且有详细的技术参数说明，这样的图档只需要设计师进行图档检查即可。但有些公司只提供2D图或实物，这就需要将2D图或实物绘制成3D图，并需要提交给客户进行确认。

4. 3D产品图转2D产品图

将3D图转为工程图再转换为AutoCAD的2D产品图。因为要在3D绘图软件中快速准确地绘制3D模具图，需要有详细的模具结构和尺寸，而在3D绘图软件中绘制模具结构装配图没有AutoCAD方便快捷，因此，要将3D图转为AutoCAD的2D产品图，在AutoCAD中绘制出详细的模具结构排位图。如果客户已经提供了准确的2D工程图，此步可以省略。

5. 2D排位

在AutoCAD中进行模具的排位图绘制，在这里我们将使用燕秀工具箱作为辅助，可以方便快捷地完成模具图的排位，许多公司有自己的标准工具，但都大同小异。

（1）清理归层

从Pro/E中转出来的图可能有许多垃圾层和垃圾信息，我们需要进行清理，这时可用PU命令进行清理。再将产品图归为一个图层，这样便于后面的管理。如果是客户提供的2D图，最好是复制一份，删除标注、技术要求、局部图等，只保留主要的视图（可以使用燕秀工具一次性创建所有的图层，也可以根据自己的习惯创建图层）。

（2）镜像缩水

模具就是产品的镜像，产品中是凸出的，模具中是凹的；产品中是凹的，模具中就是凸的，因此，将产品图 MI 镜像后得到的就是模具内部形状了。注意，这里的镜像主要是针对与分型面平行的两个视图，并且镜像后是不允许再次镜像的，而侧面图是不需要镜像的，只要结构能对正即可。将镜像的产品图进行比例缩放，即放置缩水，比如 ABS 材料收缩率为 0.6%，那么可将产品图 SC 比例缩放 1.006 倍。

（3）建层，改颜色，找中心建块

一套模具排位图包括了产品图、零件、模架、标注、图框等很多内容，因此对它们进行归层、设置颜色，便于图档的绘制、查看和修改。在这里先将模具产品图进行更改颜色和归层，找到产品的中心基准，并将每个视图建成块，这样便于后面排位时的移动修改。下面介绍一个小技巧：找到中心线后将相交的两中心线进行零倒角（F 倒圆角，圆角设置为 0），再将中心线相互镜像，这样捕捉时更方便，也可以避免捕捉错点（利用燕秀工具箱的智能中心线工具，可以很方便地找到产品的中心线）。

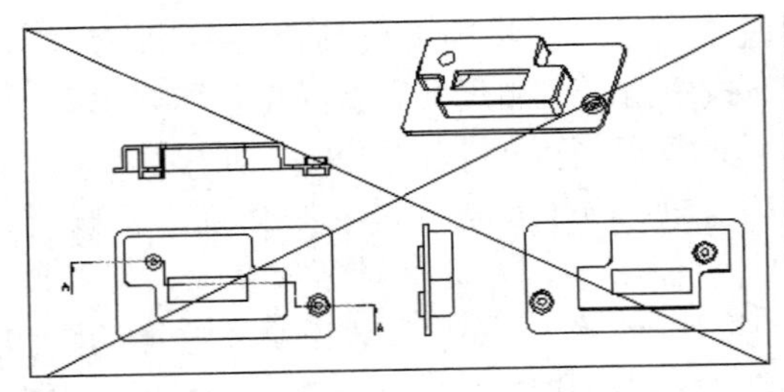

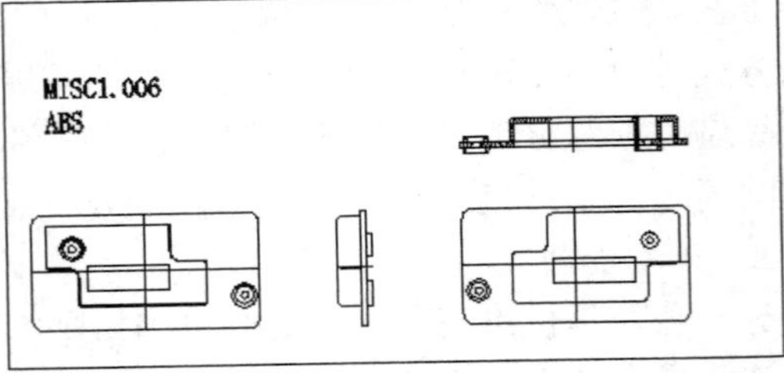

图 3-1-5

（4）产品排位

根据前期的模具分析确定模穴数、分型面等，将模具产品图复制排放好，并确定好中心距，中心距尺寸尽量选用整数（如图 3-1-6），一般会先放置后模俯视图，再放置侧面视图和前模视图。产品在排位过程中，前后模的产品图一定不可以镜像，如果有多穴，可以用复制移动、阵列等方法。产品与产品之间的距离可以用公式计算，但在实际工作中，一般根据产品的大小给出经验数据，中小型模具两产品最大外形之间的距离一般取 15～50mm，且要留有足够的空间布置流道和放置唧嘴。

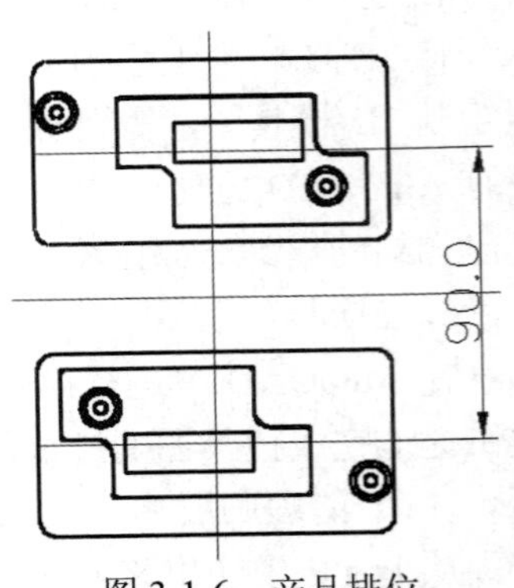

图 3-1-6　产品排位

（5）镶块轮廓尺寸

根据产品的排位，综合考虑模具的流道、运水、螺丝、侧向抽芯等，绘制出模具的成型零件镶块尺寸，在保证模具强度的前提下，排位越紧凑越好。镶块的尺寸需要通过计算才能得出，但在实际运用中，公司都是根据经验制定出适合自己的一些参数，而不需要计算。产品最大外形与镶块边缘的距离一般不小于20mm，由于要设置运水螺丝等，产品最大外形与镶块的边缘需要适当加大，AB两块模板的厚度一般不小于30mm（如图3-1-7）。

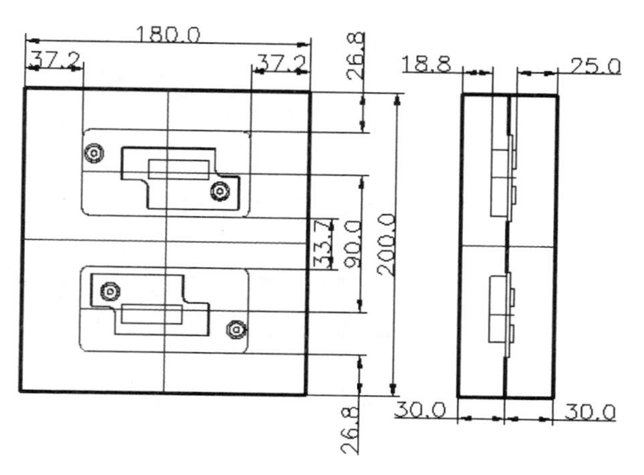

图3-1-7　镶块轮郭尺寸

表3-1-2是某公司确定镶块尺寸的参考数据，而实际上由于要布置运水、螺丝等，一般都会大于这些经验尺寸。

长、宽：表示产品最大外形尺寸，长≥宽。

高：表示产品最大高度尺寸。

A：表示产品最大外形边到镶块轮廓尺寸。

B：表示产品最大外形边到前模镶块底部尺寸。

C：表示产品最大外形边到后模镶块底部尺寸。

表3-1-2　某公司确定镶块尺寸的参考数据

<table>
<tr><th>高/mm</th><th>长/宽/mm</th><th>A/mm</th><th>B/mm</th><th>C/mm</th></tr>
<tr><td rowspan="3">0～30</td><td>0～100</td><td>25～30</td><td rowspan="3">20～30</td><td rowspan="3">25～35</td></tr>
<tr><td>100～200</td><td rowspan="2">30～35</td></tr>
<tr><td>200～300</td></tr>
<tr><td rowspan="3">30～60</td><td>0～100</td><td>30～35</td><td rowspan="2">25～35</td><td rowspan="3">30～40</td></tr>
<tr><td>100～200</td><td rowspan="2">30～45</td></tr>
<tr><td>200～300</td><td>30～40</td></tr>
<tr><td rowspan="3">>60</td><td>0～100</td><td>35～40</td><td rowspan="2">35～40</td><td rowspan="3">35～45</td></tr>
<tr><td>100～200</td><td>35～45</td></tr>
<tr><td>200～300</td><td>40～50</td><td>40～50</td></tr>
</table>

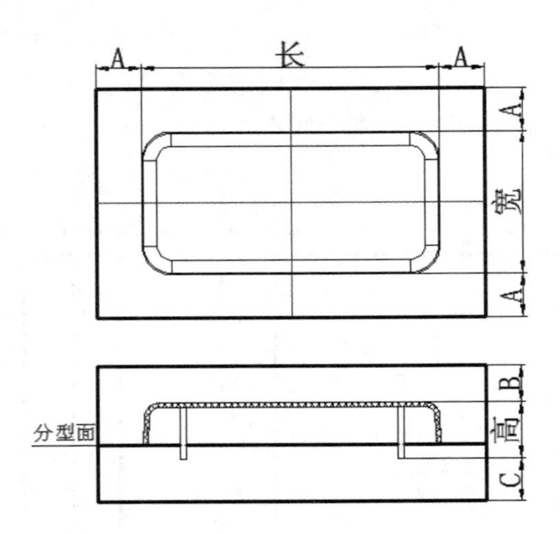

（6）流道运水顶针螺丝

选用合适的尺寸绘制出流道、运水、顶针、螺丝。在这里可以适当地对镶块的尺寸进行调整，以利于整体的布局（运水、顶针、螺丝等都可以用燕秀工具箱中的命令进行快速的插入）。如图 3-1-8 所示。

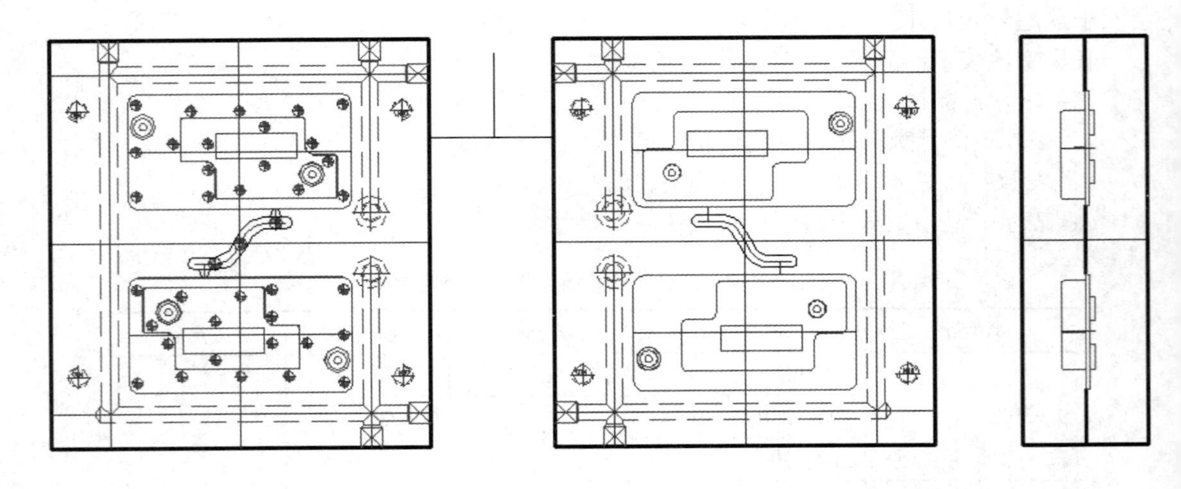

图 3-1-8　流道运水顶针螺丝

（7）模架

根据镶块的尺寸绘制出模架的结构尺寸。一般用外挂进行加载，利用外挂选择合适的模架类型、尺寸，将绘制好的成型零件部分复制放入模架内（利用燕秀工具箱可以直接插入标准的模架）。

表 3-1-3 是某公司确定模架与内框尺寸的参考数据，而实际上由于滑块、运水等，一般都会大于这些经验尺寸。

表 3-1-3　某公司模架规格和内框尺寸的参考数据

模架规格	内框参考尺寸		
	A（最小值）	B（最小值）	C（最小值）
<3030	40	25	30
3030-3060	50	30	40
3555-4570	55	35	50
5050-6080	65	40	60

（8）结构细化与调整

再根据整体的模架，镶块尺寸，对流道、运水、顶针、螺丝等细节部分进行绘制，对于一些尺寸有些不合适的可以进行适当的调整（利用燕秀工具箱的可以快速地插入）。

（9）尺寸

标注出相关的尺寸，这里的尺寸不需要详细地标注模具内部细小零件的尺寸，主要标注模架、镶块尺寸，流道、运水、螺丝等的大小与位置尺寸，侧向机构的尺寸等，便于后面 3D 设计时取数。一般情况下，模架组立图中的尺寸都是使用坐标标注法来标注尺寸。如图 3-1-9 所示。

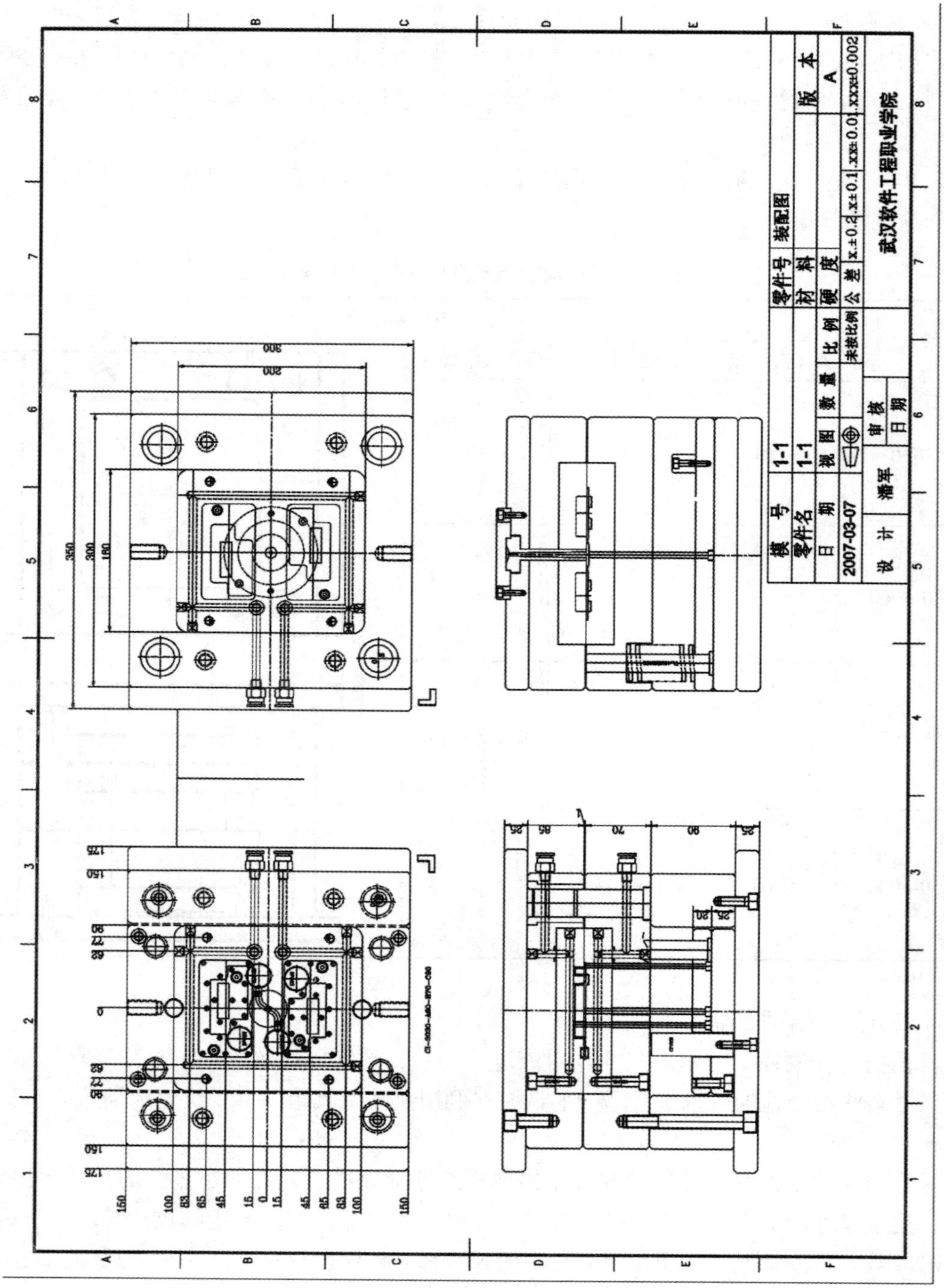

图 3-1-9　标注尺寸

（10）材料与配件清单

根据绘制的排位图已经可以确定模具的材料尺寸、模架的类型和尺寸，以及顶针、螺丝等配件的规格和数量了，可以做出详细的 BOM 表来。

（11）图框

将图框置入。一般公司都有标准的图框，直接插入即可。如果没有则需要自己根据图框要求进行绘制。

6. 3D 分模

根据 2D 的排位图结构和尺寸，可以方便快捷地绘制出 3D 模具图。

（1）分模与镶件

分出模具的前后模，并拆分详细的镶件，包括侧向抽芯机构。分模的方法有很多，在 Pro/E 中，使用分型面与体积块互相配合的方法会比较方便，特别是创建镶块内部的小镶件、滑块、斜顶等，也便于后期的修改。如图 3-1-10 所示。

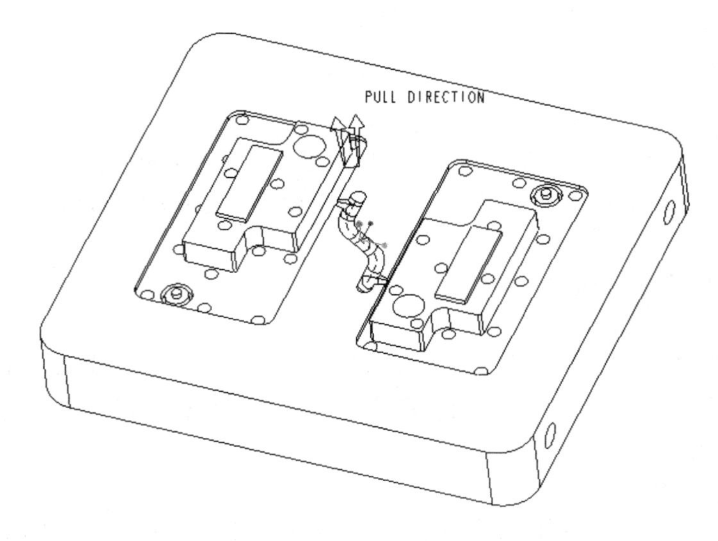

图 3-1-10　分模与镶件

（2）模架

一般情况下都会在模具制造模块完成所有的成型零件创建，再载入标准的模架，利用 EMX 可以方便快捷地插入标准的模架。

（3）结构细化

模架加载完成后，再逐步完善流道、运水、顶针、螺丝等，大部分情况下还需要对模架的模板进行修改，以便配合成型零件。EMX 中的工具并不能完成所有的工作，因此还有许多工作需要利用装配工具来自己修改完成。如图 3-1-11 所示。

图 3-1-11　结构细化

（4）电极（备选工作）

有些公司可能需要设计人员出电极图，则需要绘制出 3D 的电极图来，但也有些公司将这项工作分配到了 CNC 编程人员那里，还有些公司设置了专业的电极设计员岗位。

（5）出图

将所有图档转换成工程图，主要有装配图、零件图、电极图。

1）全 3D 出图

利用 Pro/E 的工程图模块，完成所有零件图工作。在公司中，会先设计好图框、标注等模板，出零件图时可以很方便地调入。全 3D 出图可以让图档参数化，便于今后产品或模具修改后图档能及时地更新。

2）转到 2D 出图

将 Pro/E 的 3D 零件图全部转到 AutoCAD 2D 图，再到 AutoCAD 中进行标注、加图框等工作，目前大部分公司都还是使用这种方法出图，因为 AutoCAD 使用简单快速，对员工的技术要求也相对较低，但已经有很多公司开始全 3D 出图了，为了能让 3D 图与 2D 图同步，这样便于公司图档的管理。

（6）图档交付

图纸打印与审核。根据公司的规模和管理，图档的审核次数也不尽相同，一般情况下，模具设计开始前需要进行评审，模具设计排位完成后需要会审，模具设计全部完成后需要审核，最终还需要最高负责人进行核准，有些公司会设置专业的工程文员来负责图纸的打印与存档工作；还有些图档需要提交给 CNC 等部门，比如需要数控加工的镶块、电极等，这些 3D 的文件需要转换成 STP、IGS 等格式后再转交。

项目四

注塑模设计案例

模块一　单分型面模具设计案例

本产品是一个塑料显示盒支撑座，如图 4-1-1 所示。

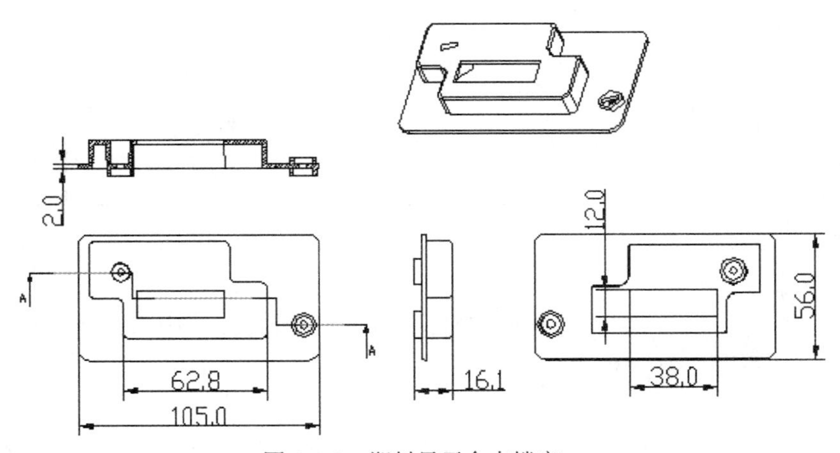

图 4-1-1　塑料显示盒支撑座

一、客户资料

在模具设计之前，首先是分析客户提供的产品信息，有些客户产品信息比较完整，而有一些会比较简单，但一些重要的信息是不可缺失的，比如产品的材料、产品的技术要求等。本产品客户提供的信息如下：材料 ABS，模穴数 1×2，年产量 100 万件，尺寸公差按图纸要求，侧进胶，其他技术要求见图纸，模具周期一个月；客户还提供了 CAD 2D 图和 Pro/E3D 图。

为了方便图档的管理，需新建一个文件夹，并分别建立客户资料文件夹、2D 图档文件夹、3D 模具设计文件夹等子文件夹，将图档归类，客户资料图档尽量保持原样不动，将客户图档复制出来进行设计。

二、初步方案分析

根据客户提供的资料和图档，我们需要对产品进行详细的分析。

1. 材料分析

产品材料是 ABS，它是一种具有良好综合力学性能的工程塑料。它有良好机械强度，特别是抗冲击强度高，还具有一定的耐磨性、耐寒性、耐油性、耐水性、化学稳定性和电性能，流动性中等，溢边值为 0.04mm。它的比重 1.02～1.16g/cm^3，成型收缩率 0.4%～0.7%，根据产品大小和经验，本产品的收缩率定为 0.6%（许多公司对自己常用的塑料都有一份比较准确的收缩率表）。

2. 结构分析

根据客户要求和客户的图档分析，本产品分型面为平面，采用大水口模架，侧进胶。初步模具结构设想如图 4-1-2 所示。

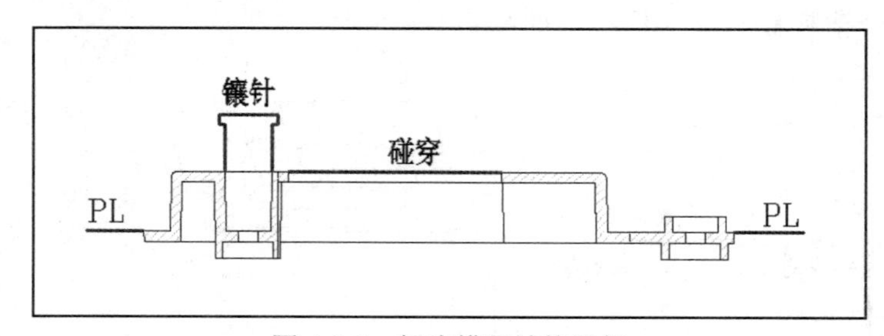

图 4-1-2　初步模具结构设想

3. 技术要求

从客户图档中可以知道产品没有特殊的技术要求，所有尺寸均为自由尺寸，查相关资料可知 ABS 未注公差等级为 MT5。

4. 排位草图

根据分析，绘制出简单的模具结构草图。模具结构的草图有时是在模具设计研讨会上直接手工绘制的，有时会由本产品的设计师用 CAD 简单绘制，其主要目的是分析模具制造和产品批量生产的可行性、模具的基本结构和大小、注塑机的选择等，以便于在研讨会中讨论和安排。根据在 CAD 中的排位，基本可以确定镶块的大小、滑块的大小、模架的大小、流道与进胶、顶针运水等。排位草图虽然是初步方案，但不复杂的模具基本不会再有很多的修改，因此，排位草图和正式的排位图绘制方法都是一样的，排位图的绘制方法会在后面详细讲解。排位草图如图 4-1-3 所示。

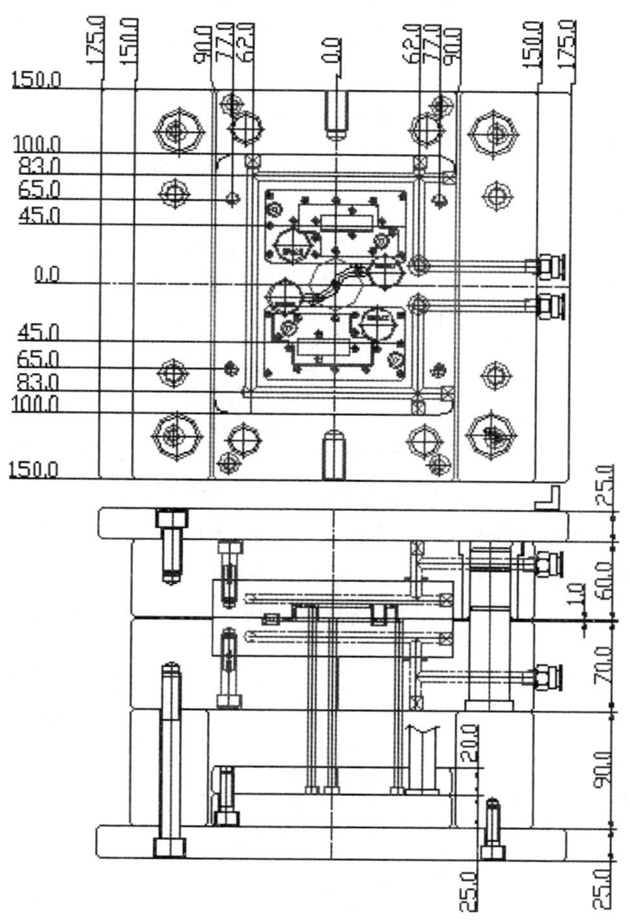

图 4-1-3 排位草图

5. 注塑机的选择

根据模具简单的排位，模具大小初步定为龙记标准模架 AI3030 A60 B70 C90，最大外形尺寸为 300×350×270；根据 3D 图档可测得单个产品重量为 17.3g，流道浇口重量约 8g（流道重量可以按产品重量的 0.2～1 倍来估算），由此可计算出本套模具的注塑量为 17.3×2+8=42.6g，产品注射量一般控制在设备最大注射量的 80%以内，根据注射量初步选型号为 XS-ZY-125 的注塑机。

三、模具结构绘制（2D 排位图）

1. 产品排列

根据客户要求和模具结构草图，准确地绘制出产品排列位置，并初步绘制出镶块的大小和分型面的位置。模具中的产品图可以用客户提供的 2D 图镜像再进行比例缩放得到，也可以用 3D 图转为 2D 图，再镜像和比例缩放得到，如图 4-1-4 所示。本模具中的产品图为镜像后再进行比例缩放 1.006 倍后得到的。

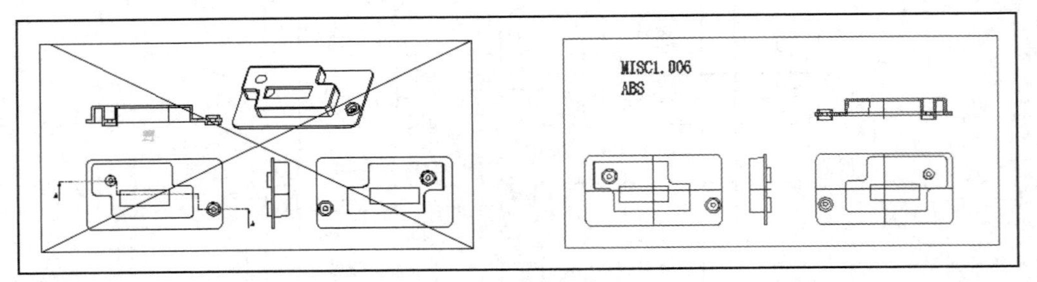

图 4-1-4　产品镜像缩水图

产品缩水以后最大外形尺寸为 105.6×56.3×16.2，产品中心距为 90mm，最大外形与镶块边缘的距离需要考虑运水的布置，运水选用$\phi 8$，运水边离产品最大外形 5mm 以上，运水边与镶块边缘 12mm 以上，因此镶块的长宽尺寸为 200×180。为了保证模具的强度，防止生产过程中模具变形，镶块的厚度前模取 30mm，后模取 30mm。以上参数目前只是暂定，后面把螺丝运水等都布置完成后，如果有不合适的地方可以进行修改。排列图如图 4-1-5 所示。

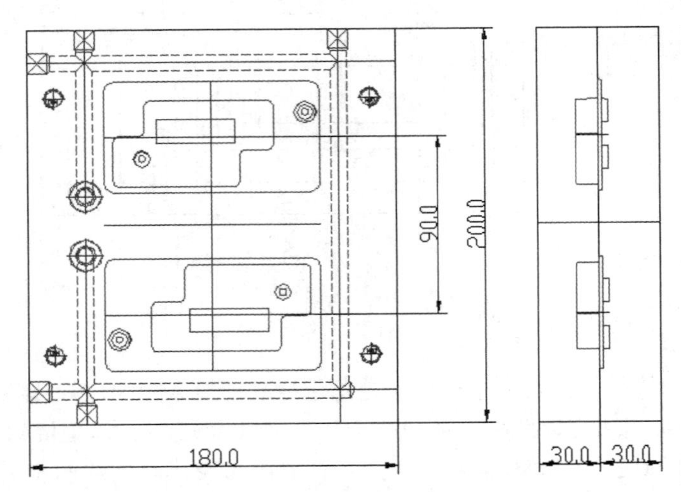

图 4-1-5　产品排列图

2. 流道、顶针、运水和螺丝

根据初步方案草图，绘制镶块上的流道、进胶点、顶针、运水和螺丝位置和尺寸。

在设计过程中，流道、顶针、运水和螺丝可以根据实际情况来进行调整，如果在设计过程中布置有困难，也可以对镶块进行适当的调整。这四项内容在设计过程中，当遇到布置相互干涉时，要分清主次，主次顺序为流道、顶针、运水、螺丝，比如顶针与运水有干涉，尽量去调整运水的位置。

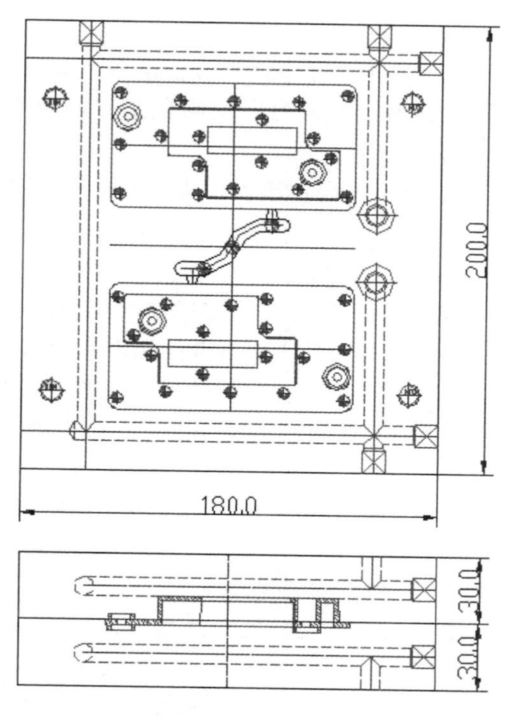

图 4-1-6　流道、顶针、运水和螺丝分布图

（1）主流道的设计

主流道要尽量的短一些，在实际工作中，一般采用标准唧嘴（浇口套），中小型模具常用的规格有ϕ8、ϕ10、ϕ12、ϕ16 等，本模具采用的唧嘴为ϕ10。

（2）分流道的设计

本模具采用平衡流道的布置方式。流道的截面形状一般采用圆形，便于加工。流道的尺寸根据产品的大小和穴数来确定，一般中小型模具常用的流道直径有ϕ3、ϕ4、ϕ5、ϕ6、ϕ8、ϕ10、ϕ12，本产品采用ϕ6 的流道。

（3）浇口的设计

本产品采用侧浇口进胶，浇口尺寸为 3×3.8×1.2。

（4）顶针的设计

顶针尽量采用圆形顶针，顶针的直径规格尽量少一些，以便于模具的加工和配件的采购，顶针尽量不要布置在滑块下面，以免生产过程中出现故障导致模具损坏。本模具中流道采用ϕ6 的圆顶针，产品采用ϕ5 的圆顶针。

（5）运水的设计

运水的规格一般采用ϕ6、ϕ8、ϕ10、ϕ12，运水的孔径过小容易堵塞，太大冷却效果不好，本模具中采用了ϕ8 的规格，环绕模具一周进行冷却。

（6）螺丝的设计

布置螺丝时尽量对称和规则，这样便于模具的加工，螺丝的大小根据镶块的大小来确定，一般情况下螺丝采用 M6 以上的，本模具采用了 M10 的螺丝，对角布置。

3. 模架的选择

一般情况下，中小型模具的模架不会直接当作成型零件使用，而是将模架中间挖掉，再镶上一块好的材料的镶块。在前面已经确定了镶块的尺寸，那么模架就可以根据镶块的尺寸来确定。模架的尺寸直接影响到模具的强度，因此模板的厚度和开框的尺寸要合理。

在实际工作中，并没有通过复杂的计算来确定模架的大小，而是根据设计师的经验和公司给定的一些参考数据来确定的，另外市场上有专业的标准模架可以购买，我们只需要根据经验参数选择合适的标准模架即可。有一个比较粗略的标准模架选择方式，在没有滑块等一些特殊机构的情况下，镶块的宽度尺寸不要超过标准模架的顶针板宽度，长度尺寸不要超过复位杆，这样的模架尺寸是合适的。

本模具采用龙记标准模架 AI-3030-A60-B70-C90，如图 4-1-7 所示。

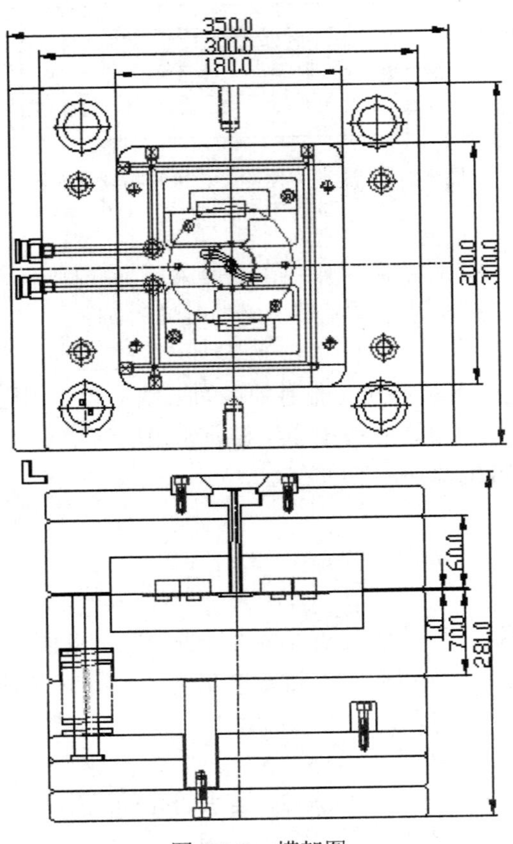

图 4-1-7　模架图

4. 排位图细化

将一些主要的方面布置好以后，还要对各个环节的细节进行绘制。比如加上定位环和唧嘴、在模架上完善运水和顶针、加入撑头弹簧等，并将一些主要的位置进行标注，制作模具 BOM 表。如图 4-1-8 所示。

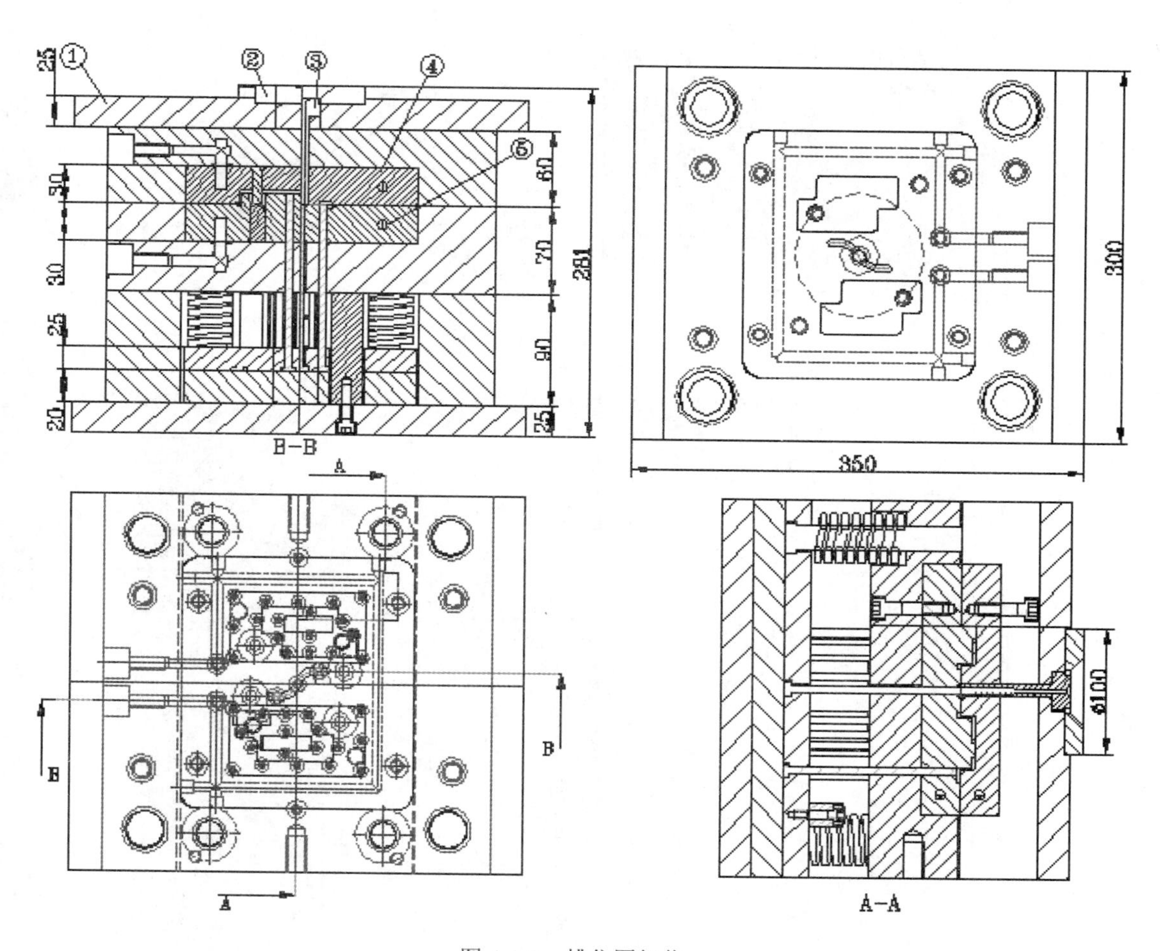

图 4-1-8　排位图细化

绘制了 2D 模具结构图，再通过模具结构图进行 3D 分模，就有尺寸依据，画图时会更方便、更快，再将 3D 图分拆为零件图，出 2D 的零件图，完成全套的模具图纸。

利用 Pro/E 模具设计完成后的模具图如图 4-1-9 所示。

图 4-1-9　模具 3D 图

建立 2D 零件图并进行加工。部分图纸如图 4-1-10 所示。

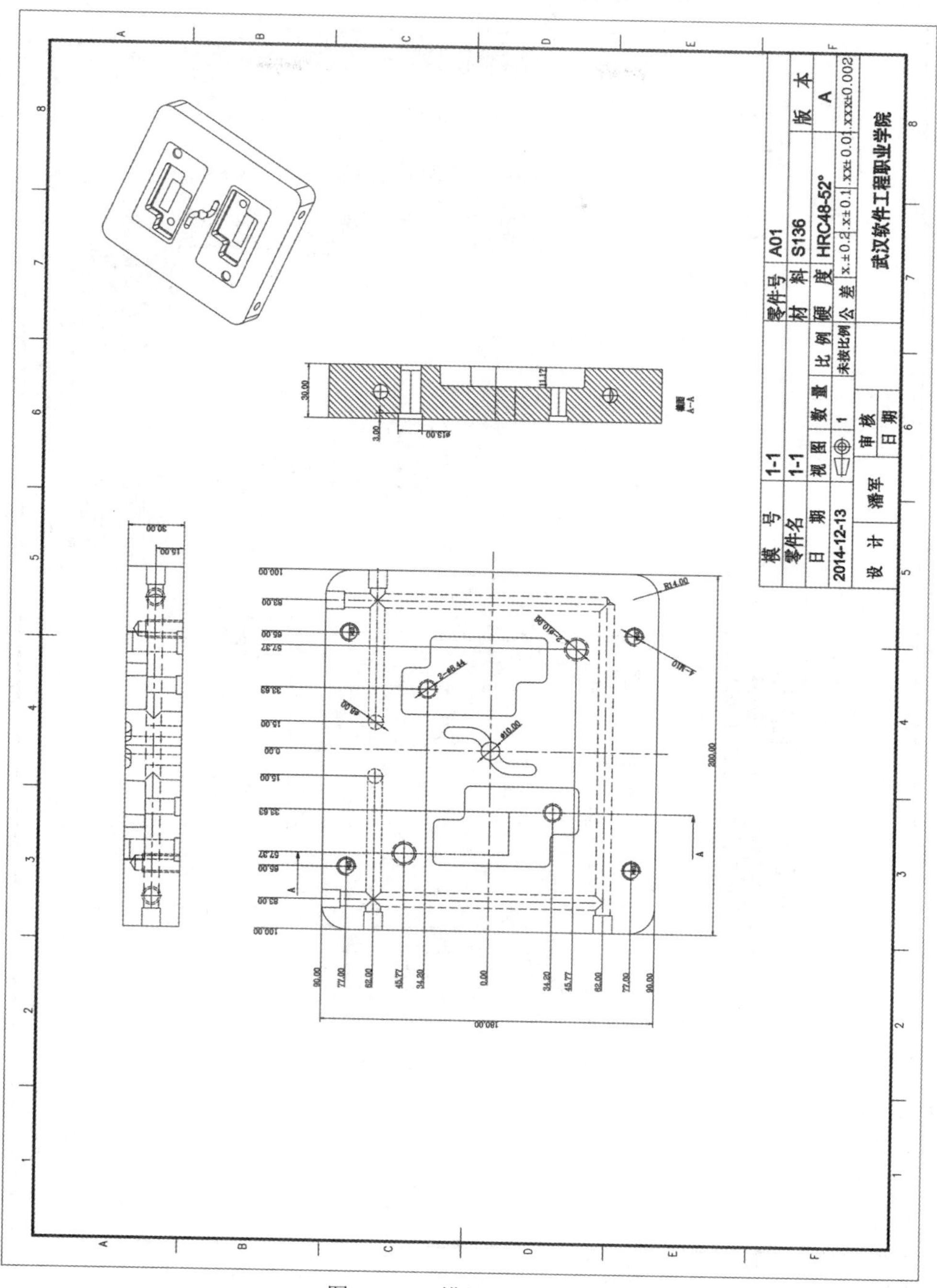

图 4-1-10 模具零件 2D 图

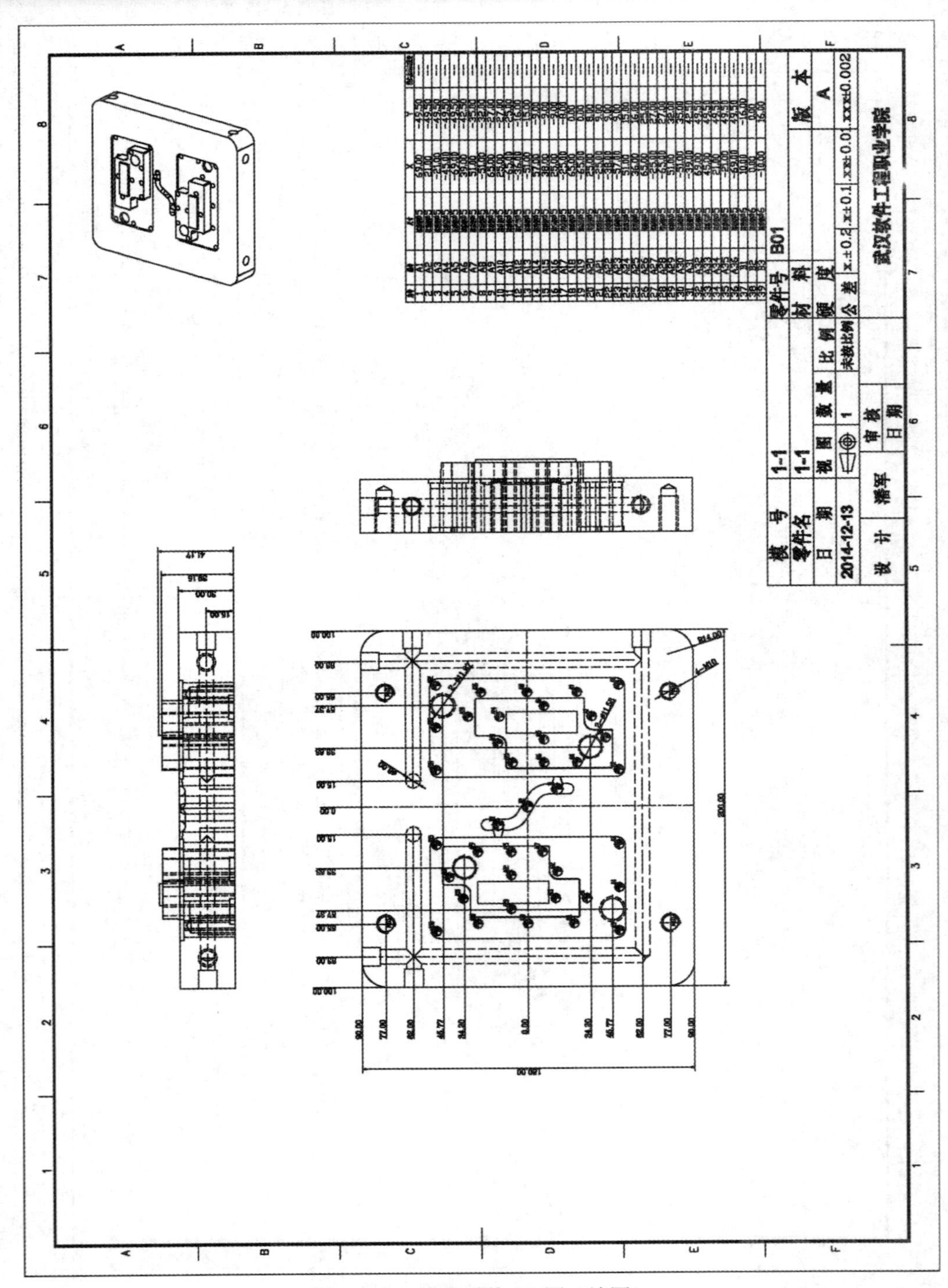

图 4-1-10　模具零件 2D 图（续图）

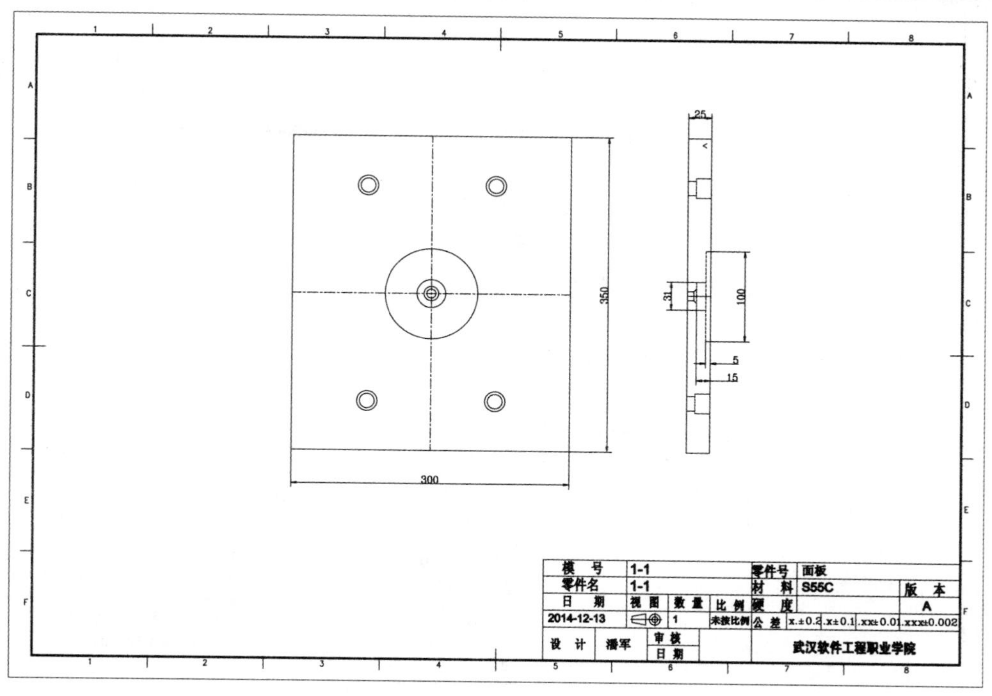

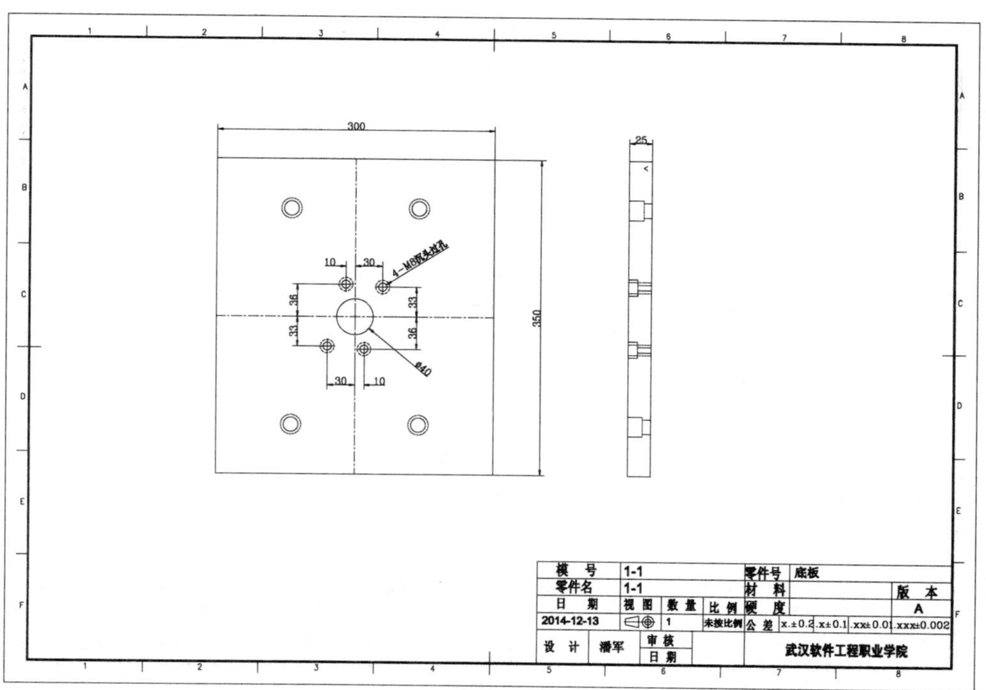

图 4-1-10　模具零件 2D 图（续图）

18

60

R13

ϕ10

4-M10螺丝过孔

2-ϕ16X2

ϕ8

62

154

180

300

30

M10

20

ϕ25

30

130

200

300

模　号	1-1				零件号	A板	
零件名	1-1				材　料		版　本
日　期	视　图	数　量	比　例		硬　度		A
2014-12-13		1	未按比例		公　差	x.±0.2 .x±0.1 .xx±0.01 .xxx±0.002	
设　计	潘军	审　核 / 日　期			武汉软件工程职业学院		

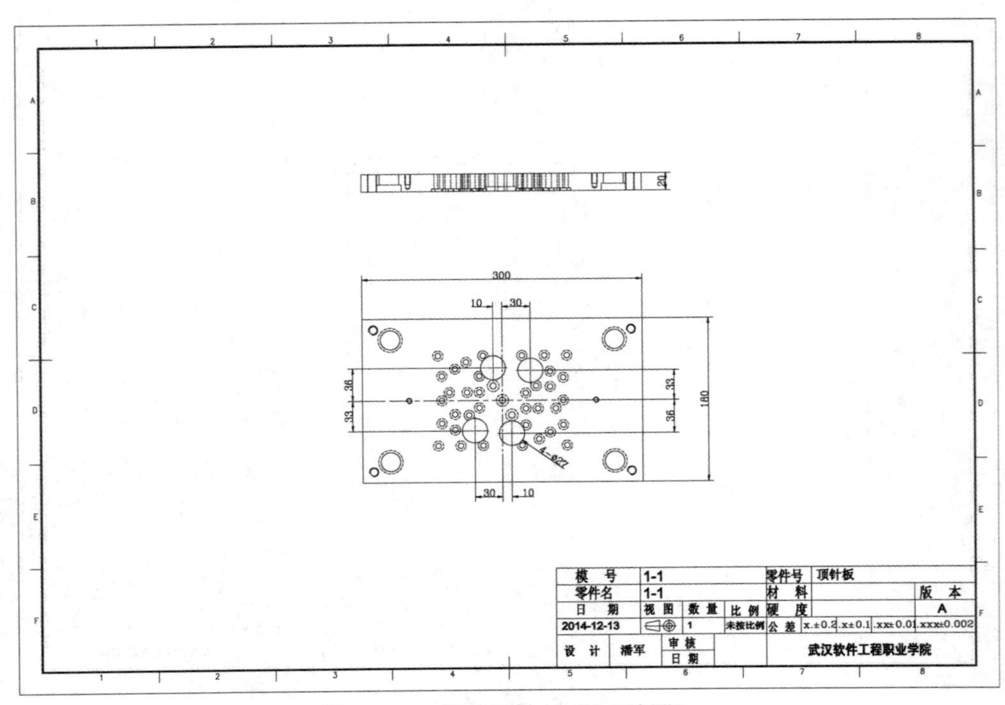

图 4-1-10　模具零件 2D 图（续图）

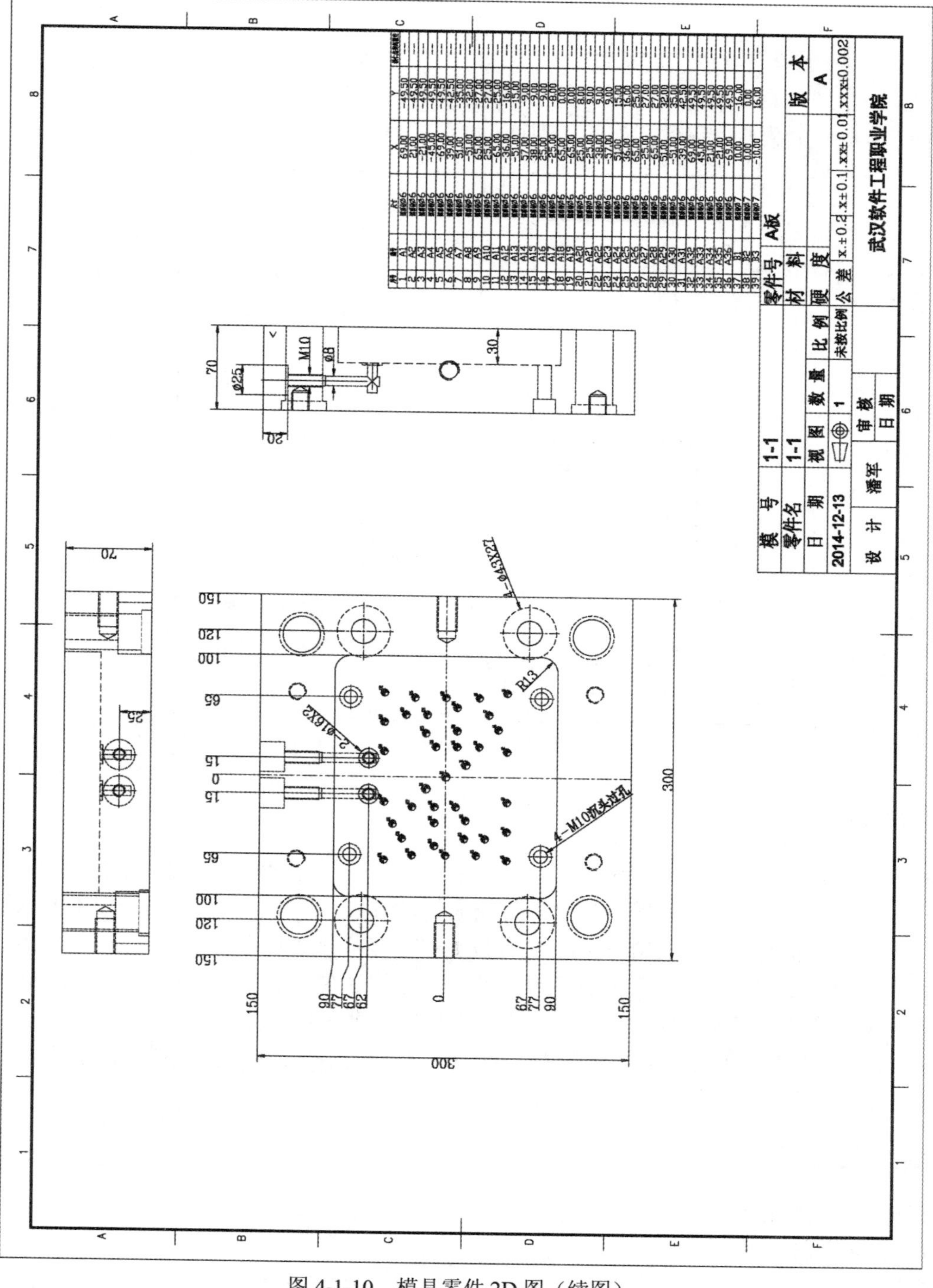

图 4-1-10 模具零件 2D 图（续图）

模块二　双分型面模具设计

本产品是一个塑料方罩壳，如图 4-2-1 所示。

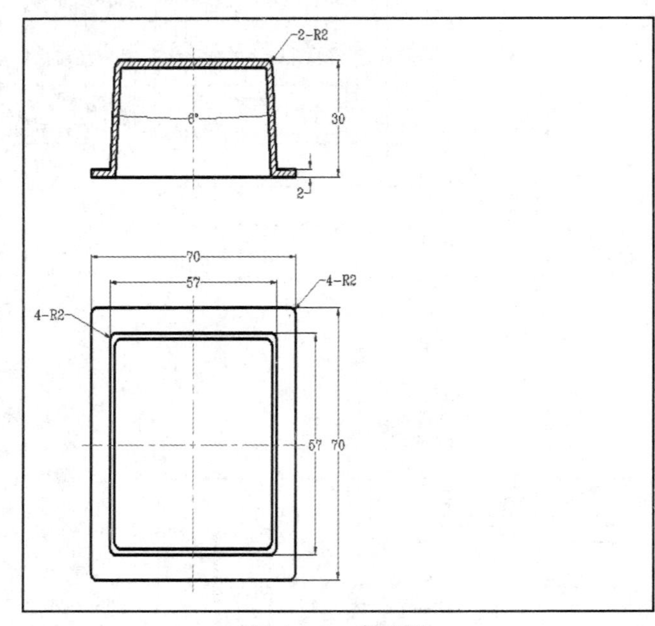

图 4-2-1　产品图

一、客户资料

在模具设计之前，首先是分析客户提供的产品信息，有些客户产品信息比较完整，而有一些会比较简单，但一些重要的信息是不可缺失的，比如产品的材料、产品的技术要求等。本产品客户提供的信息如下：材料 ABS，模穴数 1×2，年产量 100 万件，尺寸公差按图纸要求，点进胶，其他技术要求见图纸，模具周期一个月；客户还提供了 CAD 2D 图和 Pro/E3D 图。

为了方便图档的管理，需新建一个文件夹，并分别建立客户资料文件夹、2D 图档文件夹、3D 模具设计文件夹等子文件夹，将图档归类，客户资料图档尽量保持原样不动，将客户图档复制出来进行设计。

二、初步方案分析

根据客户提供的资料和图档，我们需要对产品进行详细的分析。

1．材料分析

产品材料是 ABS，它是一种具有良好综合力学性能的工程塑料。它有良好的机械强度，特别是抗冲击强度高，还具有一定的耐磨性、耐寒性、耐油性、耐水性、化学稳定性和电性能，流动性中等，溢边值为 0.04mm。它的比重 1.02～1.16g/cm^3，成型收缩率 0.4%～0.7%，根据产品大小和经验，本产品的收缩率定为 0.6%（许多公司对自己常用的塑料都有一份比较准确的收缩率表）。

2．技术要求

从客户图档中可以知道产品没有特殊的技术要求，所有尺寸均为自由尺寸，查相关资料可知 ABS 未注公差等级为 MT5。

3．结构分析

根据客户要求和客户的图档分析，本产品采用双分型面，点浇口，细水口模架。初步模具结构设想如图 4-2-2 所示。

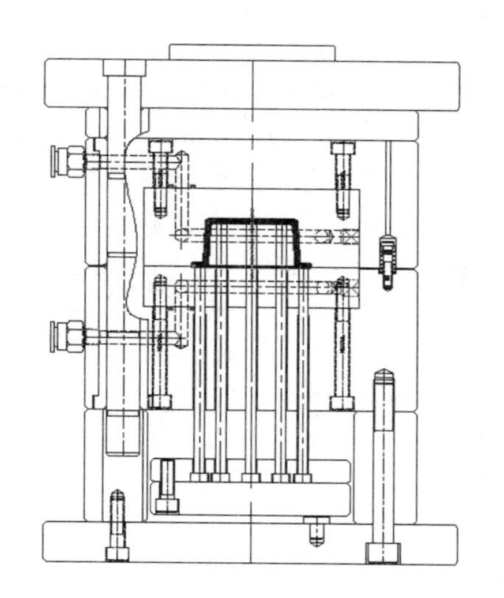

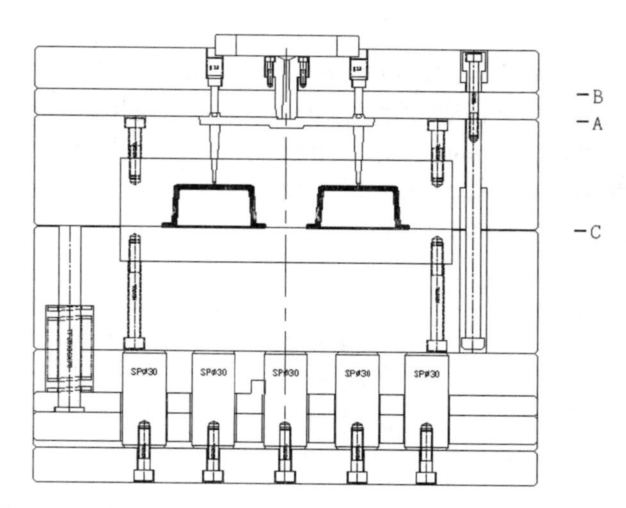

图 4-2-2　结构草图

4．注塑机的选择

根据模具简单的排位，模具大小初步定为龙记标准模架 FAI-2035-A90-B50-C70-L250，最大外形尺寸为 250×350×346；根据 3D 图档可测得单个产品重量为 17.3g，流道浇口重量约 8g（流道重量可以按产品重量的 0.2～1 倍来估算），由此可计算出本套模具的注塑量为 17.3×2+8=42.6g，产品注射量一般控制在设备最大注射量的 80%以内，根据注射量初步选型号为 XS-ZY-125 的注塑机。

三、模具结构绘制（2D 排位图）

1．产品排列

根据客户要求和模具结构草图，准确地绘制出产品排列位置，并初步绘制出镶块的大小和分型面的位置。模具中的产品图可以用客户提供的 2D 图镜像再进行比例缩放得到，也可以用 3D 图转为 2D 图，再镜像和比例缩放后得到，如图 4-2-3 所示。本模具中的产品图为镜像后再进行比例缩放 1.006 倍后得到的。

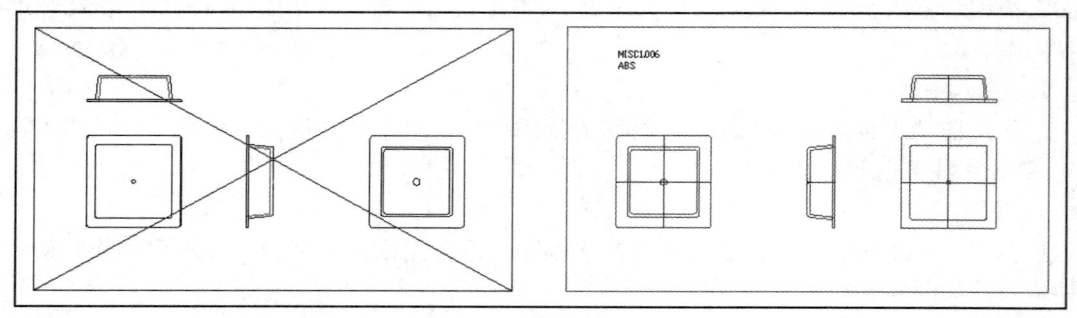

图 4-2-3　产品镜像缩水图

产品缩水以后的最大外形尺寸为 70×70×30，产品中心距为 100mm，产品最大外形与镶块边缘的距离需要考虑运水的布置，运水选用$\phi 8$，运水边离产品最大外形 5mm 以上，运水边与镶块边缘 12mm 以上，因此镶块的长宽尺寸为 240×140。为了保证模具的强度，防止生产过程中模具变形，镶块的厚度前模取 45mm，后模取 40mm。以上参数目前只是暂定，后面把螺丝运水等都布置完成后，如果有不合适的地方可以进行修改。产品排列图如图 4-2-4 所示。

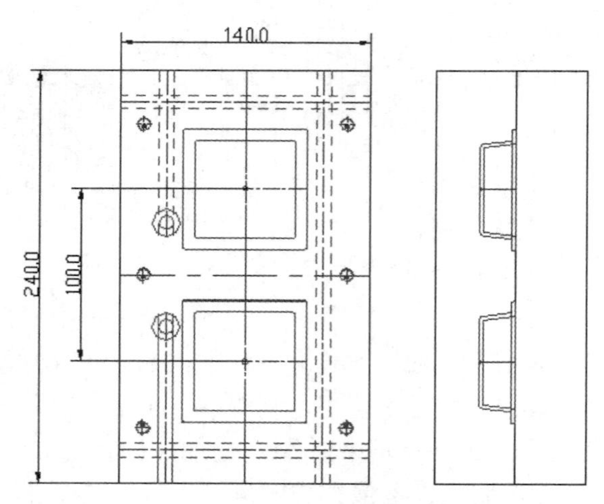

图 4-2-4　产品排列图

2. 流道、顶针、运水和螺丝

根据初步方案草图，绘制镶块上的流道、进胶点、顶针、运水和螺丝位置和尺寸。

在设计过程中，流道、顶针、运水和螺丝可以根据实际情况来进行调整，如果在设计过程中布置有困难，也可以对镶块进行适当的调整。这四项内容在设计过程中，当遇到布置相互干涉时，要分清主次，主次顺序为流道、顶针、运水、螺丝，比如顶针与运水有干涉，尽量去调整运水的位置。

（1）主流道的设计

根据定模座板和流道板的厚度，选用细水口标准浇口套，浇口套直径为 100mm，长度为 73mm，浇口套结构如图 4-2-5 所示。为保证浇道凝料开模后能留在定模具一侧，下端设置有拉料倒扣。

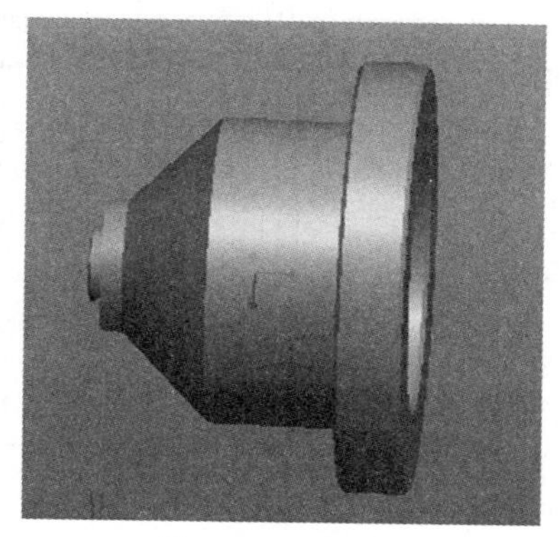

图 4-2-5　浇口套

（2）分流道的设计

在常用的分流道中，U 型与梯形分流道注射成型较好，根据实际的生产状况，本例采用梯形分流道。如图 4-2-6 所示流道深度 H 为 5.5mm，流道宽度 W 为 8mm，底部 R 为 2mm。

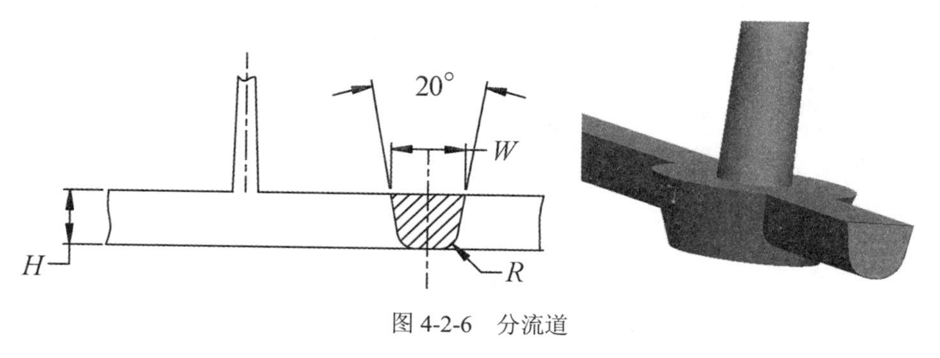

图 4-2-6　分流道

（3）浇口的设计

方罩属于外观件，表面质量要求较高，采用点浇口进浇，在产品顶部中心的位置，具体形状尺寸如图 4-2-7 所示。

（4）顶针的设计

顶针尽量采用圆形顶针，顶针的直径规格尽量小一些，以便于模具的加工和配件的采购。顶针尽量不要布置在滑块下面，以免生产过程中出现故障导致模具损坏。本模具中采用了 16 根 $\phi 6$ 的圆顶针，如图 4-2-8 所示。

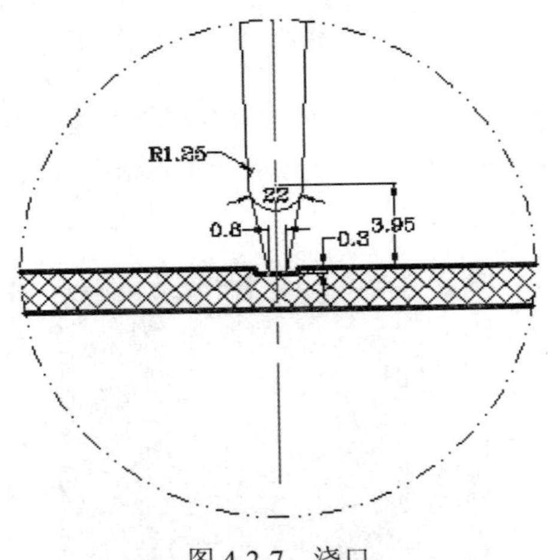

图 4-2-7　浇口

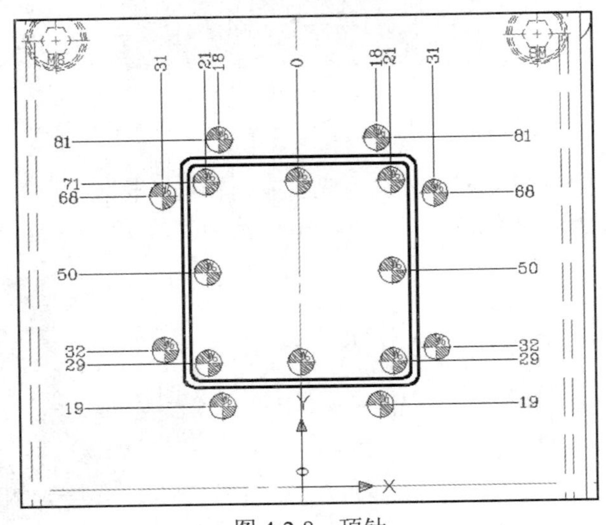

图 4-2-8　顶针

（5）运水的设计

运水的规格一般采用ϕ6、ϕ8、ϕ10、ϕ12，运水的孔径过小容易堵塞，太大冷却效果不好，本模具中采用了ϕ8 的规格，环绕模具一周进行冷却。

（6）螺丝的设计

螺丝布置时尽量对称和规则，这样便于模具的加工，螺丝的大小根据镶块的大小来确定，一般情况下螺丝采用 M6 以上的，本模具采用了 M8 的螺丝，对称布置。

3. 定距分型机构的设计

为保证产品以及浇注系统凝料能顺利脱出，必须控制开模顺序，本套模具采用定距拉杆定距，配合尼龙锁扣和拉钩以及脱料板等分型。

动模部分后退，在A分型处第一次分型，定距拉杆控制的开模距离为105mm，浇道凝料由于拉钩的作用从中间板上脱离，留在脱料板上。在第二次分型B处开模8mm，脱料板被定距拉杆控制，并刮掉附着在拉杆以及浇口套上的浇道凝料。在第三次分型C处开模65mm，目的是为顺利脱出产品，中间板由导柱和定距拉杆来限制位置和导向，为保证分型的先后顺序，采用尼龙锁扣来保证C分型面最后一次打开。

4. 模架的选择

一般情况下，中小型模具的模架不会直接当作成型零件使用，而是将模架中间挖掉再镶上一块好的材料的镶块。在前面已经确定了镶块的尺寸，那么模架就可以根据镶块的尺寸来确定。模架的尺寸直接影响到模具的强度，因此模板的厚度和开框的尺寸要合理。

在实际工作中，并没有通过复杂的计算来确定模架的大小，而是根据设计师的经验和公司给定的一些参考数据来确定的，另外市场上有专业的标准模架可以购买，我们只需要根据经验参数选择合适的标准模架即可。有一个比较粗略的标准模架选择方式，在没有滑块等一些特殊机构的情况下，镶块的宽度尺寸不要超过标准模架的顶针板宽度，长度尺寸不要超过复位杆，这样的模架尺寸是合适的。

本模具采用龙记标准模架FAI-2035-A90-B50-C70-L250。如图4-2-9所示。

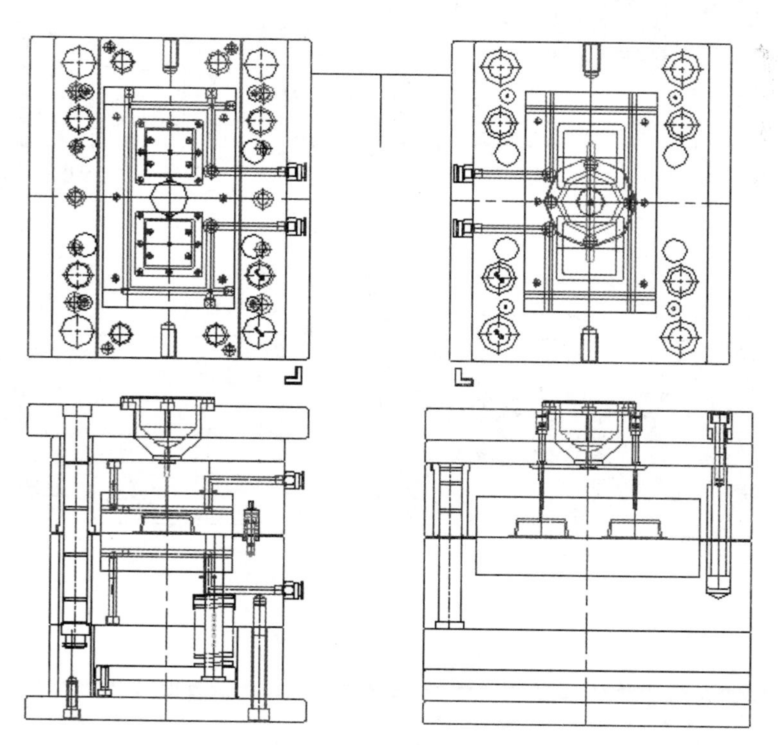

图4-2-9　模架图

绘制了如图 4-2-10 所示的 2D 模具结构图，再通过模具结构图进行 3D 分模，就有尺寸依据，画图时会更方便、更快，再将 3D 图分拆为零件图，出 2D 的零件图，完成全套的模具图纸。

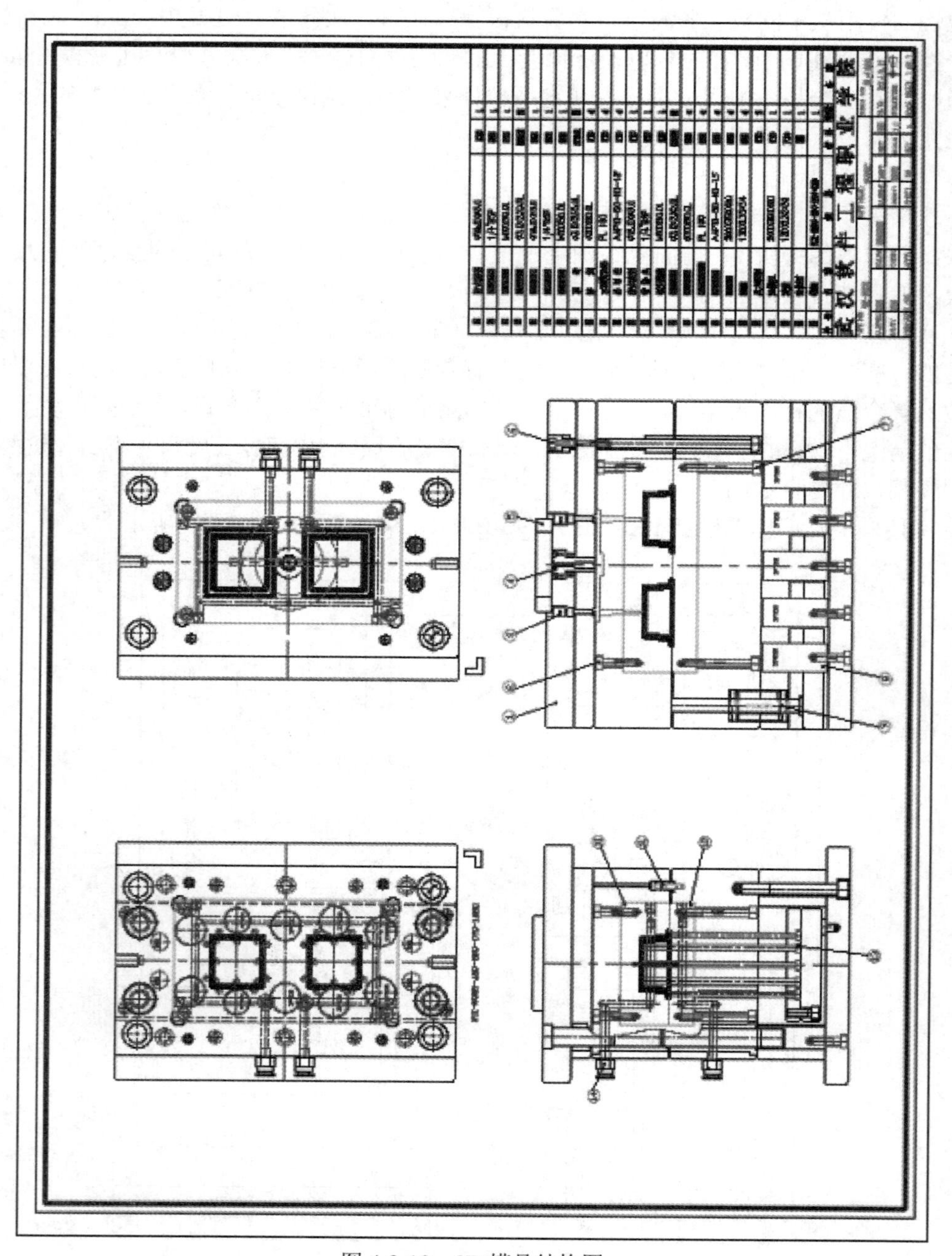

图 4-2-10　2D 模具结构图

利用 Pro/E 模具设计完成后的模具图如图 4-2-11 所示。

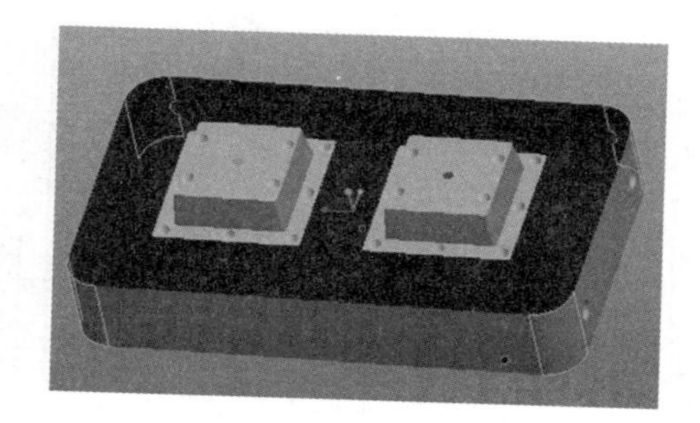

图 4-2-11　模具 3D 图

建立 2D 零件图进行加工。部分图纸如图 4-2-12 所示。

模　号	1-2			零件号	A01	
零件名	1-2			材　料	NAK80	版　本
日　期	视 图	数 量	比 例	硬　度		A
2014-12-13		1	未按比例	公 差	x.±0.2 .x±0.1 .xx±0.01 .xxx±0.002	
设　计	潘军	审 核 / 日 期		武汉软件工程职业学院		

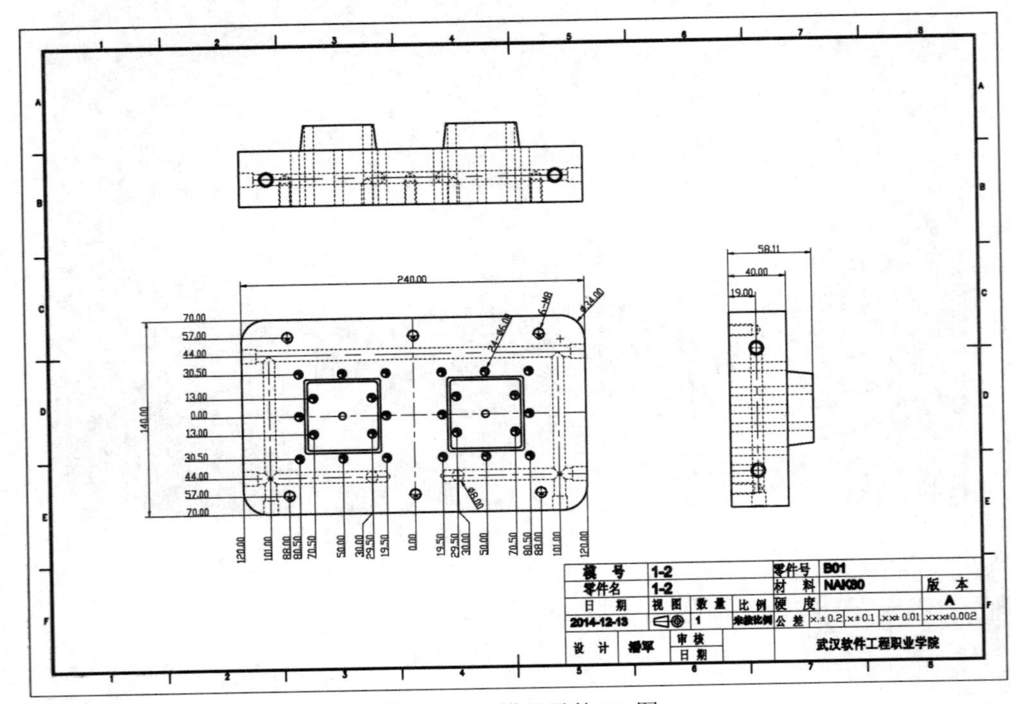

图 4-2-12　模具零件 2D 图

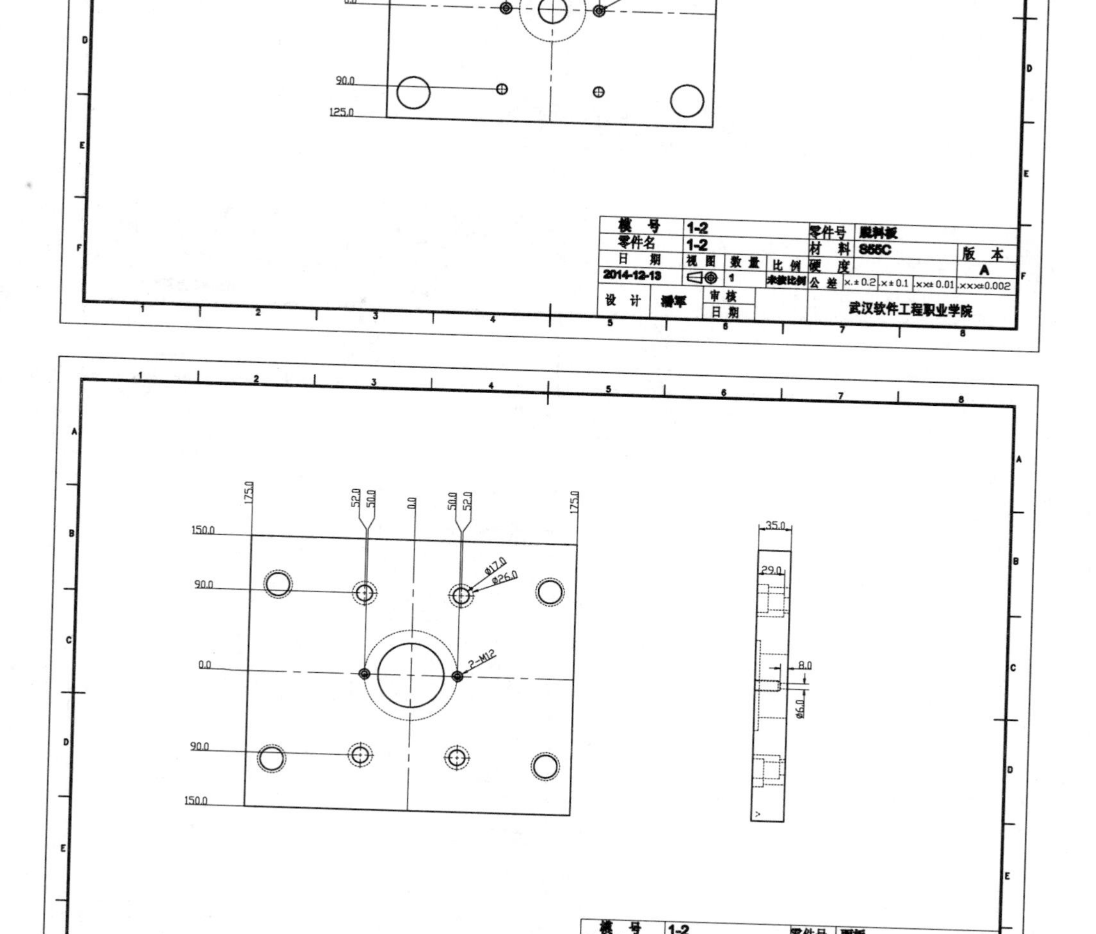

图 4-2-12　模具零件 2D 图（续图）

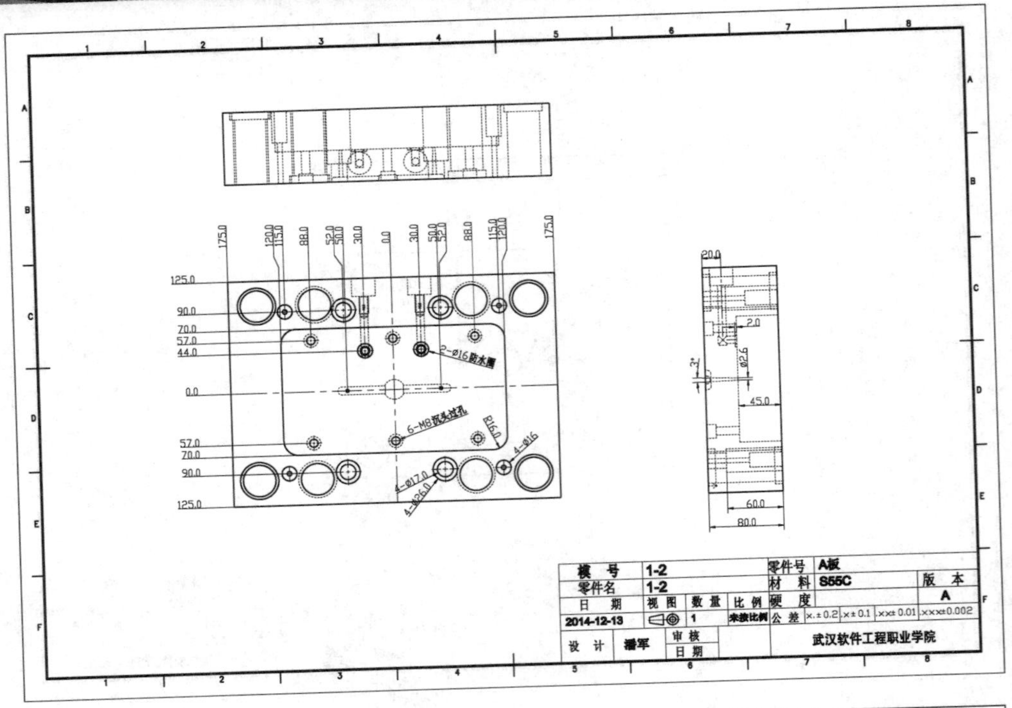

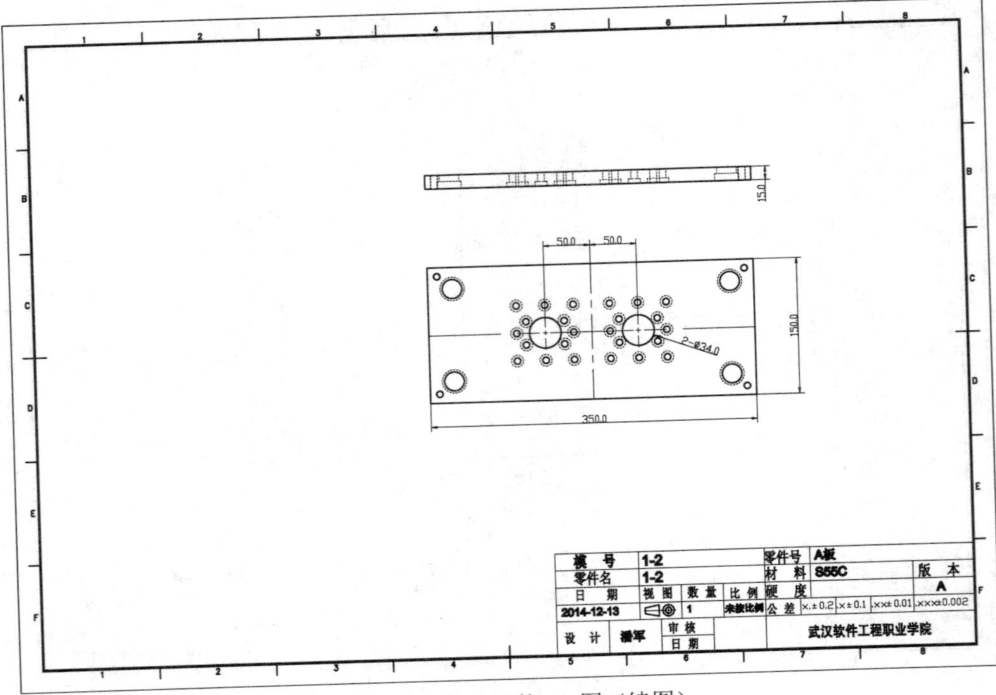

图 4-2-12　模具零件 2D 图（续图）

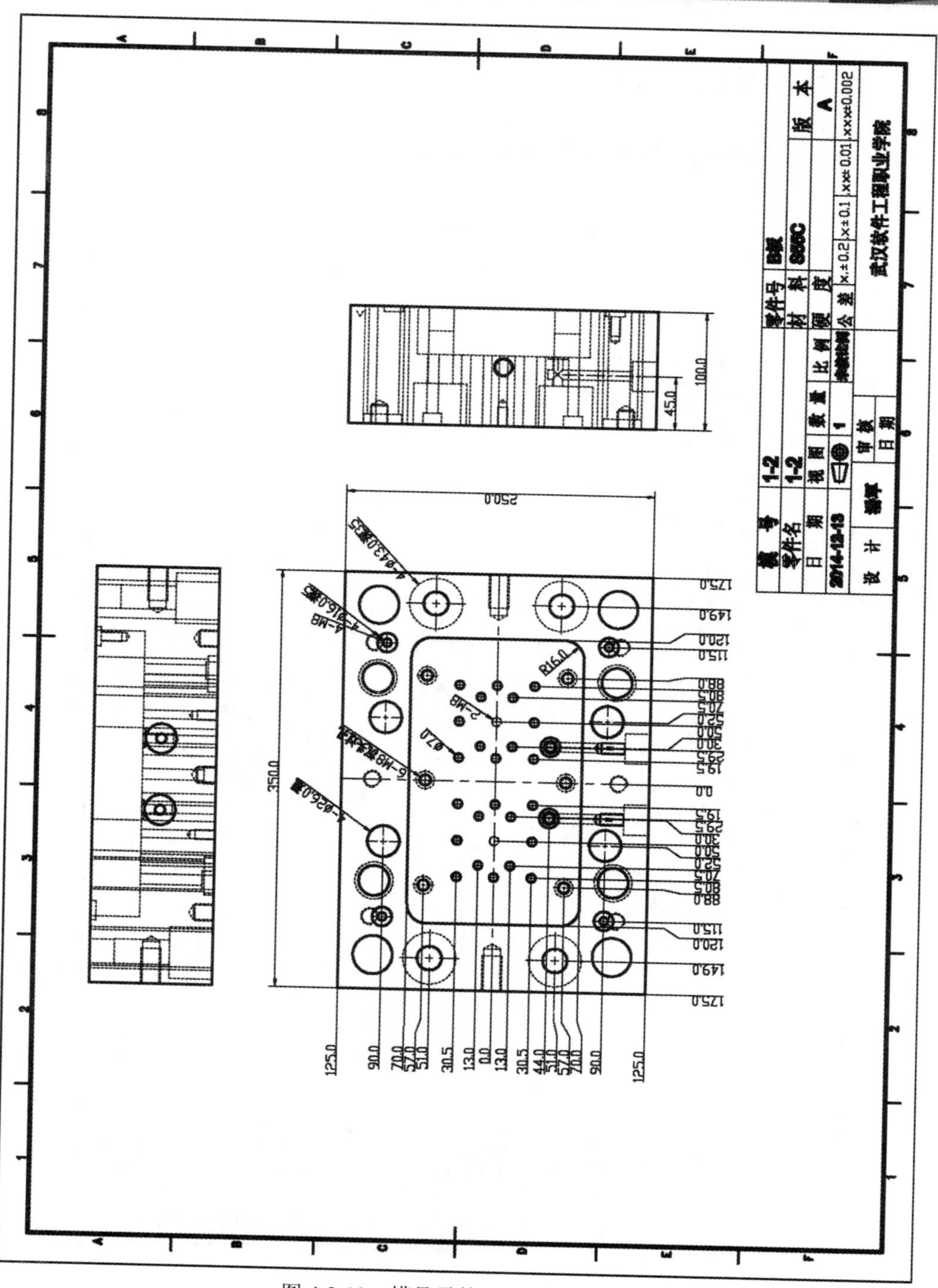

图 4-2-12 模具零件 2D 图（续图）

模块三　滑块模具设计案例

本案例产品是一个卡扣，如图 4-3-1 所示。产品的结构并不太复杂，但需要滑块抽芯。

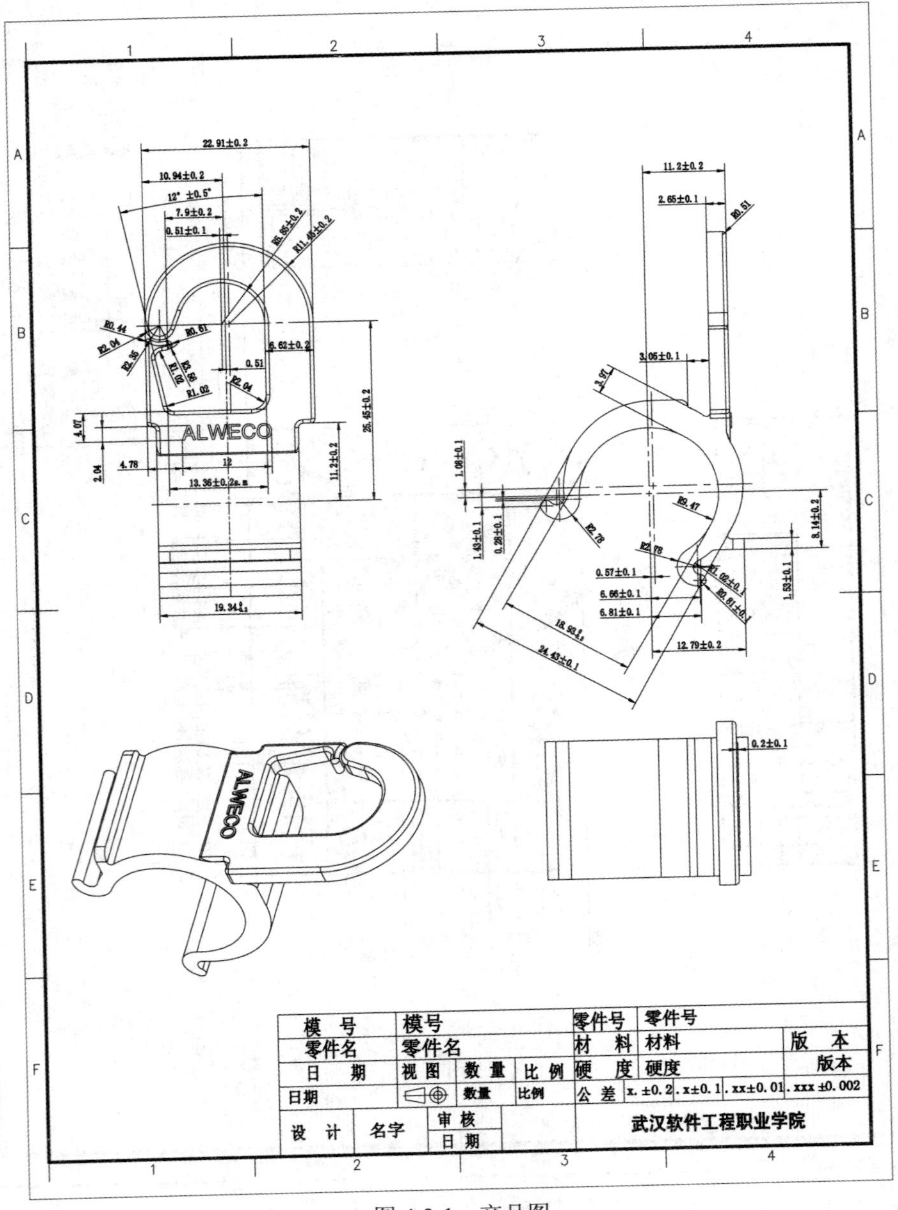

图 4-3-1　产品图

一、客户资料

在模具设计之前，首先是分析客户提供的产品信息，有些客户产品信息比较完整，而有一些会比较简单，但一些重要的信息是不可缺失的，比如产品的材料、产品的技术要求等，本产品客户提供的信息如下：材料 POM，模穴数 1×8，年产量 100 万件，尺寸公差按图纸要求，潜水方式进胶，其他技术要求见图纸，模具周期一个月；客户还提供了 CAD 2D 图和 Pro/E3D 图。

为了方便图档的管理，需新建一个文件夹，并分别建立客户资料文件夹、2D 图档文件夹、3D 模具设计文件夹等子文件夹，将图档归类，客户资料图档尽量保持原样不动，将客户图档复制出来进行设计。

二、初步方案分析

根据客户提供的资料和图档，我们需要对产品进行详细的分析。

1. 材料分析

产品材料是 POM，中文名“聚甲醛”，俗称“赛钢”。聚甲醛是一种没有侧链、高密度、高结晶性的线型聚合物，具有优异的综合性能的工程塑料。它有良好的物理、机械和化学性能，尤其是有优异的耐摩擦性能，为第三大通用塑料。它的比重 1.41～1.43g/cm^3，成型收缩率 1.2%～3.0%，根据产品大小和经验，本产品的收缩率定为 1.8%（许多公司对自己常用的塑料都有一份比较准确的收缩率表）。

2. 结构分析

根据客户要求和客户的图档分析，本产品分型面可以做成平面，采用大水口模架，潜水方式进胶，需要做滑块侧向抽芯。初步模具结构设想如图 4-3-2 所示。

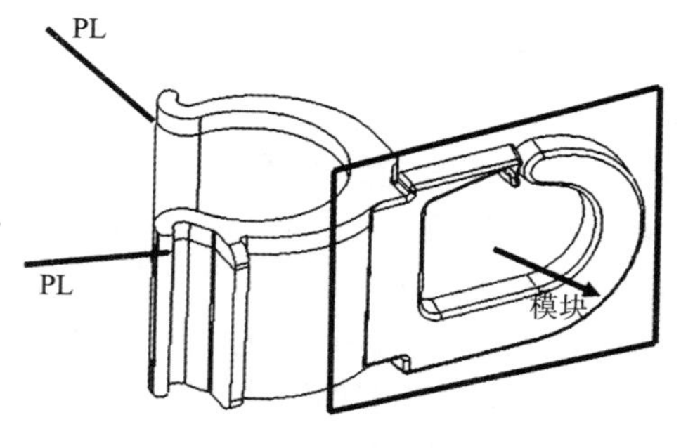

图 4-3-2　初步模具结构设想

3. 技术要求

从客户图档中可以知道产品没有特殊的技术要求，产品的特殊要求要特别说明，以免遗漏。产品公差有两个尺寸取负公差，需要进行尺寸修正，其余尺寸公差均为对称公差。本产品两个负公差尺寸的修正：$19.34^{0}_{-0.2}$ 修正为 19.24±0.1，$18.93^{0}_{-0.2}$ 修正为 18.83±0.1。

4. 排位草图

根据分析，绘制出简单的模具结构草图。模具结构的草图有时是在模具设计研讨会上直接手工绘制的，有时会由本产品的设计师用 CAD 简单绘制，其主要目的是分析模具制造和产品批量生产的可行性、模具的基本结构和大小、注塑机的选择等，以便于在研讨会中讨论和安排。根据在 CAD 中的排位，基本可以确定镶块的大小、滑块的大小、模架的大小、流道与进胶、顶针运水等。排位草图虽然是初步方案，但不复杂的模具基本不会再有很多的修改，因此，排位草图和正式的排位图绘制方法都是一样的，排位图的绘制方法会在后面详细讲解。结构草图如图 4-3-3 所示。

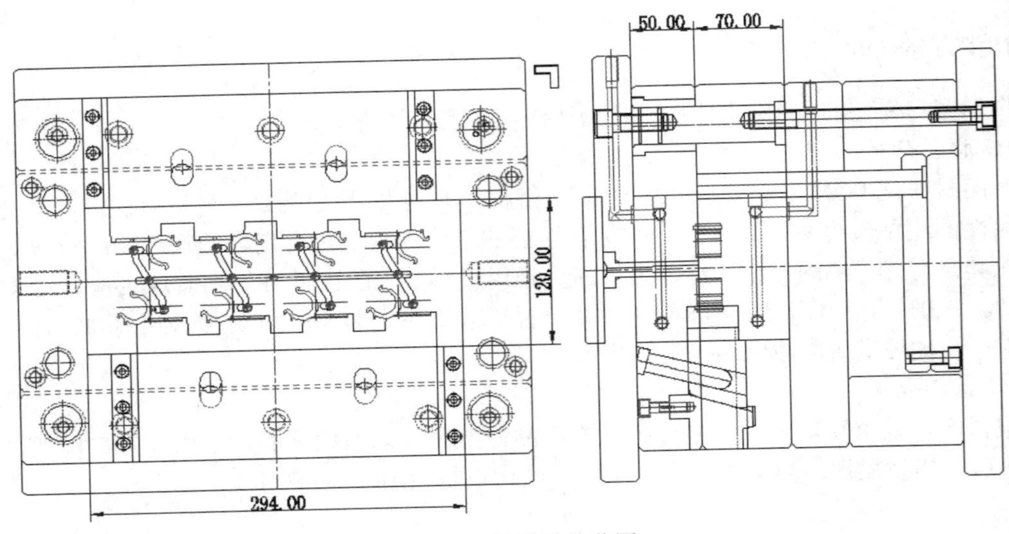

图 4-3-3　模具结构草图

5. 注塑机的选择

根据模具简单的排位，模架初步定为龙记标准模架 AI3040 A50 B70 C90，最大外形尺寸为 350×400×315；根据 3D 图档可测得单个产品重量为 5.7g，8 腔产品流道浇口重量约 11g（流道重量可以按产品重量的 0.2～1 倍来估算），由此可计算出本套模具的注塑量为 5.7×8+11=56.6g，产品注射量一般控制在设备最大注射量的 80%以内，所以本产品的所需的注塑机注射量应大于 56.6g÷80%=71g。在实际的工作中，设计师可以根据注塑机哥林柱的间距大小来判断能装多大的模具，一般情况下，模具尺寸小于哥林柱间距都可以正常生产。注塑机的选择根据经验可选用 80T～120T 的各类品牌注塑机。

三、模具结构绘制（2D 排位图）

1. 产品排列

根据客户要求和模具结构草图，准确地绘制出产品排列位置，并初步绘制出镶块的大小和分型面的位置。模具中的产品图可以用客户提供的 2D 图镜像再进行比例缩放得到，也可以用 3D 图转为 2D 图，再镜像和比例缩放得到。本模具中的产品图为镜像后再进行比例缩放 1.018 倍后得到的。如图 4-3-4 所示。

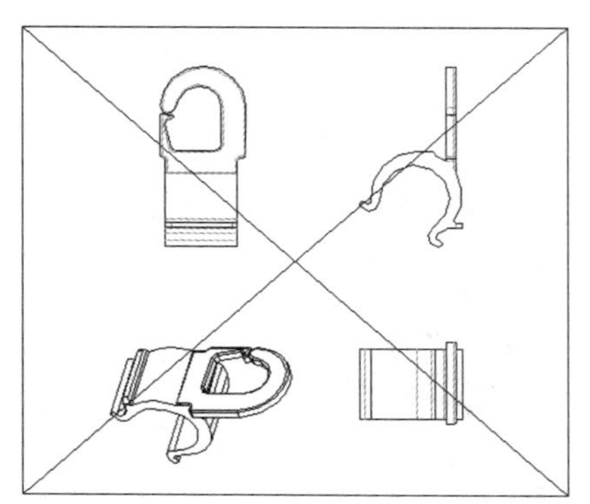

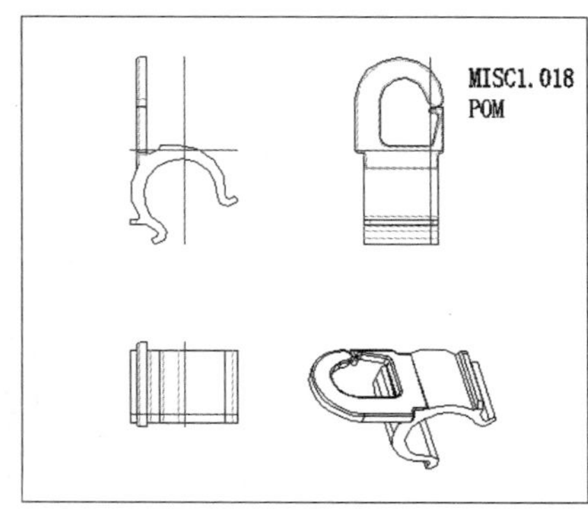

图 4-3-4 产品镜像图

产品缩水以后的最大外形尺寸为 27.62×50.14×22.91，产品最大外形之间的间距取 15mm，因此产品的长度方向中心距为 65mm，宽度方向中心距取 45mm，产品最大外形与镶块边缘的距离需要考虑运水的布置，运水选用$\phi 8$，运水边离产品最大外形 5mm 以上，运水边与镶块边缘 12mm 以上，因此镶块的长宽尺寸为 294×120。由于是通框模架，为了保证模具的强度，防止生产过程中模具变形，镶块的厚度前模取 50mm，后模取 70mm。以上参数目前只是暂定，后面把螺丝运水等都布置完成后，如果有不合适的地方可以进行修改。如图 4-3-5 所示。

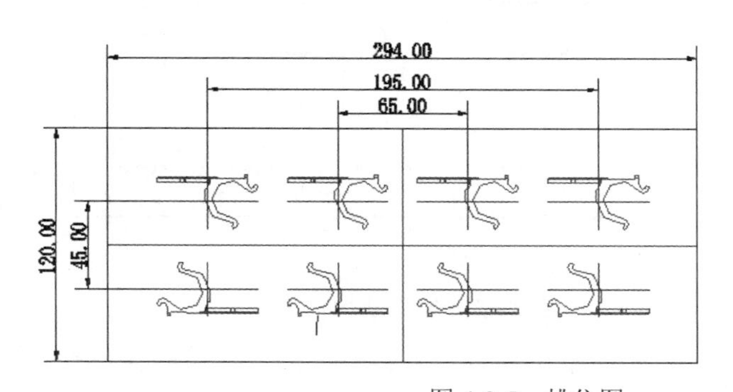

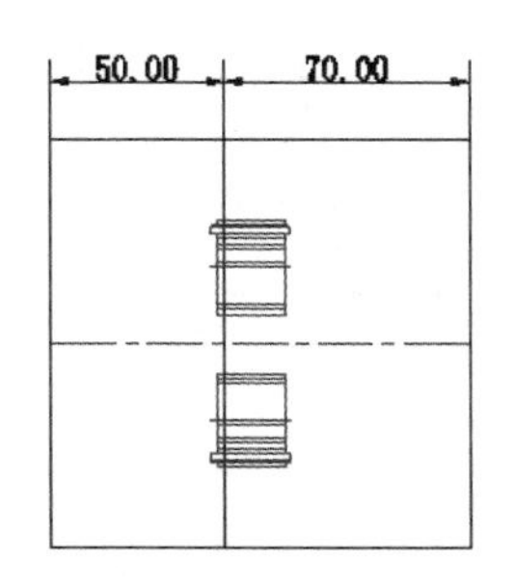

图 4-3-5 排位图

2. 滑块绘制

产品排好后，接下来要确定滑块的位置、尺寸以及滑块的结构。滑块的结构要尽量简单、强壮，便于加工和有良好的稳定性，本产品比较小，可以将一侧的四个产品做在一个滑块上，这样即便于加工，又比较牢靠。

首先，我们要确定滑块的分型线位置。根据产品分析，倒扣形状不方便做成镶件，并且需要把倒扣周边的胶位全部包起来，这样即保证了产品外观又方便加工。而倒扣旁的半圆卡处由于有筋，为了使滑块简单一些，将滑块的封胶位置取在圆弧的象限点上，并做上斜度。如图 4-3-6 所示。

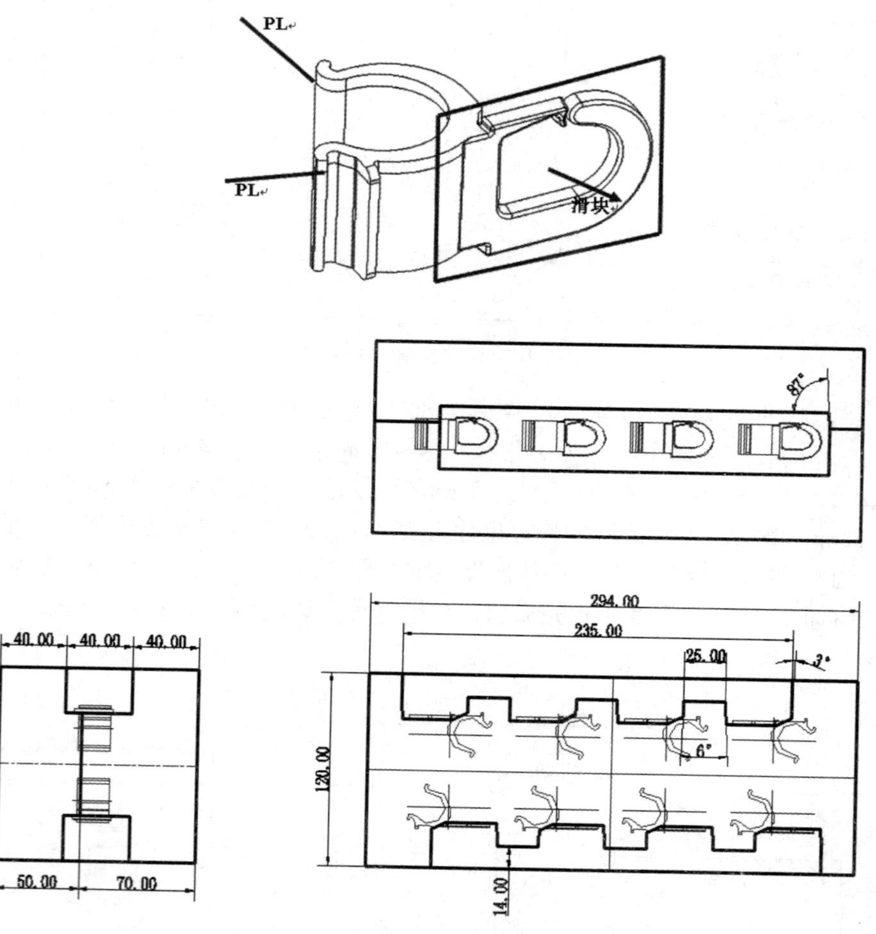

图 4-3-6　确定滑块的分型线位置

接下来我们需要绘制滑块座，滑块宽有 235mm，厚度 40mm，滑块座宽度不变，厚度需要适当增加，根据经验，滑块需要放置两根斜导柱，斜导柱直径取 16mm；产品倒扣为 4.24mm，滑块的行程可为 6mm；根据滑块行程和滑块厚度，可以确定斜导柱的角度为 15°，铲基角度为 17°；滑块做成整体式，导滑形式用压板，滑块座耳朵尺寸为厚 8mm，宽 5mm。滑块封胶的位置一般会做斜度，以减小滑块运动的摩擦，防止滑块损坏，滑块不能太单薄，否则容易变形导致滑块运动不顺。由于滑块较长，可以在滑块的中间加一个导滑块。如图 4-3-7 所示。

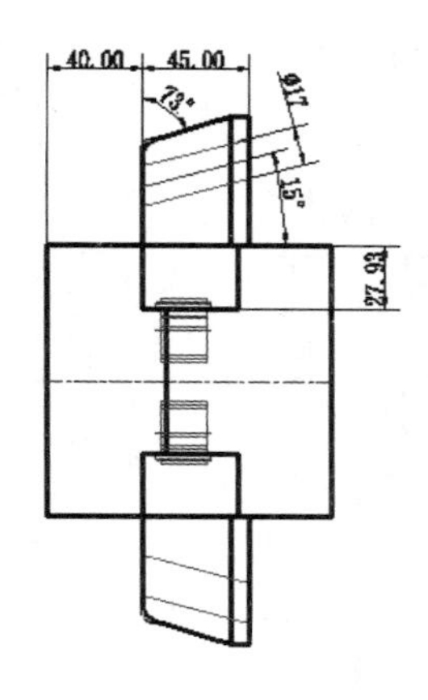

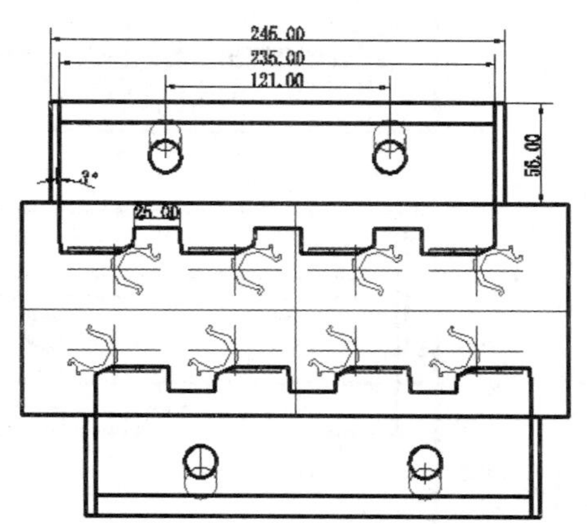

图 4-3-7　绘制滑块座

再把斜导柱和铲基绘制出来，这时需要考虑模架的尺寸，以免与模架的导柱或螺丝有干涉，斜导柱和铲基也可以在装配了模架后再画。如图 4-3-8 所示。

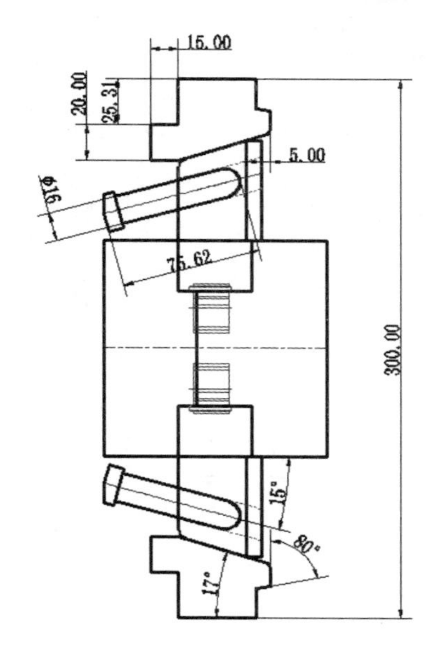

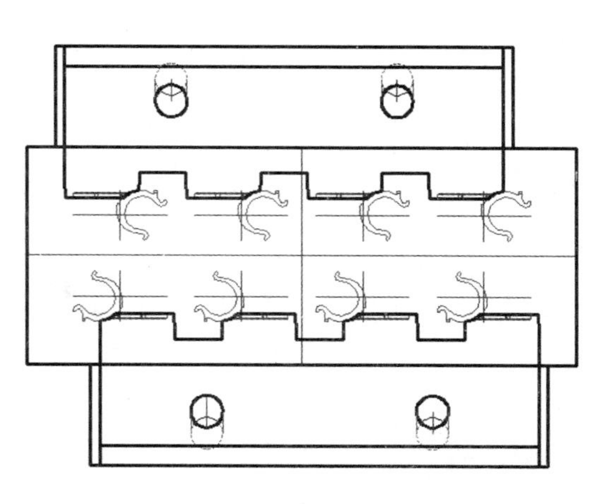

图 4-3-8　绘制斜导柱和铲基

然后绘制压条。滑块的压条尽量做得简单，这样便于加工，也便于装配。压条一般使用M6以上螺丝。如图4-3-9所示。

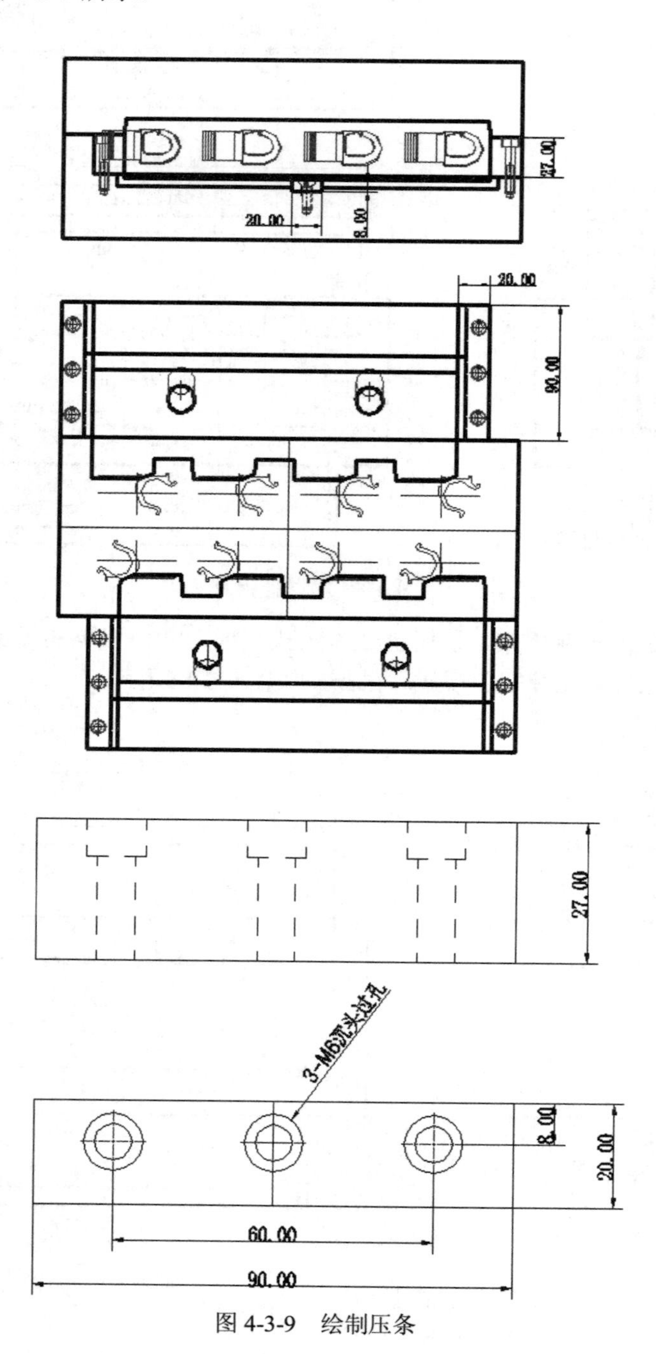

图4-3-9　绘制压条

3. 流道、顶针、运水和螺丝

根据初步方案草图，绘制镶块上的流道、进胶点、顶针、运水和螺丝位置和尺寸。如图4-3-10所示。

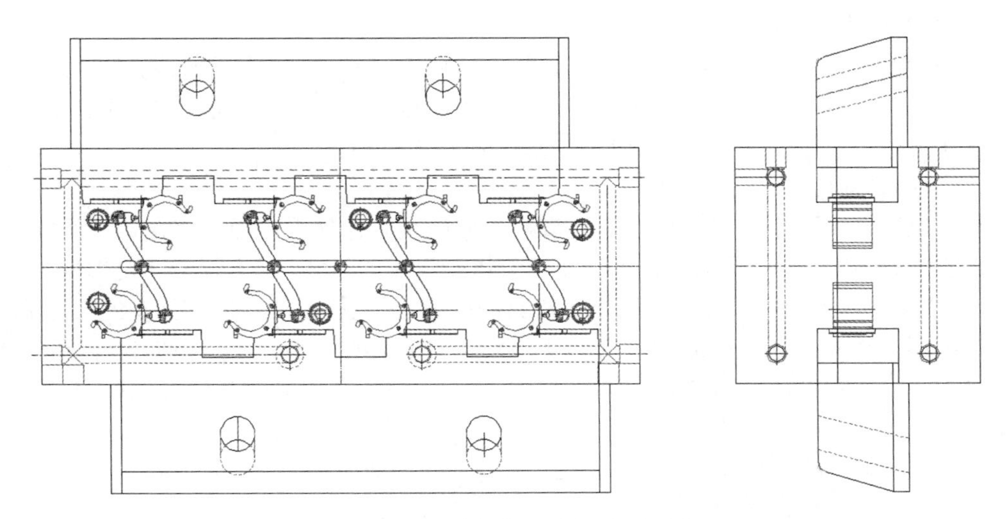

图4-3-10 绘制流道、顶针、运水和螺丝

在设计过程中，流道、顶针、运水和螺丝可以根据实际情况来进行调整，如果在设计过程中布置有困难，也可以对镶块甚至滑块进行适当的调整。在设计过程中，当这四项内容遇到布置相互干涉时，要分清主次，主次顺序为流道、顶针、运水、螺丝，比如顶针与运水有干涉，尽量去调整运水的位置。

（1）流道的设计

主流道要尽量的短一些，在实际工作中，一般采用标准的唧嘴（浇口套），中小型模具常用的规格有$\phi8$、$\phi10$、$\phi12$、$\phi16$等，本模具采用的唧嘴为$\phi12$。

（2）分流道的设计

流道需要尽量地平衡，但对于精度要求不是非常高的产品，为了节约材料，一般不会特意做平衡流道，本模具采用的是非平衡流道的布置方式。流道的截面形状一般采用圆形，便于加工。流道的尺寸根据产品的大小和穴数来确定，一般中小型模具常用的流道直径有$\phi3$、$\phi4$、$\phi5$、$\phi6$、$\phi8$、$\phi10$、$\phi12$，本产品采用$\phi6$的一级流道和$\phi5$的二级流道。

（3）浇口的设计

客户的要求是潜水进胶，进胶口直径为$\phi1.0$。

（4）顶针的设计

顶针尽量采用圆形顶针，顶针的直径规格尽量少一些，以便于模具的加工和配件的采购。顶针尽量不要布置在滑块下面，以免生产过程中出现故障导致模具损坏。本模具流道顶针采用的是$\phi6$的圆顶针，产品顶针有两种，分别是$\phi1.5$和$\phi2$，顶针没有设置在滑块下面。

（5）运水的设计

运水的规格一般采用$\phi6$、$\phi8$、$\phi10$、$\phi12$，运水的孔径过小容易堵塞，太大冷却效果不好，本模具中采用$\phi8$ 的规格，环绕模具一周进行冷却。

（6）螺丝的设计

螺丝布置时尽量对称和规则，这样便于模具的加工，螺丝的大小根据镶块的大小来确定，一般情况下螺丝采用 M6 以上的，本模具采用了 M6 的螺丝，为了减小模具的大小和节约材料，镶块的尺寸设计较小，螺丝布置比较拥挤，没有对称布置螺丝。

4. 模架的选择

一般情况下，中小型模具的模架不会直接当作成型零件使用，而是将模架中间挖掉再镶上一块好的材料的镶块。在前面已经确定了镶块以及滑块的尺寸，那么模架就可以根据镶块和滑块的尺寸来确定。模架的尺寸直接影响到模具的强度，因此模板的厚度和开框的尺寸要合理。

在实际的工作中，并没有通过复杂的计算来确定模架的大小，而是根据设计师的经验和公司给定的一些参考数据来确定的，另外市场上有专业的标准模架可以购买，我们只需要根据经验参数选择合适的标准模架即可。有一个比较粗略的标准模架选择方式，在没有滑块等一些特殊机构的情况下，镶块的宽度尺寸不要超过标准模架的顶针板宽度，长度尺寸不要超过复位杆，这样的模架尺寸是合适的。

由于有滑块，因此模架需要选择得更大一些，本模具采用龙记标准模架 AI-3040-A50-B70-C90。如图 4-3-11 所示。

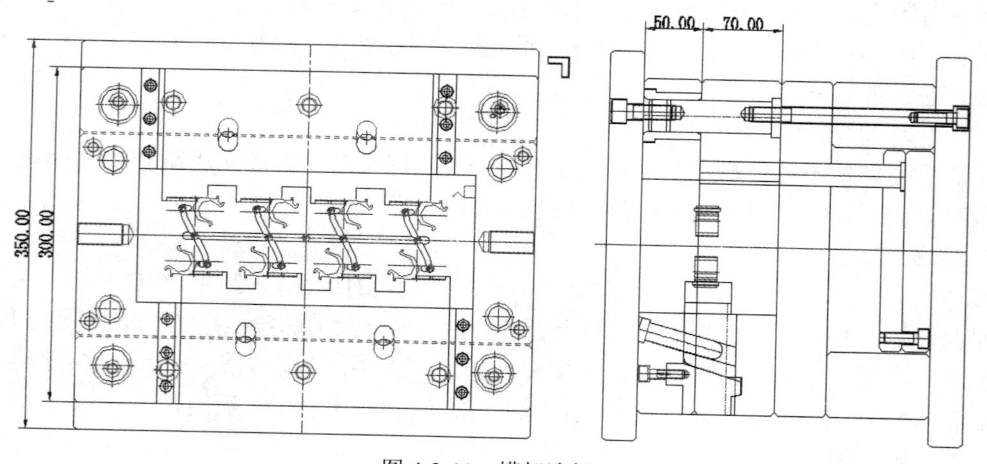

图 4-3-11　模架选择

5. 排位图细化

将一些主要的方面布置好以后，还要对各个环节的细节进行绘制。比如加上定位环和唧嘴，在模架上完善运水和顶针，滑块的压条、铲基和斜柱，加入撑头弹簧等，并将一些主要的位置进行标注，制作模具 BOM 表。如图 4-3-12 所示。

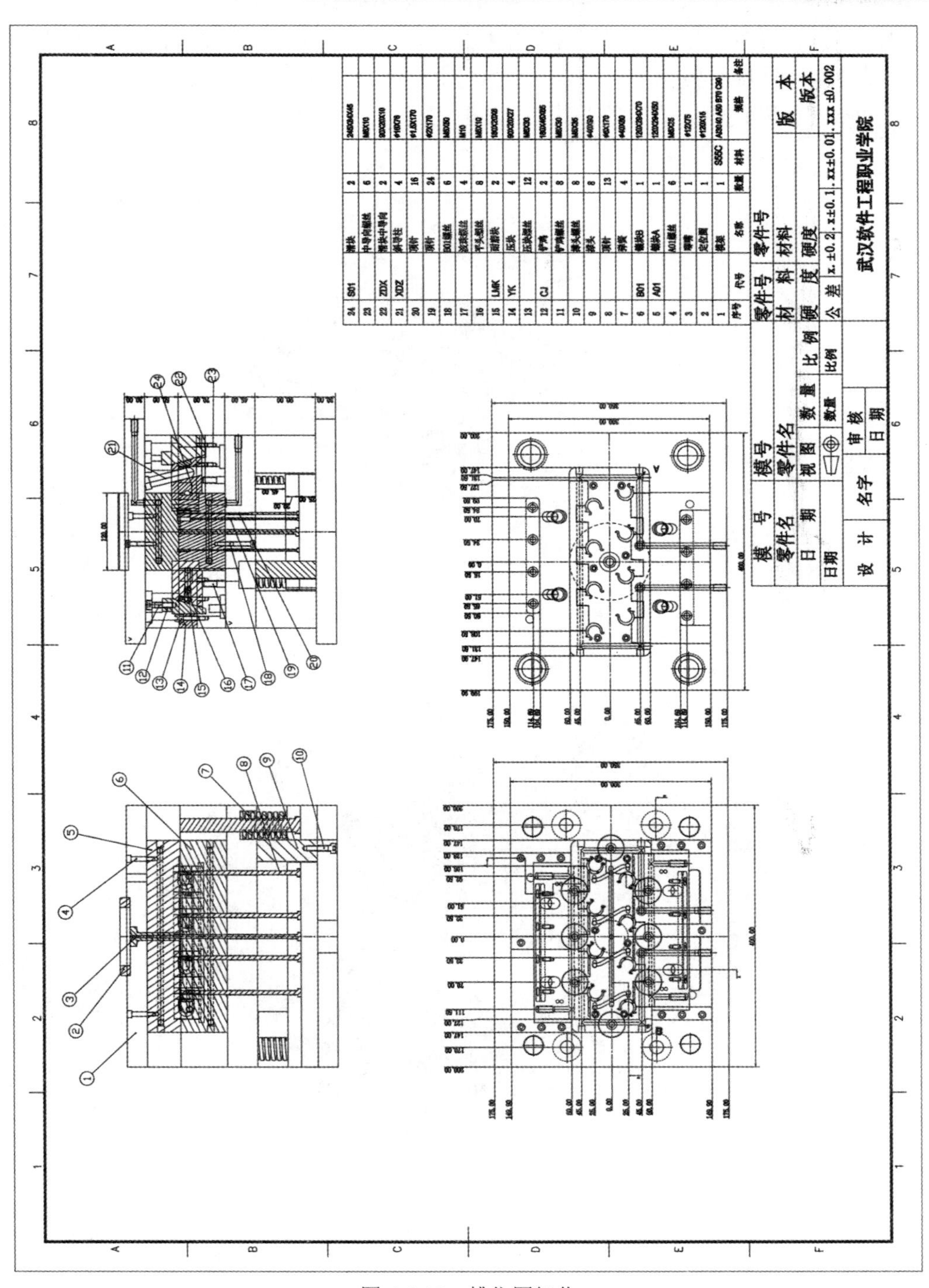

图 4-3-12　排位图细化

绘制了 2D 模具结构图，再通过模具结构图进行 3D 分模，就有尺寸依据，画图时会更方便、更快，再将 3D 图分拆为零件图，出 2D 的零件图，完成全套的模具图纸。

利用 Pro/E 模具设计完成后的模具图 4-3-13 所示。

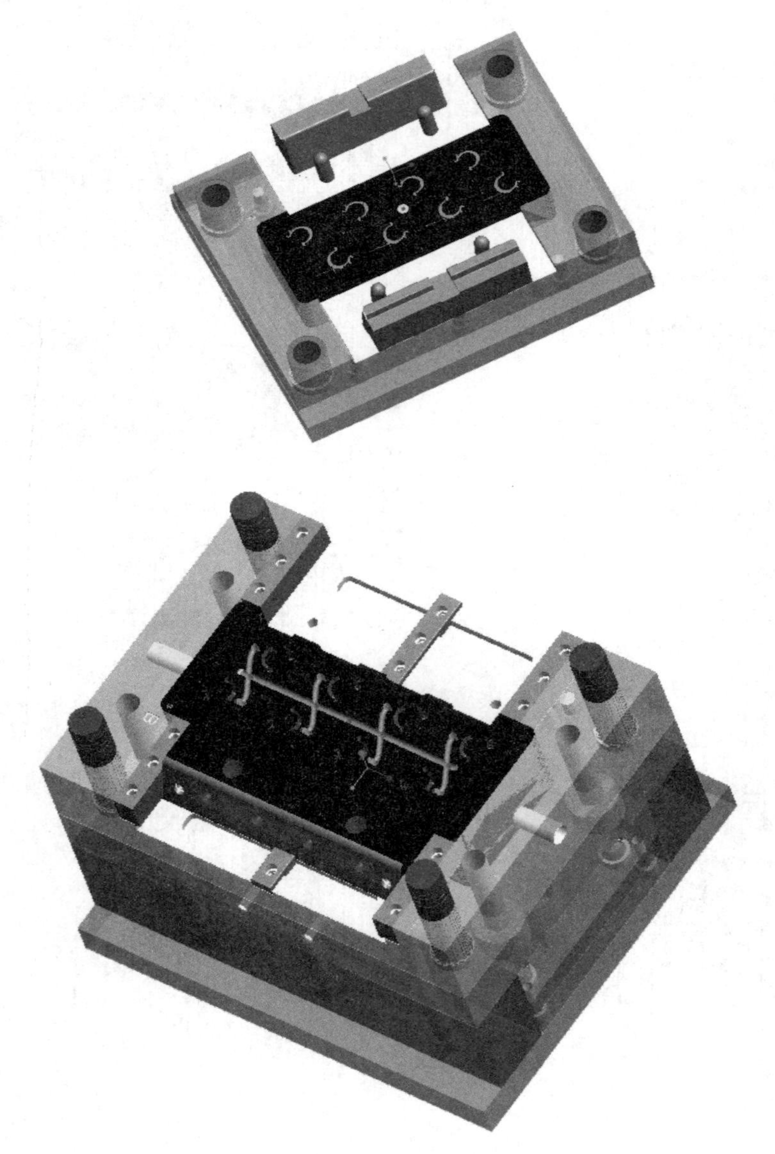

图 4-3-13　模具图

建立 2D 零件图进行加工。部分图纸如图 4-3-14 所示。

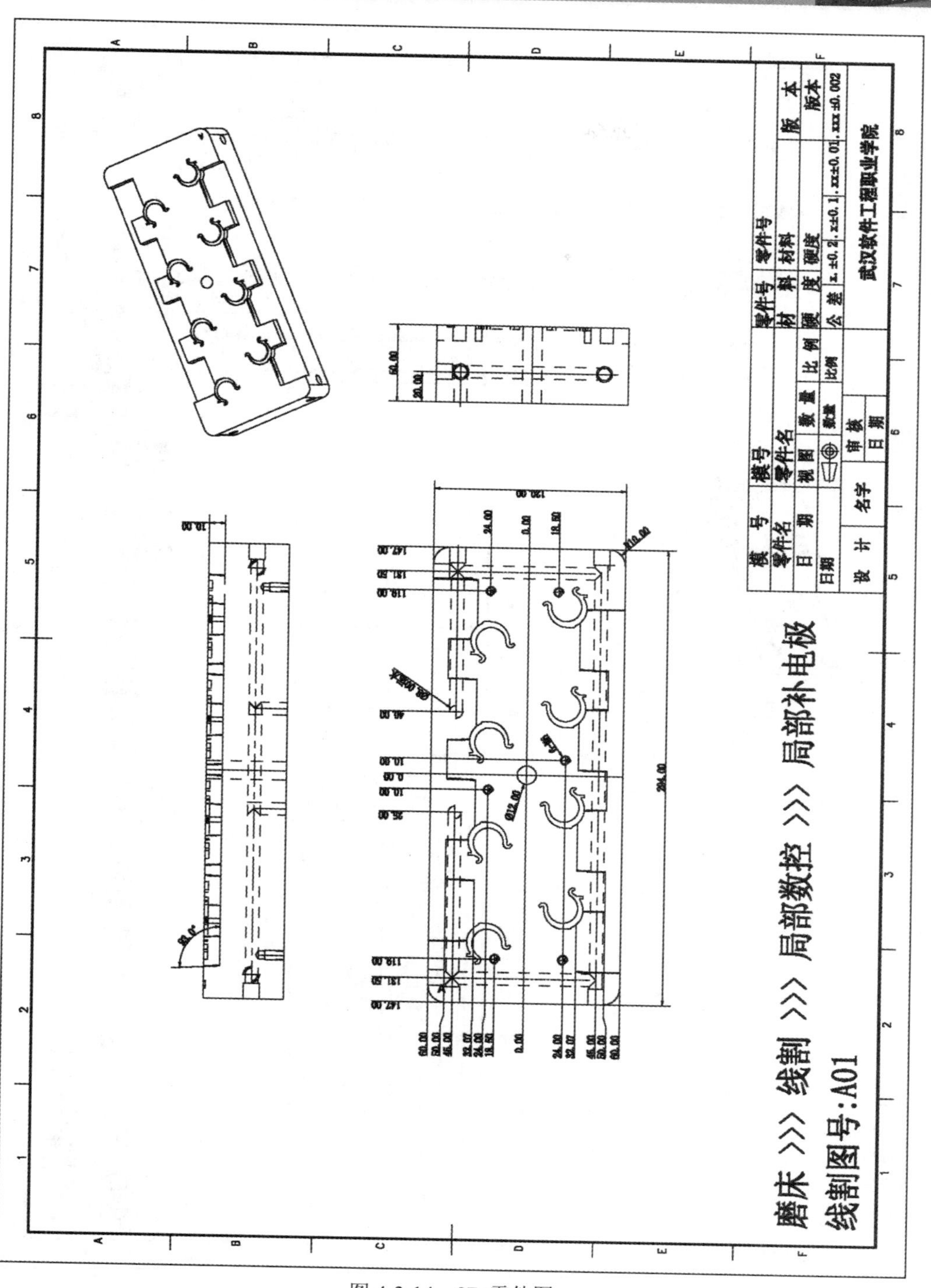
磨床 >>> 线割 >>> 局部数控 >>> 局部补电极
线割图号:A01
武汉软件工程职业学院
模号
零件名
日期
设计
名字
审核
日期
零件号
材料
硬度
公差
比例
数量
版本
视图

图 4-3-14　2D 零件图

回目录

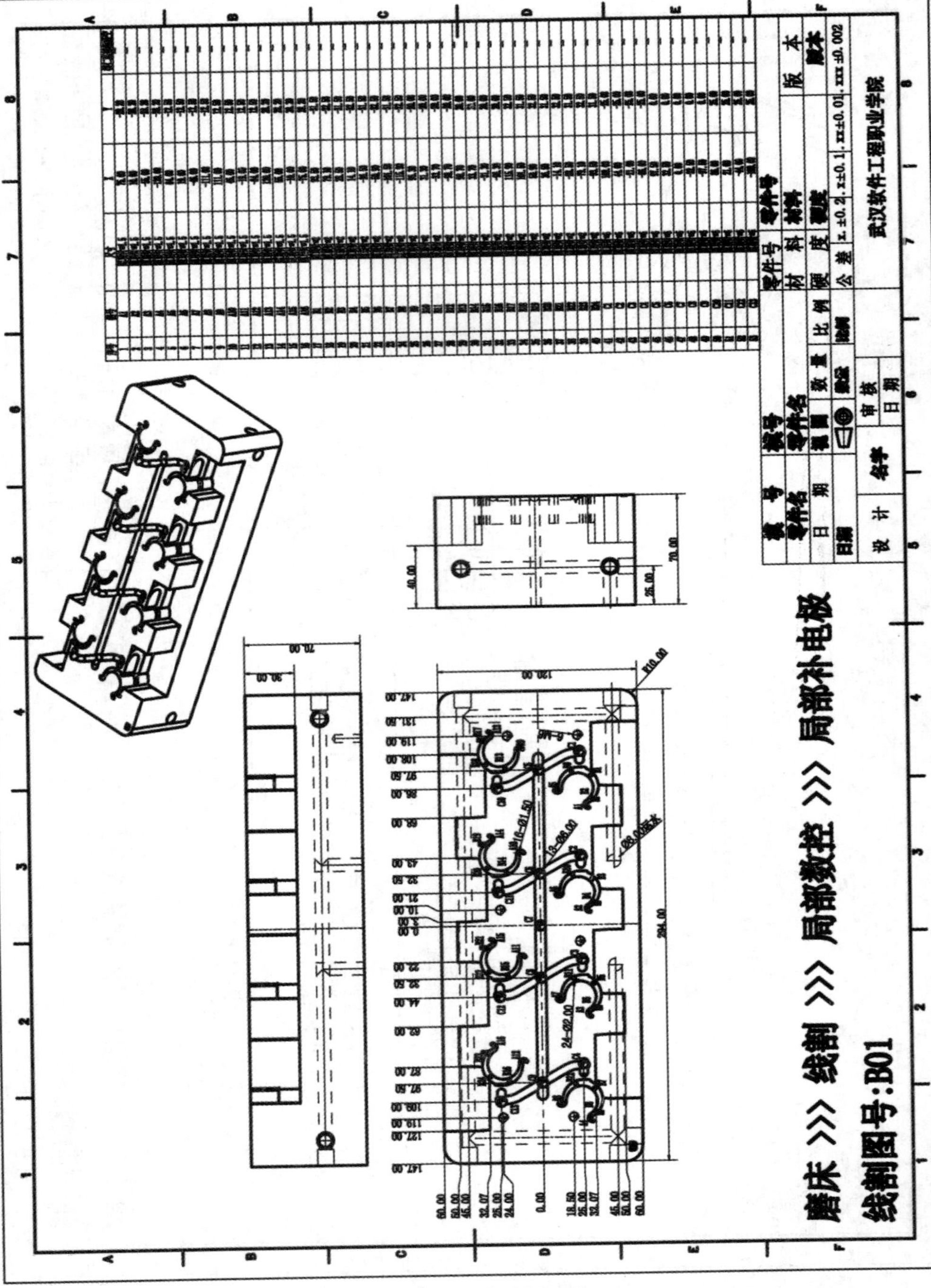

图 4-3-14　2D 零件图（续）

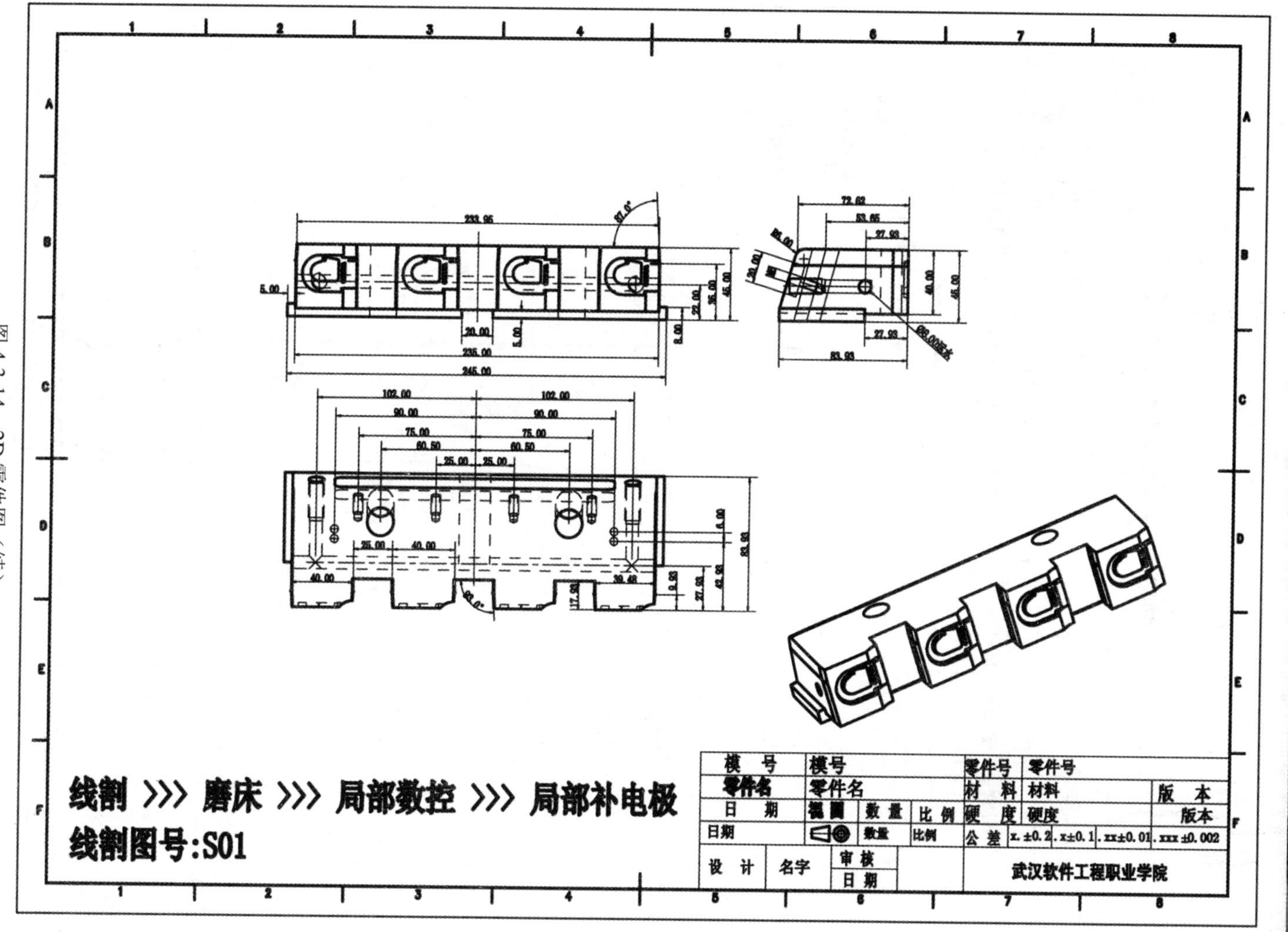

图 4-3-14　2D 零件图（续）

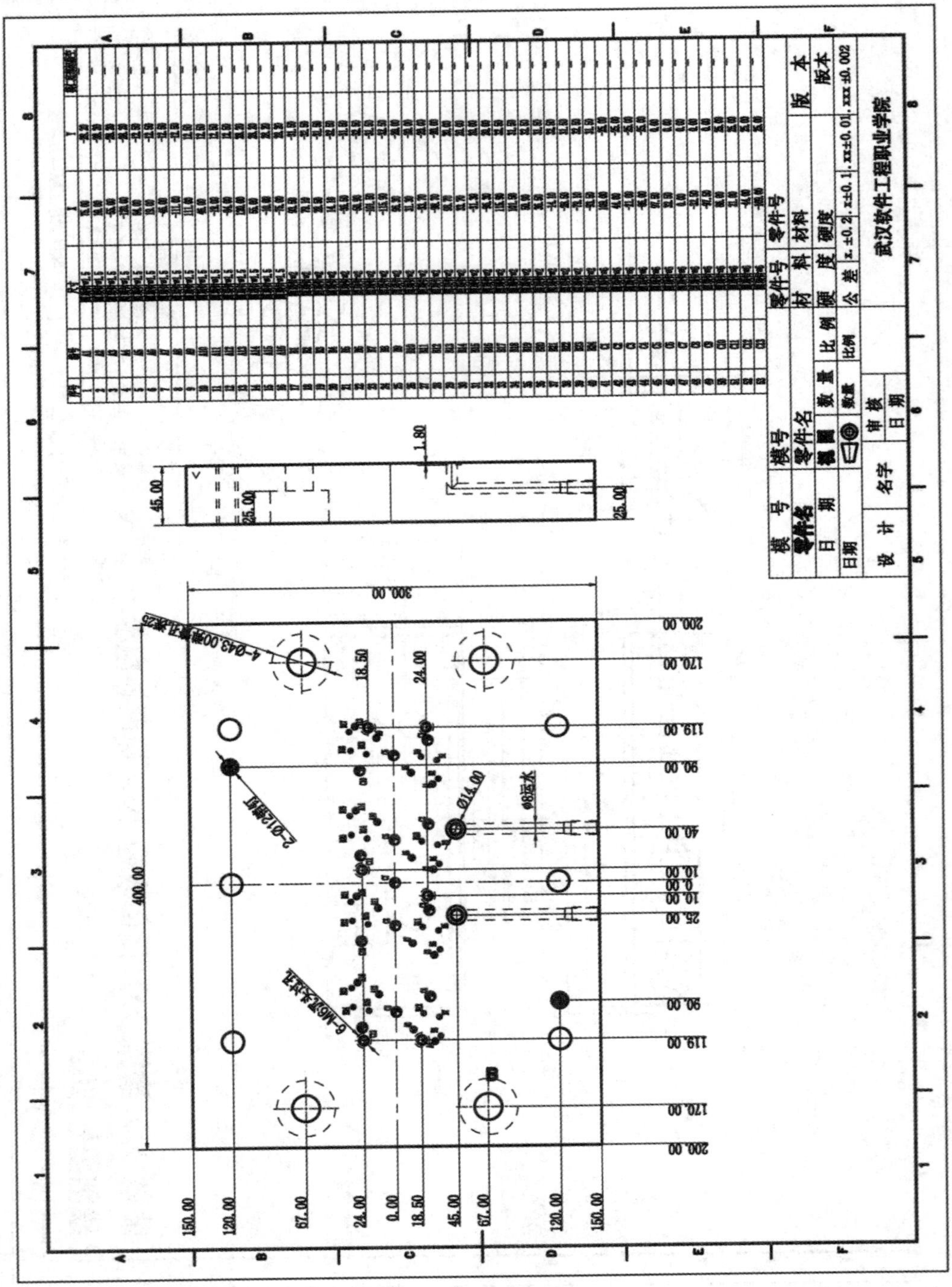

图 4-3-14　2D 零件图（续）

模块四　斜顶设计案例

本案例产品是一个外壳，如图 4-4-1 所示。产品的结构很简单，只是在壳内有两个小倒扣，不太方便做滑块抽芯，这里可以应用斜顶抽芯机构。

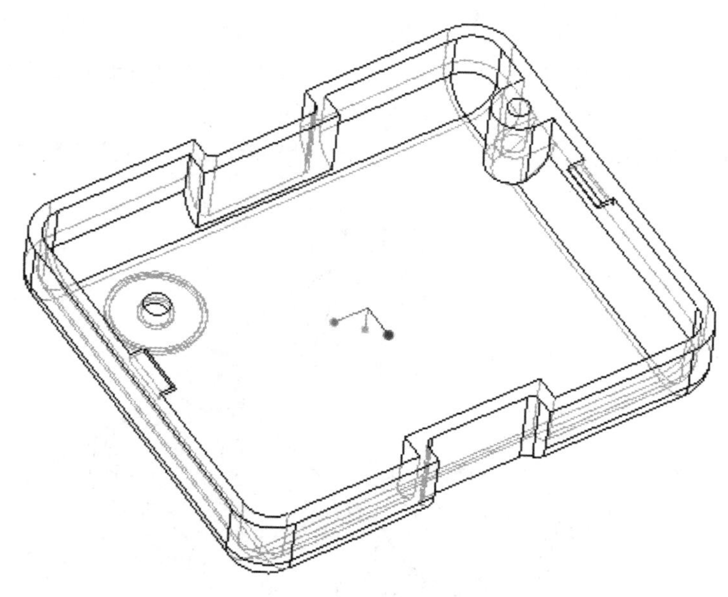

图 4-4-1　产品图

一、客户资料

本案例客户提供的产品信息比较简单，客户提供的信息如下：材料 ABS，模穴数 1×2，年产量 30 万件，潜水方式进胶，尺寸公差和技术要求按常规要求，模具周期一个月；客户只提供了 Pro/E 3D 图。

在进行模具设计之前，还是需要建立单独的文件夹，并新建三个子文件夹，分别为客户资料文件夹、2D 图档、3D 模具设计图档。

二、初步方案分析

根据客户提供的资料和图档，我们需要对产品进行详细的分析。

1. 材料分析

产品材料是 ABS。ABS 树脂是五大合成树脂之一，其抗冲击性、耐热性、耐低温性、耐化学药品性及电气性能优良，还具有易加工、制品尺寸稳定、表面光泽性好等特点，容易涂装、着色，还可以进行表面喷镀金属、电镀、焊接、热压和粘接等二次加工，广泛应用于机械、汽车、电子电器、仪器仪表、纺织和建筑等工业领域，是一种用途极广的热塑性工程塑料。塑料ABS无毒、无味，外观呈象牙色半透明，或透明颗粒或粉状。密度为 1.05～1.18g/cm^3，收缩率为 0.4%～0.9%，根据产品大小和经验，本产品的收缩率定为 0.6%。

2. 结构分析

根据 3D 图分析，本产品内部有倒扣胶位，无法直接脱模，需要侧向抽开避让倒扣胶位，也就是侧向抽芯机构。通过前面课程的学习，我们可以运用内滑块的方式向内侧抽芯，但内滑块加工量比较大，从产品图中测量尺寸，内滑块的空间尺寸也比较有限，而斜顶是个不错的内抽芯方式。本产品分型面可以做成平面，采用大水口模架，潜水方式进胶，初步模具结构设想如图 4-4-2 所示。

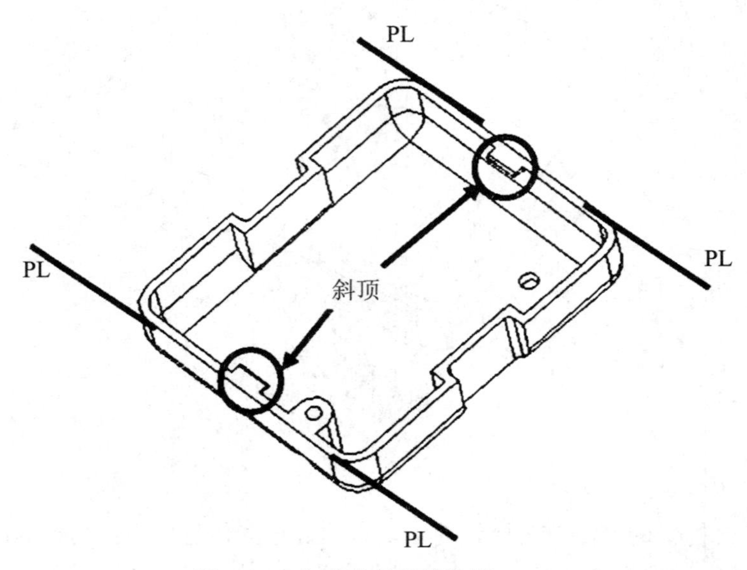

图 4-4-2　初步模具结构设想

3. 技术要求

本产品没有特殊的技术要求，也没有对应的 2D 图纸，因此所有尺寸公差按 GB/T 1804-m 级，模具工程师可以用 3D 图转出 2D 工程图，绘制图纸如图 4-4-3 所示。

4. 排位草图

用 CAD 绘制结构草图，以便于研讨会分析模具制造和产品批量生产的可行性、模具的基本结构和大小、注塑机的选择等。根据在 CAD 中的排位，确定镶块的大小、斜顶的大小与角度、模架的大小、流道与进胶、顶针运水等。结构草图如图 4-4-4 所示。

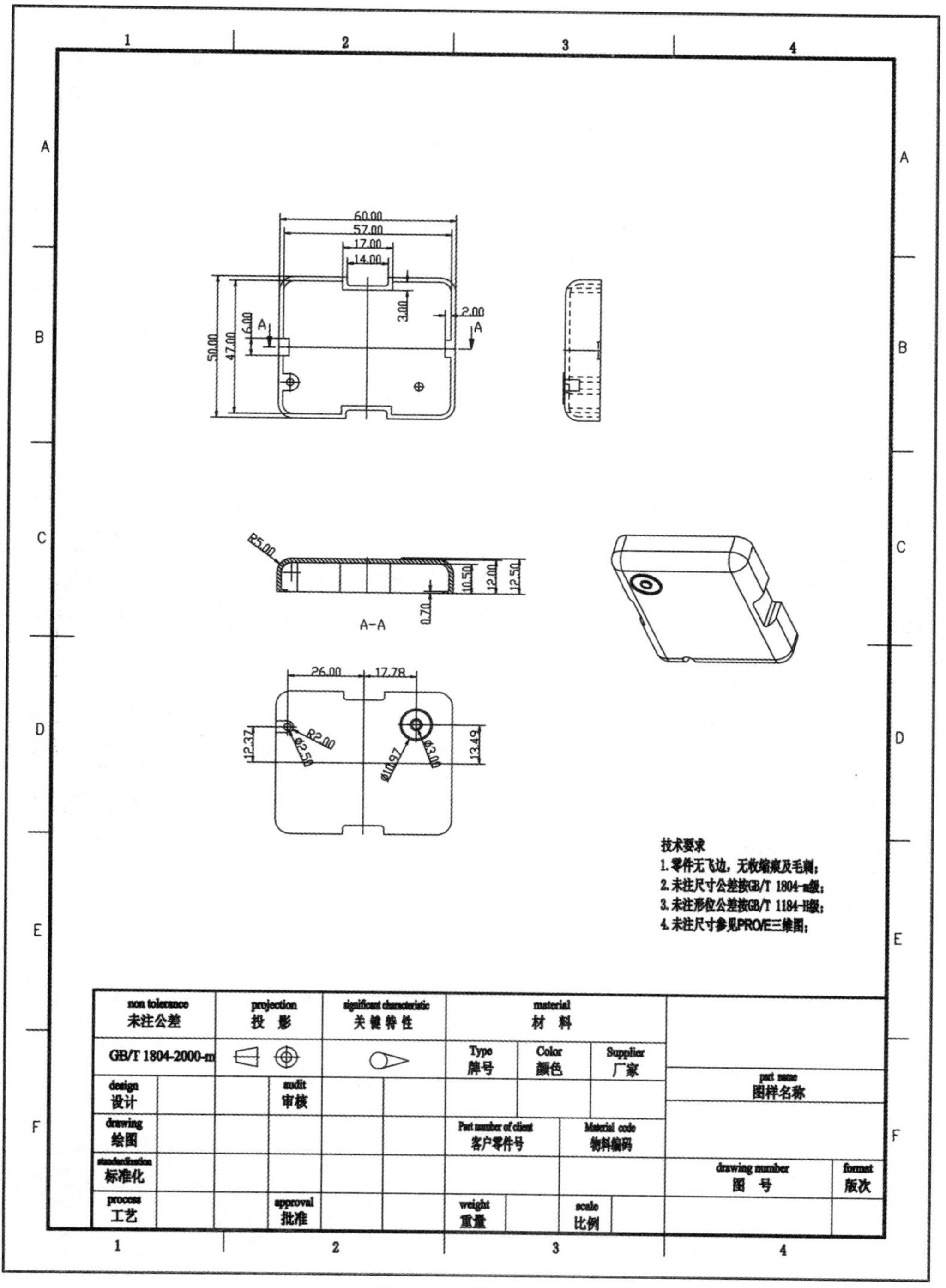

60.00
57.00
17.00
14.00
3.00
2.00
A
6.00
50.00
47.00
R5.00
10.50
12.00
12.50
0.70
A-A
26.00
17.78
12.37
R2.00
Ø2.50
Ø10.97
Ø3.00
13.49
技术要求
1. 零件无飞边，无收缩痕及毛刺；
2. 未注尺寸公差按GB/T 1804-m级；
3. 未注形位公差按GB/T 1184-H级；
4. 未注尺寸参见PRO/E三维图；
non tolerance 未注公差
projection 投 影
significant characteristic 关键特性
material 材 料
GB/T 1804-2000-m
Type 牌号
Color 颜色
Supplier 厂家
part name 图样名称
design 设计
audit 审核
drawing 绘图
Part number of client 客户零件号
Material code 物料编码
standardization 标准化
drawing number 图 号
format 版次
process 工艺
approval 批准
weight 重量
scale 比例

图 4-4-3 绘制图纸

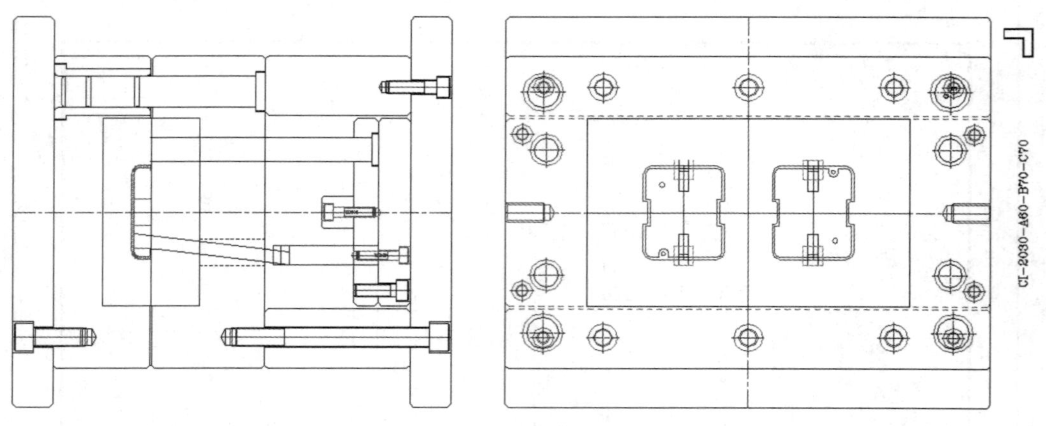

图 4-4-4 结构草图

5. 注塑机的选择

根据模具的排位，模架选择龙记标准模架 CI-2030-A60-B70-C90，最大外形尺寸为 250×300×271；根据 3D 图档可测得单个产品重量为 8.6g，2 腔产品流道浇口重量约 2g，由此可计算出本套模具的注塑量为 8.6×2+2=19.2g，产品注射量一般控制在设备最大注射量的 80%以内，所以本产品所需的注塑机注射量应大于 19.14g÷80%=15.4g。根据经验可选用 60T-100T 的各类品牌注塑机。

三、模具结构绘制（排位图）

1. 产品排列

利用 CAD 将产品进行位置排列，绘制出镶块的大小和分型面的位置。产品图要先镜像再比例缩放后使用。本模具中的产品图为镜像后再进行比例缩放 1.006 倍后得到的。如图 4-4-5 所示。

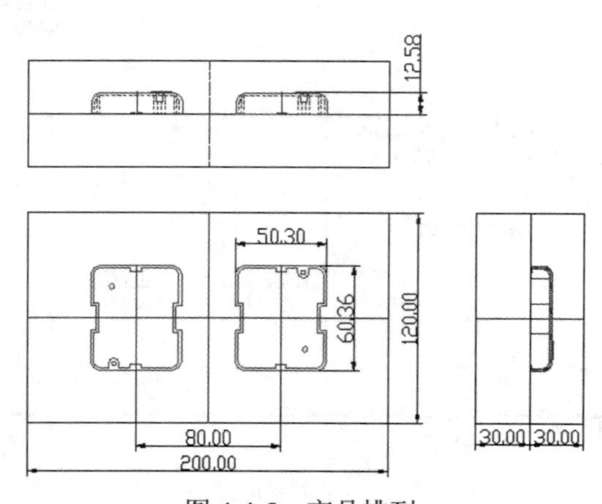

图 4-4-5 产品排列

产品缩水以后的最大外形尺寸为60.36×50.3×12.58，两个产品中间需要放置浇口套（唧嘴）和布置流道进胶口，浇口套为模具标准件，可以直接采购，本模具为小型模具，可选择ϕ10浇口套；本模具的产品比较小，分流道可以选用ϕ6和ϕ5，进胶方式为潜水进胶，由这些参数可以计算出两个产品的最大外形间距至少需要 25mm 以上，因此，两个产品的中心距取可以取整数80mm；本模具运水选用ϕ8，运水绕产品一周；螺丝选用杯头螺丝M6，镶块四个角上均衡分布，运水边与产品最大外形边距离5mm以上，运水与镶块边距离12mm以上，运水与螺丝距离13mm以上，由以上参数进行估算，镶块的长宽尺寸可定为200×120，由于是开框模架，镶块的厚度前模后模都取30mm。镶块的大小在通过实际绘制运水螺丝等之后，可以根据实际情况进行调整。

2. 斜顶绘制

根据产品的扣位结构绘制出斜顶的结构形状和尺寸位置。斜顶的结构要简单、强壮，便于加工。本产品扣位比较小，行程也不大，斜顶采用了常用的封胶结构，斜顶宽度如果与扣位大小一致，则取6.04mm，尺寸偏小，但产品空间较大，可以往一侧加宽，因此，斜顶宽度可以取10mm，厚度方向取8mm，斜顶形状采用“7”字形，平面封胶。由于斜顶尺寸较小，为了保证强度，斜顶分为两段，成型部分一段，顶出部分一段。如图4-4-6所示。

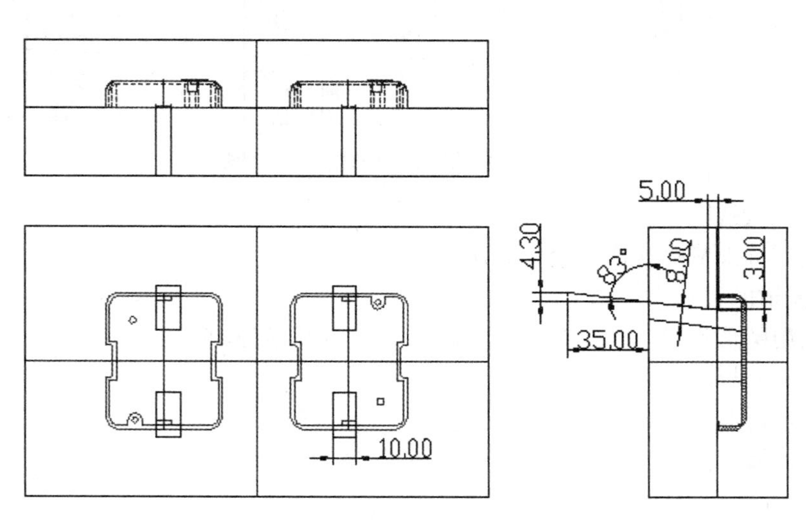

图4-4-6 绘制斜顶

在绘制斜顶的时候，要全面考虑，本产品的倒扣是2.01mm，斜顶行程要大于3.5mm，产品总高度12.58mm，因此顶出行程要大于15mm，由此可以在CAD中绘制出斜顶的角度范围，这里我们取的角度为7°，顶出距离为35mm。图中，3mm为平面封胶位，并与5mm作为加工基准位，方便斜顶后期的加工取数。利用CAD绘制出顶出距离的高度和斜顶的角度后，可以测量出斜顶顶出的行程为 4.3mm。此处斜顶只绘制出了成型部分，顶出部分需要在装配好模架以后再绘制。

3. 流道、顶针、运水和螺丝

绘制镶块上的流道、进胶点、顶针、运水、螺丝位置和尺寸。如图 4-4-7 所示。

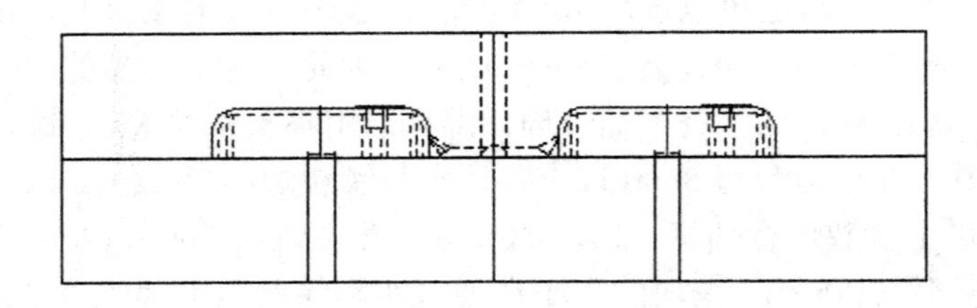

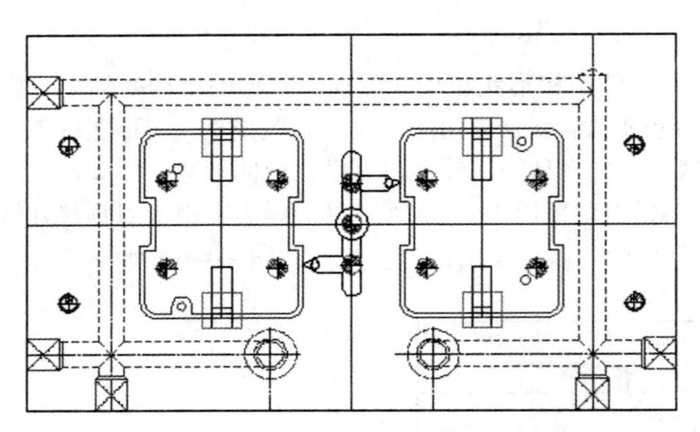

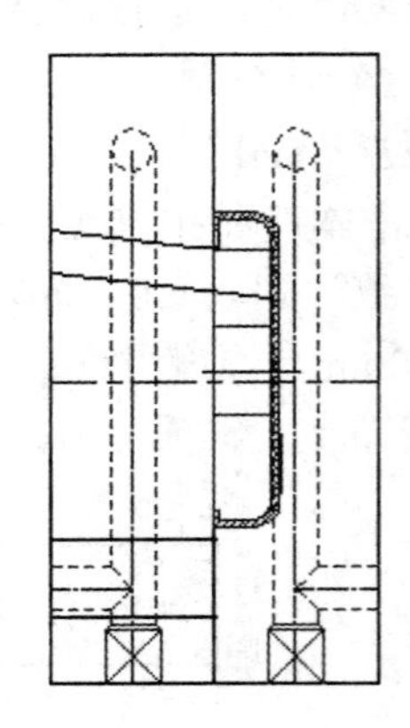

图 4-4-7 绘制流道、顶针、运水和螺丝

（1）流道的设计

主流道采用标准唧嘴（浇口套）为ϕ10。

（2）分流道的设计

本模具采用圆形流道，一级分流道为ϕ6，二级分流道为ϕ5。

（3）浇口的设计

潜水进胶，进胶口直径为ϕ1.0。

（4）顶针的设计

顶针采用ϕ6 圆形顶针。

（5）运水的设计

运水采用ϕ8 环绕模具一周进行冷却。

（6）螺丝的设计

螺丝采用了 M6 的螺丝对称布置。

4. 模架的选择

本模具采用龙记标准模架 CI-2030-A60-B70-C90。利用 CAD 外挂燕秀工具箱可以快速调出标准的龙记模架，再将绘制好的内模图装配到模具中，如图 4-4-8 所示。

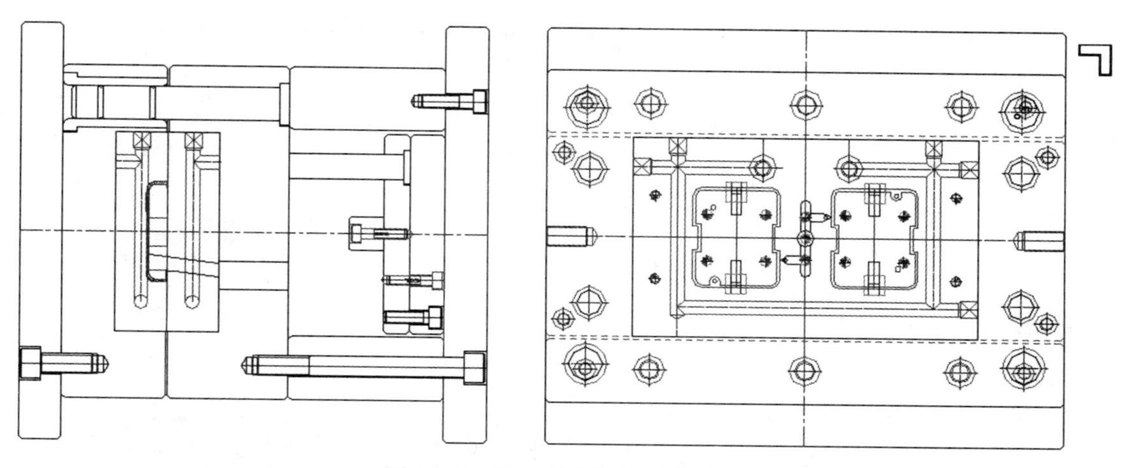

图 4-4-8　将内模图装配到模具中

当内模装配到模架中后，要检查各部位是否与模架有干涉，比如运水出水口位置是否会与模架螺丝干涉。

5. 排位图细化

排位图模架装配好后，要将未完成的斜顶顶出机构绘制出来，由于斜顶宽厚都不大，因此选用底座 T 槽连接方式。如图 4-4-9 所示。

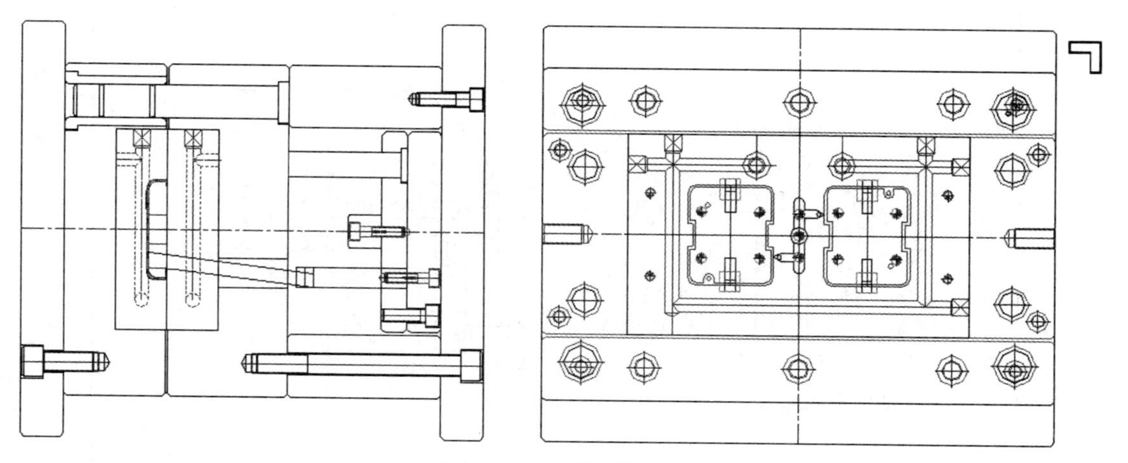

图 4-4-9　排位图细化

注意，动模板需要做避空位，避开斜顶和斜顶的底座，斜顶底座长度也要注意顶出的行程，以免干涉。

细化模具排位图，加上定位环和唧嘴，在模架上完善运水和顶针，加入弹簧等，并对一些主要的位置进行标注。如图 4-4-10 所示。

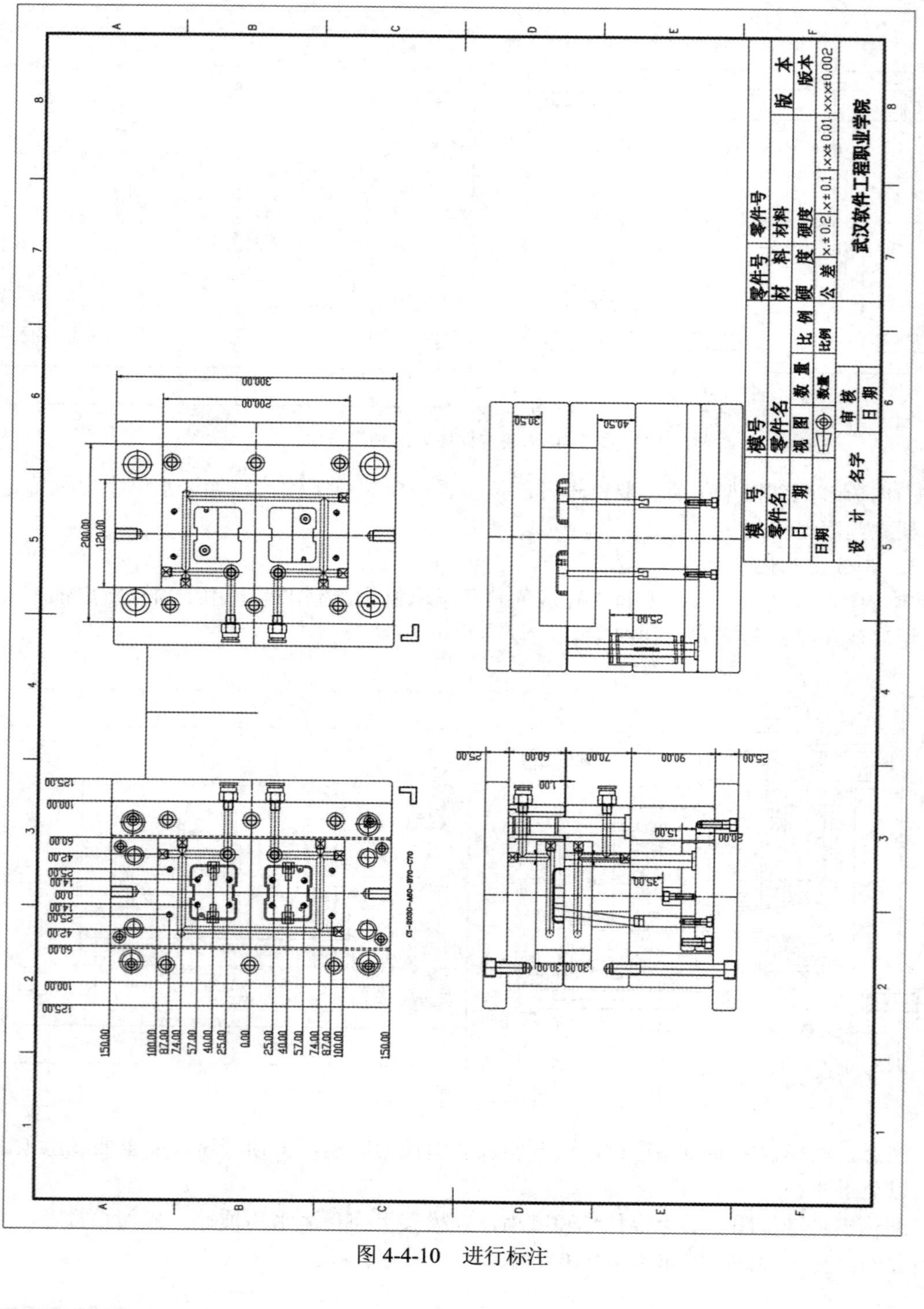

图 4-4-10　进行标注

绘制了 2D 模具结构图，再通过模具结构图进行 3D 分模，就有尺寸依据，画图时会更方便、更快，再将 3D 图分拆为零件图，出 2D 的零件图，完成全套的模具图纸。如图 4-4-11 所示。

图 4-4-11 3D 图

参考文献

[1] 褚建忠．塑料模设计基础及项目实践．杭州：浙江大学出版社，2011．

[2] 覃鹏翱．图表详解塑料模具设计技巧．北京：电子工业出版社，2010．

[3] 王静．注塑模具设计基础．北京：电子工业出版社，2013．

[4] 陈建荣．塑料成型工艺及模具设计．北京：北京理工大学出版社，2010．

[5] 刘彦国．注射模具设计与制造．北京：高等教育出版社，2008．

[6] 伍先明．塑料模具设计指导．北京：国防工业出版社，2008．

[7] 翁其金．塑料模塑工艺与塑料模设计．北京：机械工业出版社，1999．

[8] 夏江梅．塑料成型模具与设备．北京：机械工业出版社，2005．

[9] 屈华昌．塑料成型工艺与模具设计．北京：机械工业出版社，1996．

[10] 屈华昌．塑料成型工艺与模具设计（第2版）．北京：高等教育出版社，2006．

[11] 中国机械工业教育协会组编．塑料模设计及制造．北京：机械工业出版社，2001．

[12] 齐卫东．塑料模具设计与制造．北京：高等教育出版社，2004．

[13] 韩森和．模具钳工训练．北京：高等教育出版社，2005．

[14] 孙凤勤．闫亚林主编．冲压与塑压成形设备．北京：高等教育出版社，2003．

[15] 梁锦雄．欧阳渺安编著．注塑机操作与成型工艺．北京：机械工业出版社，2005．

[16] 程培源．模具寿命与材料．北京：机械工业出版社，2004．

[17] 高为国．模具材料．北京：机械工业出版社，2004．

[18] 许发樾．模具标准应用手册．北京：机械工业出版社，1994．

[19] 塑料模设计手册编写组．塑料模设计手册．北京：机械工业出版社，1994．